U0363939

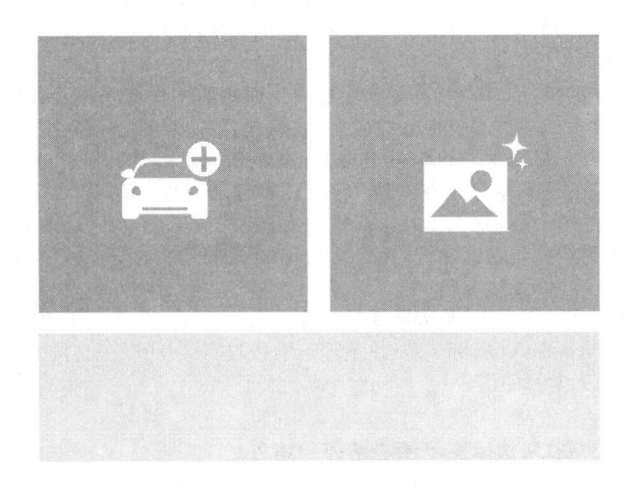

深入理解 Windows Phone 8.1 UI控件编程

UI Programming of Windows Phone 8.1: a Rich Understanding

林 政 著
Lin Zheng

清華大學出版社
北京

内 容 简 介

本书深入地论述了 Windows Phone 8.1 的 UI 控件编程的相关技术知识。本书核心是引导读者掌握解决问题的思路，在介绍原理的同时，给出了大量应用实例来帮助理解和实践。本书从程序界面开始，解剖了 XAML 页面的生成原理及其运行原理，然后对 UI 编程常用的知识样式、模板、布局原理进行讲解。布局原理并不是讲解简单的控件布局，而是重点分析布局面板的工作原理以及如何去自定义实现自己的布局规则。书中介绍了与动画图形编程相关的诸多知识，包括图形绘图、图表编程、变换效果、三维效果、动画编程等。在动画编程里，分析了 Windows Phone 8.1 的所有动画解决方案，并介绍了如何选择最优的实现方案及如何编写复杂的动画效果。在掌握 UI 控件编程的原理的基础上，本书还介绍了 Expression Blend 工具的使用，尤其是如何借助这个工具去高效地实现绘图和制作动画。最后，本书介绍了控件和列表编程的相关知识，包括解剖系统空间原理、自定义控件、高效的列表的解决方案和 Toolkit 相关控件技术原理的研究等内容。

本书配套提供了书中实例源代码，最大限度满足读者高效学习和快速动手实践的需要。

本书内容针对性强、讲解深入、实例丰富、注重理论学习与实践开发的配合，非常适合想要在 Windows Phone 领域上进行更加深入学习的读者。

图书在版编目(CIP)数据

深入理解 Windows Phone 8.1 UI 控件编程/林政著. —北京：清华大学出版社，2014
(清华开发者书库)
ISBN 978-7-302-35875-6

Ⅰ. ①深…　Ⅱ. ①林…　Ⅲ. ①移动电话机－应用程序－程序设计　Ⅳ. ①TN929.53

中国版本图书馆 CIP 数据核字(2014)第 061764 号

责任编辑：盛东亮
封面设计：李召霞
责任校对：白　蕾
责任印制：李红英

出版发行：清华大学出版社
网　　址：http://www.tup.com.cn，http://www.wqbook.com
地　　址：北京清华大学学研大厦 A 座　　**邮　　编**：100084
社 总 机：010-62770175　　**邮　　购**：010-62786544
投稿与读者服务：010-62776969，c-service@tup.tsinghua.edu.cn
质 量 反 馈：010-62772015，zhiliang@tup.tsinghua.edu.cn
课 件 下 载：http://www.tup.com.cn，010-62795954

印 刷 者：北京鑫丰华彩印有限公司
装 订 者：三河市新茂装订有限公司
经　　销：全国新华书店
开　　本：186mm×240mm　　**印　　张**：21.25　　**字　　数**：479 千字
版　　次：2014 年 5 月第 1 版　　**印　　次**：2014 年 5 月第 1 次印刷
印　　数：1～3000
定　　价：79.00 元

产品编号：056809-01

序

PREFACE

微软公司1975年成立，微软的童年可谓光芒四射，BASIC语言、Dos、Windows 3.1等不断地惊艳当时高速发展的信息时代。在他成长到20岁时（也就是1995年），发布了Windows 95，随后的几年，他达到一个无人可及的顶峰，那些年他几乎统治了整个IT界和几乎每个人的生活。又过了19年之后，2014年他迎来了新的掌门人——纳德拉（Satya Nadella），面对世界的新技术、新公司、新生活方式的挑战，感受着来自各方面的压力，他为公司提出了全新的策略，简言之就是“移动为先，云为先”。他同时指出：“我坚信，在未来十年，计算将无处不在，智能将触手可及。软件的进化与新式硬件的普及会在其中起到媒介作用，目前我们在工作和生活中从事和体验的很多内容都将实现数字化，甚至整个世界也是如此。可联网设备的数量快速增长、云环境所能提供的海量计算资源，大数据的洞察力，以及机器学习所获得的智能，诸多因素让这一切变为可能。”

接近不惑之年的微软，正在不断地调整以改变自己——从内部人员到产品线，进而到产品设计理念。现在，微软的产品线不仅软件产品异常丰富，而且在硬件领域不断出击，从常用的键盘、鼠标到家用游戏机Xbox、业界最好的体感设备Kinect及随后推出的Surface RT/Surface Pro。2014年，微软更是完成了对著名移动厂商Nokia的收购，从而使公司变成了“软硬”兼备的公司。微软目前拥有数十个著名的产品品牌、数百个优秀的产品、数以千计的先进技术、数万名业界著名人才、数百万个行业技术解决方案以及数百亿美金的现金储备，这些资源在一个敢于面对变革的新CEO领导下，微软像一位围棋高手一样不断变换布局迎接全新的21世纪，这个布局的核心就是“移动为先，云为先”，换言之就是“服务+设备”。

笔者从小就是一个非常“Geek”的人，从装收音机、电视机到给科技杂志投稿，整天畅想着如科幻小说般的未来，这一切伴随着我的少年时代。后来逐步学习各种计算机语言和各种IT技术，希望自己能够修炼成IT界的“绝世高手”。但是我天赋平凡，面对发展迅猛的IT产业，我依然像个无知的孩子，只有不断地学习新的知识。另一方面，一直以来，在我的内心深处都认为传道授业、教书育人是一件无上光荣的事情。1996年春天，当Windows 95中文版在中国发布后不久，我加入了微软公司，我那时的头衔是“布道师”（Evangelist），虽然不是“老师”，但是我找到了“装老师”的感觉。从主办TechEd、PDC（Build），到在微软研究院和最聪明的科学家一起工作……我在微软经历了人生最美好的时光。2000年，我加入了另外一家伟大的“水果”公司……直到2012年，当Windows 8.0即将发布时，我回到了微软公司，我的职业生涯和这家伟大的公司重新绑定，我相信我选择的未来之路！

清华出版社是令人敬仰的出版社，选题精准，作风严谨。小时候，它就是我寻找计算机和技术“武功秘籍”的地方。随着移动互联网的飞速发展，人们的时间被无情的“碎片化”——微信、微博、短信、邮件、网页，等等；但是我认为要想在技术方面有所作为，踏踏实实地读书并积极地实践是最有效的方式。很荣幸受邀为此微软技术系列图书撰写序言，当我看到这些选题和主要内容时，我迫不及待地恳请编辑务必“赐予”我一套图书，我一定会仔细拜读，我也会推荐给我的业界好友。

北京的雾霾好像越来越严重了，而周末在一个安静的地方阅读一本好书，整个人的“小宇宙”会被提升到另一个维度，大有醍醐灌顶、大彻大悟的感觉。希望您也能和我一样在阅读这套图书时找到这样的美妙感觉……

夏鹏（微软（中国）有限公司）

2014年4月25日深夜

于春雨中的北京

前言

FOREWORD

伴随着移动互联网的快速发展，智能手机应用程序的开发已经是当前IT行业最火的一项工作。三大手机平台(iOS、Android和Windows Phone)各有千秋，都在不断地快速迭代发展，寻求占领更大的市场份额。iOS和Android系统已经占领了手机市场大部分的份额，Windows Phone作为一个后来者正在奋力追赶。目前，各大互联网公司都在Windows Phone这块新兴的市场上积极布局，推出了各自产品相应的客户端，争取尽早获得这个平台的用户。但是Windows Phone的软件工程师很缺乏，各大公司在招聘Windows Phone软件工程师的时候，普遍困难是招聘不到合适的软件工程师，招聘高级Windows Phone软件工程师更是难上加难。同时，Windows Phone平台也成了众多个人开发者或者创业团队项目试水的平台，因为这个平台的应用程序数量相对较少，没有过于激烈的竞争，优秀的作品更加容易取得成功。

智能手机应用程序开发走向成熟化，对软件工程师能力的要求也越来越高，若想成为一名移动平台的高级软件工程师，就需要深入地去掌握这个平台的开发技术。衡量一个智能手机软件工程师的技术能力主要有三点：第一，对这个平台的特性的掌握程度，如在Windows Phone中C#编程的能力，推送通知、后台任务等的开发特性及其掌握程度；第二，对这个平台的UI编程的掌握程度，具体来说就是能否熟练地写出各种复杂的控件、精美的动画、复杂的UI交互效果等；第三，就是程序架构能力，程序架构能力会跟平台的特性相关，如Windows Phone的MVVM模式(也有很多通用的架构知识，如设计模式)。目前，手机应用程序精益求精，UI控件的编程能力也要求越来越高，一个应用程序的UI交互效果是否实现到位，是否实现得更加高效流畅，会直接影响整个应用程序的好坏。目前，很多手机客户端的开发团队，甚至还用专门的开发人员负责UI方面的编程，既说明了UI部分的重要性，同时也说明了UI编程的复杂度越来越高。

本书专门对Windows Phone的UI控件编程技术进行了详细的探讨，旨在让Windows Phone的开发人员能够更加全面和深入地掌握Windows Phone的UI控件编程，开发出更加优秀的、精美的应用程序。

本书包含哪些内容

本书内容涵盖Windows Phone 8.1 UI控件编程的各方面的知识，比如XAML的原理与动态解析、样式模板、布局原理、图形绘图、图标编程、变换效果、三维效果、动画编程、控件编程等，讲解全面深入，并且提供了很多程序示例演示。

书中配套实例源代码

本书配套提供实例内容的所有源代码，包括各章涉及的所有实例源代码。源代码下载地址为 www.tup.com.cn。

如何高效阅读这本书

由于本书论述的内容是 UI 控件编程，属于 Windows Phone 8.1 开发中的一个特定模块技术，所以读者在阅读本书的时候需要具备最基本的 Windows Phone 8.1 的编程基础。本书并不是针对一个完全没有 Windows Phone 8.1 开发技术基础的读者，而是在假定读者具备了 Windows Phone 8.1 的入门的基础上进行设计内容安排的。另外，本书重点是贯穿一种解决问题的思路和方案，读者在阅读的过程中可以去思考这些思路，多动手去编程实践，这样就更能领会到其中的原理。本书的各章节之间有一定的知识关联，由浅至深地渐进式叙述，建议读者按照章节的顺序来阅读和学习。

如何快速动手实践

本书每个知识点都配有相应的实例，读者可以直接用 Microsoft Visual Studio 2012 Express for Windows Phone 开发工具打开工程文件进行调试和运行。本书的代码是基于 Windows Phone 8.1 开发环境开发的，由于微软的开发工具和 Windows Phone SDK 更新较频繁，所以不能保证最新的开发环境和本书中描述的内容完全一致，要获取最新的开发工具和 Windows Phone SDK，请关注微软的 Windows Phone 开发的中文网站(https://dev.windowsphone.com/zh-cn)的动态。

本书适合哪些读者

本书适合于具有 Windows Phone 8.1 编程基础的读者，适合于想要深入学习 Windows Phone 8.1 的 UI 控件编程技术知识的读者，适合于想要往 Windows Phone 8.1 高级软件工程师发展的读者。

由于作者水平有限，Windows Phone 8.1 开发知识极其广泛，书中难免存在疏漏和不妥之处，敬请广大读者批评指正。

作者联系方式：zheng-lin@foxmail.com

编辑联系方式：shengdl@tup.tsinghua.edu.cn

林　政
2014 年 4 月

目录

CONTENTS

第1章 程序界面

程序界面是手机应用程序最基本、最直接的部分，它直接展现在用户面前，是所有底层技术结果的最终的呈现，是连接应用程序所有功能的最上层接口。掌握好程序界面的相关原理及编程技巧是深入理解和开发 Windows Phone 8.1 应用程序的重要部分。本章以程序界面为主题，介绍 Windows Phone 8.1 与程序界面相关的技术实现原理和编程技巧。本章是从 Windows Phone 应用程序界面的实现原理的角度去探讨程序界面编程，以便读者更深刻理解 Windows Phone 程序界面的奥妙。

1.1 XAML 的原理

XAML 是 Windows Phone 界面编程的编程语法，承担了如何去显示和布局 Windows Phone 程序界面的工作。本节将不会详细地讲解 XAML 的相关编程语法，而是从应用程序运行原理的角度去介绍 XAML 文件是如何被程序所使用的。

1.1.1 XAML 的概念

XAML 是一种 XML 的用户界面描述语言，有着 HTML 的外观，又揉合了 XML 语法的本质，Windows Phone 应用程序的界面就是由一个个的 XAML 文件构建而成的。XAML 本质上属于一种. NET Programming Language，属于通用语言运行时(Common Language Runtime)，同 C#、VB. NET 等同。

因为 XAML 仅仅是一种使用. NET API 的方式，想把它与 HTML、可伸缩向量图形(Scalable Vector Graphics，SVG)或者其他特定于域的格式或语言作比较，是完全错误的。XAML 由一些规则(告诉解析器和编译器如何处理 XML)和一些关键字组成，但是它自己没有任何有意义的元素。因此，如果在没有 WIndows Phone 或者 WPF 这样的框架的基础上讨论 XAML，就如同在没有. NET Framework 的基础上讨论 C#一样。

XAML 在 Windows Phone 中扮演的角色通常是令人困惑的，因此第一件要搞清楚的事情是 Windows Phone 和 XAML 可以独立使用，它们并不是互相依赖的，XAML 还可以应用于微软的其他技术里面(如 Windows 8，WPF，Silverlight 等)。由于 XAML 的通用性，实际上可以把它应用于任何.NET技术。

1.1.2 XAML页面的编译

Windows Phone的应用程序项目会通过Visual Studio完成XAML页面的编译，在程序运行时会通过直接链接操作加载和解析XAML，将XAML和过程式代码自动连接起来。如果不在乎将XAML文件和过程式代码融合，那么只需把它添加到Visual Studio的Windows Phone项目中来，并用界面中的Build动作来完成编译即可，一般公共的样式资源的XAML文件都是采用这种方式。如果要编译一个XAML文件并将它与过程式代码混合，第一步要做的就是为XAML文件的根元素指定一个子类，可以用XAML语言命名空间中的Class关键字来完成，一般Windows Phone的程序页面是采用这种方式，通常在Windows Phone项目新增的XAML文件都会自动地生成一个对应的XAML.CS文件，并且默认地将两个文件关联起来，例如，添加的XAML文件如下：

```
<Page
    x:Class="PhoneApp1.MainPage"
    …>
    …省略若干代码
</Page>
```

与XAML文件关联起来的XAML.CS文件如下：

```
namespace PhoneApp1
{
    public sealed partial class MainPage : Page
    {
    …省略若干代码
    }
}
```

通常把与XAML文件关联的XAML.CS文件叫作代码隐藏文件。如果引用XAML中的任何一个事件处理程序(通过事件特性，如Button的Click特性)，这里就是我们定义这些事件处理程序的地方。类定义中的partial关键字很重要，因为类的实现是分布在多个文件中的。可能你会觉得奇怪，因为在项目里面只看到了MainPage.xaml.cs文件定义了MainPage类，其实MainPage类还在另外一个地方定义了，只是在项目工程里面隐藏了而已。当我们编译完Windows Phone的项目时，你会在项目的obj\Debug文件夹下看到Visual Studio创建的以g.cs为扩展名的文件，对于每一个XAML文件，你会找到对应有一个g.cs文件。例如，如果项目中有一个MainPage.xaml文件，就会在obj\Debug文件夹下找到MainPage.g.cs文件。下面来看一下MainPage.g.cs文件的结构：

```
using System;
…
namespace PhoneApp1 {
```

```
    public partial class MainPage : global::Windows.UI.Xaml.Controls.Page {
[global::System.CodeDom.Compiler.GeneratedCodeAttribute("Microsoft.Windows.UI.Xaml.Build.
Tasks","4.0.0.0")]
        (global::Windows.UI.Xaml.Controls.Grid LayoutRoot;
        …
        private bool _contentLoaded;
        [System.Diagnostics.DebuggerNonUserCodeAttribute()]
        public void InitializeComponent() {
            if (_contentLoaded) {
                return;
            }
            _contentLoaded = true;
            global::Windows.UI.Xaml.Application.LoadComponent(this, new
global::System.Uri("ms-appx:///MainPage.xaml"),
global::Windows.UI.Xaml.Controls.Primitives.ComponentResourceLocation.Application);
            LayoutRoot = (global::Windows.UI.Xaml.Controls. Grid)this.FindName("LayoutRoot");
            …
        }
    }
}
```

从 MainPage.g.cs 文件中可以看到，MainPage 类在这里还定义了一些控件和相关的方法，并且 InitializeComponent()方法里面加载和解析了 MainPage.xaml 文件，MainPage.cs 文件里面的 MainPage()中调用的 InitializeComponent()方法就是在 MainPage.g.cs 文件里面定义的。在 xaml 页面中声明的控件，通常会在.g.cs 中生成对应控件的内部字段。实际上这取决于控件是否有 x:Name 属性，只要有这个属性，都会自动调用 FindName 方法，用于把字段和页面控件关联。没有 x:Name 属性，则没有字段，这种关联会有一定的性能浪费，因为是在应用载入控件的时候，通过 LoadComponents 方法关联的，而 xaml 也是在这个时候动态解析的。

在项目的 obj\Debug 文件夹下，还可以找到以 g.i.cs 为扩展名的文件，对于每一个 XAML 文件，也会找到对应有一个 g.i.cs 文件，并且这些 g.i.cs 文件与对应的 g.cs 文件是基本一样的。那么这些 g.i.cs 文件又有怎样的含义呢？其实这些 g.i.cs 文件并不是在编译的时候生成的，而是当创建了 XAML 文件的时候就马上生成，或者你修改了 XAML 文件 g.i.cs 文件也会跟着改变，而 g.cs 文件则是必须要成功编译了项目之后才会生成的。文件后缀中的 g 表示 generated 产生的意思，i 表示 intellisense 智能感知的意思，g.i.cs 文件是 XAML 文件对应的智能感知文件，在 vs 中利用 go to definition 功能找 InitializeComponent 方法的实现的时候，进入的就是 g.i.cs 文件的 InitializeComponent 方法里面。

1.1.3 动态加载 XAML

动态加载 XAML 是指在程序运行时通过解析 XAML 格式的字符串或者文件来动态生成 UI 的效果。通常情况下，Windows Phone 的界面元素都是通过直接读取 XAML 文件的内容来呈现的，如上一小节讲解的那样，通过XAML文件和XAML.CS文件关联起来编译，这也是默认的UI实现的方式，但是在某些时候你并不能预先设计好所有的XAML元素，而是需要在程序运行的过程中动态地加载XAML对象，那么这时候就需要使用到动态加载XAML来实现了。

在应用程序里面动态加载XAML需要使用到XamlReader.Load方法来实现，XamlReader类是为分析XAML和创建相应的Windows Phone对象树提供XAML处理器引擎，XamlReader.Load方法可以分析格式良好的XAML片段并创建相应的Windows Phone对象树，然后返回该对象树的根。大部分可以在XAML页面上编写的代码，都可以通过动态加载XAML的形式来实现，不仅仅是普通的UI控件，动画等其他的XAML代码一样可以动态加载，例如：

```
    //一个透明度变化动画的XAML代码的字符串
    private const string FadeInStoryboard =
    @"<Storyboard
xmlns=""http://schemas.microsoft.com/winfx/2006/xaml/presentation"">
        <DoubleAnimation
            Duration=""0:0:0.2""
            Storyboard.TargetProperty=""(UIElement.Opacity)""
            To=""1""/>
    </Storyboard>";
//使用XamlReader.Load方法加载XAML字符串并且解析成动画对象
Storyboard storyboard = XamlReader.Load(FadeInStoryboard) as Storyboard;
```

使用XamlReader.Load方法动态加载XAML对XAML的字符串是有一定的要求的，这些“格式良好的XAML片段”必须要符合以下要求：

(1) XAML内容字符串必须定义单个根元素，使用XamlReader.Load创建的内容只能赋予一个Windows Phone对象，它们是一对一的关系。

(2) 内容字符串XAML必须是格式良好的XML，并且必须是可分析XAML。

(3) 所需的根元素还必须指定某一默认的XML命名空间值，这通常是命名空间xmlns="http://schemas.microsoft.com/winfx/2006/xaml/presentation"。

下面给出动态加载XAML的示例：演示了使用XamlReader.Load方法加载XAML字符串生成一个按钮和加载XAML文件生成一个矩形。

代码清单1-1：动态加载XAML（源代码：第1章\Examples_1_1）

MainPage.xaml文件主要代码

```
--------------------------------------------------------------------------
        <Grid x:Name="ContentPanel" Grid.Row="1" Margin="12,0,12,0">
            <StackPanel x:Name="sp_show">
                <Button x:Name="bt_addXAML" Content="加载XAML按钮" Click="bt_addXAML_
Click"></Button>
            </StackPanel>
        </Grid>
```

Rectangle. xaml 文件代码：被动态加载到程序里面去的 XAML 文件

```
<Rectangle xmlns="http://schemas.microsoft.com/winfx/2006/xaml/presentation"
        xmlns:x="http://schemas.microsoft.com/winfx/2006/xaml"
        Height="200" Width="480">
    <Rectangle.Fill>
        <LinearGradientBrush>
            <GradientStop Color="Black" Offset="0"/>
            <GradientStop Color="Red" Offset="0.5"/>
            <GradientStop Color="Black" Offset="1"/>
        </LinearGradientBrush>
    </Rectangle.Fill>
</Rectangle>
```

MainPage. xaml. cs 文件主要代码

```
        //加载 XAML 按钮
        private void bt_addXAML_Click(object sender, RoutedEventArgs e)
        {
            //注意 XAML 字符串里面的命名空间
"http://schemas.microsoft.com/winfx/2006/xaml/presentation" 不能少
            string buttonXAML = "<Button xmlns='http://schemas.microsoft.com/winfx/2006/
xaml/presentation' " +
                 " Content=\"加载 XAML 文件\" Foreground=\"Red\"></Button>";
            Button btnRed = (Button)XamlReader.Load(buttonXAML);
            btnRed.Click += btnRed_Click;
            sp_show.Children.Add(btnRed);
        }
        //已加载的 XAML 按钮关联的事件
        async void btnRed_Click(object sender, RoutedEventArgs e)
        {
            string xaml = string.Empty;
            //加载程序的 Rectangle.xaml 文件
            StorageFile fileRead = await
Windows.ApplicationModel.Package.Current.InstalledLocation.GetFileAsync("Rectangle.xaml");
            //读取文件的内容
    xaml = await FileIO.ReadTextAsync(fileRead);
            //加载 Rectangle
            Rectangle rectangle = (Rectangle)XamlReader.Load(xaml);
            sp_show.Children.Add(rectangle);
        }
```

程序运行的效果如图 1.1 所示。

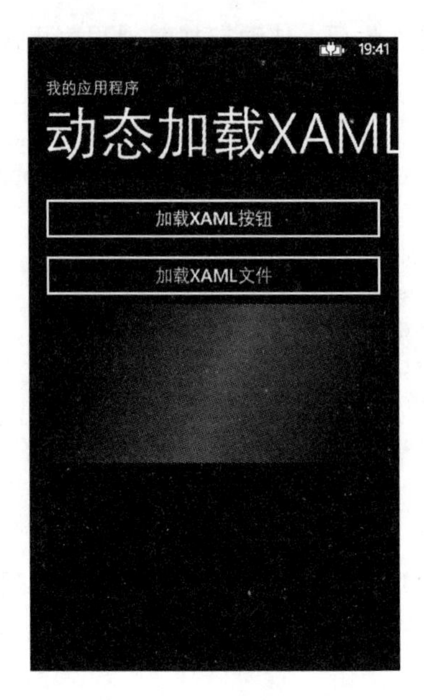

图 1.1　动态加载 XAML

1.2　XAML 的树结构

XAML 是一种界面的编程语言，是用来呈现用户界面的，它具有层次化的特性，它的元素的组成就是一种树的结构类型。XAML 编程元素彼此之间通常以某种形式的树关系存在，在 XAML 中创建的应用程序 UI 可以被概念化为一个对象树，也可以称为元素树，可以进一步将对象树分为两个离散但有时会并行的树：逻辑树和可视化树。逻辑树是一个很直观的根据父控件和子控件来构造而成，在路由事件中将会按照这样的一种层次结构来触发。可视化树是 XAML 中可视化控件及其子控件组成的一个树形的控件元素结构图，可视化树在控件的编程中使用很广泛。在 Windows Phone 里面并没有提供相关的方法遍历操作逻辑树，所以本节将会重点介绍可视化树以及如何在实际应用中去使用 XAML 的树结构。

1.2.1　可视化树

在讲解可视树的概念之前，我们先来了解一下对象树。对象树是指在 XAML 中创建和存在的对象彼此关联起来的一棵树，对象树里面的对象都是基于对象具有属性这一原则，意思就是说某个 XAML 的元素具有属性，那么这个元素就是对象树里面的一个对象。在很多情况下对象的属性的值是另一个对象，而此对象也具有属性，那么这个属性的值就是对象的一个子对象节点了。对象树具有分支，因为其中某些属性是集合属性并具有多个对象；并且，对象树具有根，因为体系结构最终必须引用单个对象，而该对象是与对象树之外的概念之间的连接点。

可视化树中包含应用程序的用户界面所使用的所有可视化元素，并通过了树形的数据结构按照父子元素的规则来把这些可视化元素排列起来。可视化树概念指的是较大的对象树在经过编辑或筛选后的表示形式。所应用的筛选器是在可视化树中只存在具有呈现含义的对象。具有呈现含义的对象并不是指一定要显示出来在界面的对象，那些集成在控件里面并不直接显示的对象也是可视化树里面的元素。

下面来看一下一个 XAML 的代码所包含的可视化树的元素：

```
<StackPanel>
    <TextBox></TextBox>
    <Button Content = "确定"></Button>
</StackPanel>
```

从上面的代码可以看到一个 StackPanel 控件里面包含了两个子控件，一个是 TextBox 控件，一个是 Button 控件。从逻辑树的角度去看，这棵逻辑树就只是包含了三个元素——StackPanel、TextBox 和 Button，StackPanel 为父节点，TextBox 和 Button 为子节点。那么从可视化树的角度去看，里面的元素要比逻辑树的元素要多得多。可视化树层次结构的关系图如图 1.2 所示。

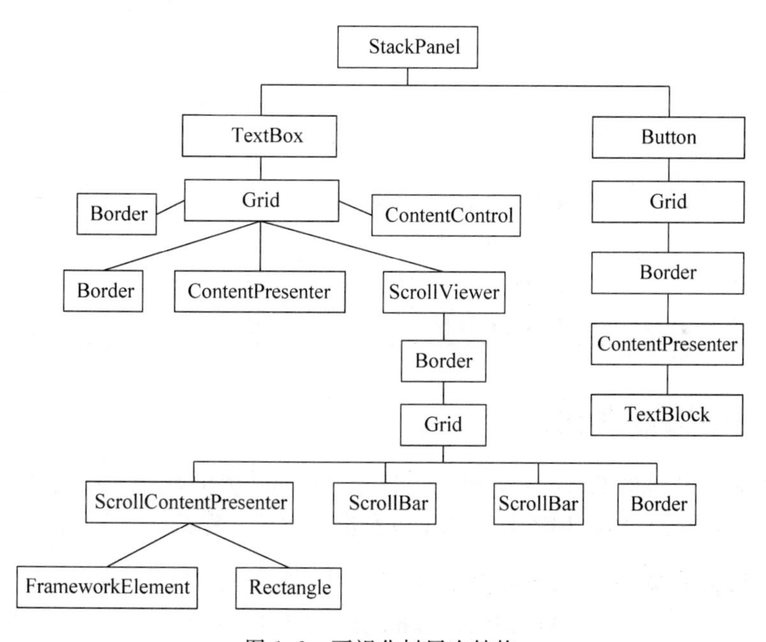

图 1.2　可视化树层次结构

通过可视化树，可以确定 Windows Phone 可视化对象和绘图对象的呈现顺序。将从位于可视化树中最顶层节点中的可视化元素根开始遍历，然后将按照从左到右的顺序遍历可视化元素根的子级。如果某个可视化元素有子级，则将先遍历该可视化元素的子级，然后再遍历其同级。这意味着子可视化元素的内容先于该可视化元素本身的内容而呈现。

1.2.2 VisualTreeHelper 类

可视化树针对 XAML 的显示操作是在应用程序内部使用，但是，在特定情形下，了解有关可视化树的一些信息通常很重要，例如，编写或替换控制模板或在运行时分析控件的结构或部分。对于这些情形，Windows Phone 提供了 VisualTreeHelper API，它通过一种方式检查可视化树，这种方式比你通过对象特定的父属性和子属性来实现更加方便快捷和高效。

VisualTreeHelper 类是一个静态帮助器类，它提供了一个要在可视化对象级别编程的低级功能，该类在非常特殊的方案(如开发高性能自定义控件)中非常有用。在大多数情况下，给更高级的一些 Windows Phone 的控件(如 ListBox)提供更大的灵活性且更易于使用。

VisualTreeHelper 类提供了用来枚举可视化树成员的功能。可以在运行时对可视化树执行操作，并且可以遍历到模板部件，这是一种可用来检查模板组成情况的有用手段。此外，可以检查可能通过数据绑定填充的子集合，或者是应用程序代码可能无法全部了解运行时对象树的完整本质的子集合。若要检索父级，请调用 GetParent 方法。若要检索可视化对象的子级或直接子代，请调用 GetChild 方法，此方法返回父级在指定索引处的子对象。VisualTreeHelper 类的常用的 4 个静态方法如表 1.1 所示。

表 1.1 VisualTreeHelper 类的常用静态方法

方　法	说　明
FindElementsInHostCoordinates	检索一组对象，这些对象位于某一对象的坐标空间的指定点或矩形内
GetChild	使用提供的索引，通过检查可视化树获取所提供对象的特定子对象
GetChildrenCount	返回在可视化树中在某一对象的子集合中存在的子级的数目
GetParent	返回可视化树中某一对象的父对象

1.2.3 遍历可视化树

下面给出遍历可视化树的示例：演示了使用 VisualTreeHelper 类来遍历 XAML 元素的可视化树，该可视化树的结构图与 1.2.1 节所讲的例子一样。

代码清单 1-2：遍历可视化树(源代码：第 1 章\Examples_1_2)

MainPage. xaml 文件主要代码

```
----------------------------------------------------------------------------
<Grid x:Name = "ContentPanel" Grid.Row = "1" Margin = "12,0,12,0">
    <StackPanel x:Name = "stackPanel">
        <TextBox></TextBox>
        <Button Content = "遍历" Click = "Button_Click_1"></Button>
    </StackPanel>
</Grid>
```

MainPage. xaml. cs 文件主要代码

```
string visulTreeStr = "";
//单击事件,弹出 XAML 页面里面 StackPanel 控件的可视化树的所有对象
private async void Button_Click_1(object sender, RoutedEventArgs e)
{
    visulTreeStr = "";
    GetChildType(stackPanel);
    MessageDialog messageDialog = new MessageDialog(visulTreeStr);
    await messageDialog.ShowAsync();
}
//获取某个 XAML 元素的可视化对象的递归方法
public void GetChildType(DependencyObject reference)
{
    //获取子对象的个数
    int count = VisualTreeHelper.GetChildrenCount(reference);
    //如果子对象的个数不为 0 将继续递归调用
    if (count > 0)
    {
        for (int i = 0; i <= VisualTreeHelper.GetChildrenCount(reference) - 1; i++)
        {
            //获取当前节点的子对象
            var child = VisualTreeHelper.GetChild(reference, i);
            //获取子对象的类型
            visulTreeStr += child.GetType().ToString() + count + " ";
            //递归调用
            GetChildType(child);
        }
    }
```

程序运行的效果如图 1.3 和图 1.4 所示。

图 1.3　测试页面首页

图 1.4　弹出的可视化树对象的类型

1.2.4 可视化树应用示例：实现 ListBox 控件分页加载

假如 ListBox 控件绑定的数据很大而且生成绑定数据也比较耗时，那么有一种交互方案可以优化一下这种情况，就是先在 ListBox 上加载一部分的数据，等到用户查看的时候将 ListBox 滚动到底的时候再加载一部分数据，也就是实现了 ListBox 控件分页加载的效果。但是在 ListBox 控件里面根本就没有相关的事件和属性来判断出来 ListBox 什么时候滚动到底了，那么下面讲解一种利用了可视化树来解决的方法。

其实，在 ListBox 控件可视化树结构里面了是封装了 ScrollViewer 控件和 ScrollBar 控件在里面的。那这就好办了，通过获取 ListBox 控件里面封装的 ScrollViewer 控件，然后通过 ScrollViewer 控件的属性就可以判断出来 ListBox 控件是否滚动到底了，如果 ListBox 控件已经滚动到底了那么就开始加载下一页的项目了。

下面给出实现 ListBox 控件分页加载的示例：演示了利用可视化树通过判断 ListBox 控件滚动到底来实现 ListBox 控件分页加载的逻辑。

代码清单 1-3：实现 ListBox 控件分页加载(源代码：第 1 章\Examples_1_3)

MainPage. xaml 文件主要代码

```
<Grid x:Name = "ContentPanel" Grid.Row = "1" Margin = "12,0,12,0">
    <ListBox Name = "listbox1" MouseMove = "listbox1_MouseMove" >
    </ListBox>
</Grid>
```

MainPage. xaml. cs 文件主要代码

```
//页面的记录个数
int pageCount = 30;
//Listbox 控件的内部滚动面板
ScrollViewer scrollViewer;
public MainPage()
{
    InitializeComponent();
    //默认先加载一个页面的项目
    for (int i = 0; i < pageCount; i++)
    {
        listbox1.Items.Add("项目" + i);
    }
    listbox1.Loaded + = listbox1_Loaded;
}
void listbox1_Loaded(object sender, RoutedEventArgs e)
{
    //获取 listbox 的子类型 ScrollViewer
    scrollViewer = FindChildOfType < ScrollViewer >(listbox1);
```

```
        scrollViewer.ViewChanged += scrollViewer_ViewChanged;
    }
    //滚动面板区域的改变事件,当 Listbox 滚动的时候会触发该事件
    void scrollViewer_ViewChanged(object sender, ScrollViewerViewChangedEventArgs e)
    {
        if (scrollViewer == null)
        {
            throw new InvalidOperationException("erro");
        }
        else
        {
            //判断当前滚动的高度是否大于或者等于 scrollViewer 实际可滚动高度,如果等
于或者大于就证明到底了
            if (scrollViewer.VerticalOffset >= scrollViewer.ScrollableHeight)
            {
                //处理 listbox 滚动到底的事情
                for (int i = 0; i < pageCount; i++)
                {
                    int k = listbox1.Items.Count;
                    listbox1.Items.Add("项目" + k);
                    k++;
                }
            }
        }
    }
    //使用 VisualTreeHelper 遍历可视化树获取同一类型对象
    static T FindChildOfType<T>(DependencyObject root) where T : class
    {
        //创建一个队列结构来存放可视化树的对象
        var queue = new Queue<DependencyObject>();
        queue.Enqueue(root);
        //循环查找类型
        while (queue.Count > 0)
        {
            DependencyObject current = queue.Dequeue();
            //查找子节点的对象类型
            for (int i = VisualTreeHelper.GetChildrenCount(current) - 1; 0 <= i; i--)
            {
                var child = VisualTreeHelper.GetChild(current, i);
                var typedChild = child as T;
                if (typedChild != null)
                {
                    return typedChild;
                }
                queue.Enqueue(child);
            }
        }
```

```
        return null;
    }
```

程序运行的效果如图 1.5 所示。

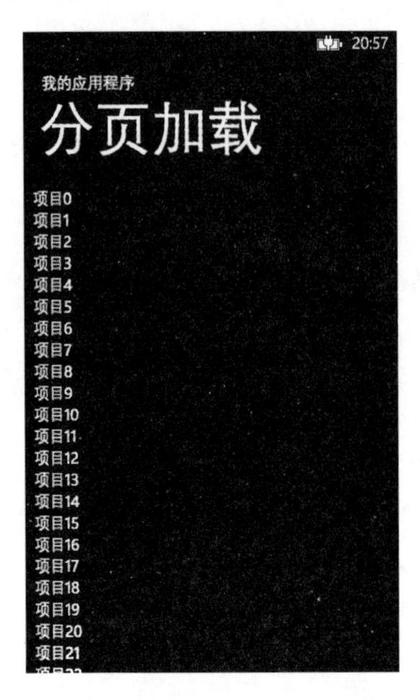

图 1.5 ListBox 控件分页加载

1.3 路由事件

界面中的事件编程概念是 Windows Phone 界面与后台代码交互的一条通道，其中路由事件是较为难理解的，并且往往会在处理一些复杂的交互问题上需要用到路由事件的原理去解决。Windows Phone 事件与公共语言运行时（CLR）和 .NET Framework 对于事件概念的定义在本质上是相同的，你可以将事件的处理程序分配为 XAML 中 UI 元素的声明的一部分，也可以使用语言特定的语法在代码中添加处理程序。Windows Phone 支持路由事件的概念，通过路由事件这一功能，某些输入事件和数据事件可以由除引发事件的对象之外的其他对象进行处理。当组合控件模板或集中处理应用页的事件逻辑时，路由事件特别有用。本节将会深入地讲解 Windows Phone 的事件和路由事件的原理，以及如何利用这些知识去解决实际的问题。

1.3.1 Windows Phone 事件

事件是对象发送的消息，以发信号通知操作的发生。操作可能是由用户交互（例如触摸屏幕）引起的，也可能是由某个类的内部逻辑触发的。引发事件的对象称为事件发送方。捕获事件并对其作出响应的对象叫作事件接收方。总体而言，事件的作用是交流某个对象在运行时的时间特定的、相对轻量的信息，并可能将该信息传送到应用中的其他对象。

一般而言，Windows Phone 事件是 CLR 事件，因此是可以使用托管代码来处理的事件。由于基于 Windows Phone 的典型应用的 UI 在 XAML 中定义，将 UI 事件从 XAML 元素连接到运行时代码实体的某些原则类似于其他 Web 技术(如 ASP.NET)或类似于使用 HTML DOM。在 Windows Phone 中，为用 XAML 定义的 UI 提供运行时逻辑的代码经常被称为代码隐藏或代码隐藏文件。

下面来看 Windows Phone 里一个最简单的 Button.Click 事件。

```
private void Button_Click_1(object sender, RoutedEventArgs e)
{
}
```

从上面的代码可以看到为托管的 Windows Phone 事件编写的任何处理程序都可以访问两个值，这两个值对于调用处理程序的每种情况都可以用作输入。第一个这样的值是 sender，该值是对于在其中附加处理程序的对象的引用。sender 参数被类型化为基本 Object 类型。Windows Phone 事件处理中的一个常用方法是将 sender 强制转换为更精确的类型。如果希望对 sender 对象本身检查或更改状态，则此方法很有用。

第二个值是事件数据，它通常作为 e 参数出现在签名中。根据 CLR 事件模型，所有事件均发送某种事件数据，并且这些数据将作为某个类的实例被捕获，而该类将继承 EventArgs(或为 EventArgs 本身)。可以通过查找为正在处理的特定事件分配的委托的 e 参数，然后使用 Visual Studio 中的 Intellisense 或 Windows Phone 的 .NET Framework 类库，查找事件数据的哪些属性是可用的。一些 Windows Phone 事件使用 EventHandler <TEventArgs> 委托或其他泛型处理程序类型。大多数情况下，事件定义限制使用具有特定 EventArgs 派生事件数据类的泛型。随后应编写处理程序方法，就像它将 EventArgs 派生事件数据类直接用作第二个参数一样。

对于某些事件，EventArgs 派生类中的事件数据与知道事件被引发同样重要。对于输入事件尤其如此。对于键盘事件，按下键盘上的键引发相同的 KeyUp 和 KeyDown 事件。为了确定按下了哪个键，必须访问可用于事件处理程序的 KeyEventArgs。

1.3.2　路由事件的概念

路由事件是在对象树中可能从某个子对象传递(路由)到其每个后续父对象的事件。所涉及的对象树与 UI 的 XAML 结构近似，该树的根成为 XAML 中的根元素。真正的对象树可能与 XAML 稍有不同，因为对象树不包括属性元素标记之类的 XAML 语言功能。一般来说，你可以将路由事件想像为从引发事件的 XAML 对象元素子集“冒泡”到包含这些子集的父对象元素。出现的事件及其事件数据一直冒泡并报告给沿着事件路由的对象，直到达到根事件。

XAML 支持类似的“隧道”路由策略，因此，对象树的根首先有机会来处理路由事件，然后，该事件通过“隧道”沿着对象树向下传递到其事件源。Windows Phone 不使用“隧道”传递路由事件。Windows Phone 中的事件要么遵循“冒泡”路由策略(也称为路由事件),要么根本不路由。在 Windows Phone 中作为路由事件的输入事件有:KeyDown、KeyUp、GotFocus、LostFocus、PointerPressed、PointerReleased、PointerMoved、ManipulationStarted、ManipulationDelta 和 ManipulationCompleted。Windows Phone 中大多数 UI 元素都会支持这些路由事件。

1.3.3 路由事件原理

要理解路由事件的原理我们从事件参数的 OriginalSource 属性、事件参数的 Handled 属性和可视化树外的路由事件这三个方面去了解。

1. 事件参数的 OriginalSource 属性

当事件向上冒泡时,sender 不再是与事件引发对象相同的对象,而是在正在调用的处理程序的对象,不过在大多数情况下,你并不需要关注 sender 对象。当你希望了解当按下键盘键时哪个对象具有焦点等此类信息时,OriginalSource 属性的值就可以发挥很大作用了。在路由的所有点上,OriginalSource 都报告引发事件的原始对象,而不是附加处理程序的位置。

假如有这样一个需求,需要在一个页面上某个区域设置一个键盘快捷键来触发一些操作,而这个区域上又有很多文本输入控件都可以进行输入,那么应该在哪里处理这个键盘的快捷键呢?如果必须在区域内每个可能获得焦点的文本输入框中才能检测到快捷键,则这很明显是不切实际的。但是,因为键盘事件正在冒泡路由事件,所以该事件最终会在其路由中到达根对象。因此,你可以在该区域的根对象上附加单个 KeyDown 处理程序,便可以处理该区域内所有输入框的键盘快捷事件了,因为每个输入框的 KeyDown 事件最终冒泡到根对象的 KeyDown 事件。然后,就可以区域的根对象中处理其 KeyDown 事件,判断是否为需求中的快捷键和执行相关的操作。

2. 事件参数的 Handled 属性

路由事件的多个事件数据类包含一个名为 Handled 的属性。Handled 是一个可设置的布尔值属性。将 Handled 属性设置为 true 会影响 Windows Phone 中的事件系统。当在事件数据中将该值设置为 true 时,那么大多数路由事件处理程序将停止路由,也就是说事件不会继续沿着对象树的向上抛,表示该路由事件已经处理完毕。Handled 意味着在上下文中如何响应和处理路由事件的操作完全可以由你来控制。但是,当选择在事件处理程序中设置 Handled 时,应谨记 Windows Phone 事件系统的这一行为。但是并非所有路由事件都可用这种方法取消。GotFocus、LostFocus 和 Pointer Moved 事件将始终一直路由到根目录,其事件数据类没有可影响该行为的 Handled 属性。因此,针对这些事件通过检查 OriginalSource 值来判断事件的来源然后进行处理或者不处理也可以实现对路由事件的控制。

3. 可视化树外的路由事件

路由事件的冒泡路径会沿着可视化树一直向上冒泡,如果是可视化外的部分,那么将不会通过父子的元素关系捕获到路由事件。其中 Popup 控件就是属于可视化树外的对象,如果你要处理来自 Popup 的路由事件,则应将处理程序放置于 Popup 内的特定 UI 元素上

(而非 Popup 元素本身上)。对路由事件的事件路由仅适用于主可视化树,Popup 不被视为子一级 UI 元素的父级,并且永远不接收路由事件,即使正在尝试使用类似 Popup 默认背景这样的内容作为输入事件的捕获区域也不会接受到路由事件。

1.3.4 路由事件的作用和演示

路由事件对于 Windows Phone 的事件体系非常重要,正是因为有了路由事件的这种机制才会让 Windows Phone 界面上的事件机制更加简洁和方便。比如有下面的一段 XAML 代码,表示一个按钮。

```
<Button Click = "Button_Click">
      <StackPanel>
            <TextBlock Text = "Text "/>
            <Image Source = "test.jpg"/>
      </StackPanel>
</Button>
```

那么对于上面的这种情况下,Button 对它包含的元素的单击事件的回应非常重要。也就是说,无论用户单击的是 Image 还是 Text 或是按钮边框内的一些空白,Buttton. Click 事件都应该触发。在每种情况下,你应该用同样的代码作出回应。当然,你也可以为 Button 内的所有元素添加上 PointerPressed 和 PointerReleased 事件处理,但是这样会产生大量的无用的代码并且会使你的标记语言维护更困难。事件路由提供了更好的解决方案。当图片被单击时,PointerPressed 事件首先从 Image 发起,到 StackPanel,然后到 Button。Button 通过触发自己的 Click 事件来对 PointerPressed 事件作出响应。

在 Windows Phone 里面路由事件是一种沿着对象树从下到上冒泡的事件。以 Pointer Pressed 冒泡事件为例做一个测试,当单击一个元素时,PointerPressed 事件它首先被单击的元素发起,然后被传递到元素的父容器,然后继续传到该容器的父容器,以此类推,直到传到 Windows Phone 元素树的最顶层。

下面给出路由事件测试的示例:演示了使用 PointerPressed 事件测试路由事件的触发。

代码清单 1-4:路由事件测试(源代码:第 1 章\Examples_1_4)

MainPage.xaml 文件主要代码

```
------------------------------------------------------------------------
    <Canvas x:Name = "ParentCanvas" Background = "AliceBlue"
            PointerPressed = "ParentCanvas_PointerPressed">
        <Rectangle x: Name = " OrangeRectangle " Fill = " Orange " Stroke = " White "
StrokeThickness = "2"
                   Canvas.Top = "40" Canvas.Left = "60" Width = "160" Height = "100"/>
        <Rectangle x:Name = "RedRectangle" Fill = "Red" Stroke = "White" StrokeThickness = "2"
                   Canvas.Top = "40" Canvas.Left = "240" Width = "160" Height = "100"/>
        <TextBlock x:Name = "Status" Foreground = "Black" Text = "Status"
                   Canvas.Left = "85" Canvas.Top = "269" Height = "43" Width = "299"/>
    </Canvas>
```

MainPage.xaml.cs 文件主要代码

```
//添加 PointerPressed 事件处理程序,显示当前单指按下时的坐标,并显示源控件名称
private void ParentCanvas_PointerPressed(object sender, PointerRoutedEventArgs e)
{
    String msg = "x:y = " + e.GetCurrentPoint(sender as FrameworkElement).ToString();
    msg + = " from " + (e.OriginalSource as FrameworkElement).Name;
    Status.Text = msg;
}
```

程序运行的效果如图 1.6 所示。

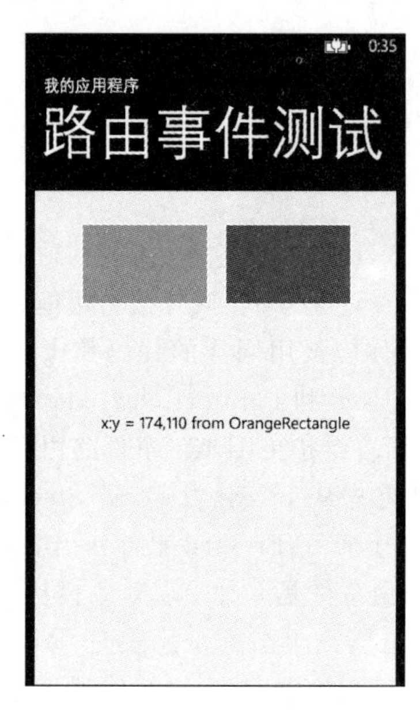

图 1.6　路由事件测试

1.4　框架和页面

在一个 Windows Phone 的应用程序里面包含了有一个框架多个页面,框架相当于是应用程序的最外层的一个容器,然后这个容器里面包含了很多个页面,而这些页面都存在于导航堆栈上,用户可以使用硬件“返回”按键访问这些页面。本节将介绍框架和页面的相关知识以及在程序开发中如何使用这种框架和页面的结构。

1.4.1　框架页面结构

Windows Phone 应用程序平台提供了框架和页面类,框架类为 Frame,页面类为 Page。Windows Phone 应用程序的框架是一个顶级容器控件,该控件可托管 Page。Page 页面又

包含应用程序中不同部分的内容，也就是程序界面的 UI 内容。在 Windows Phone 里面你可以创建所需的任何数目的不同页面，以便在你的应用程序中展现内容，然后从框架导航到这些页面。如图 1.7 所示展示了应用程序可能具有的框架和页面层次结构。

框架
页面
页面内容

图 1.7　框架和页面层次结构图

在一个 Windows Phone 应用程序的项目里面，可以看到 App. xaml. cs 页面包含下面的代码：

```
Frame frame = Window.Current.Content as Frame;
```

那么 Window 类的单例对象的 Content 属性就是当前 Windows Phone 应用程序最顶层的元素，也就是应用程序的主框架，一个 Windows Phone 应用程序只有一个主框架。Window. Current. Content 属性的值是与应用关联的 Frame，每个应用都有一个 Frame，当用户导航到该页面时，导航框架会将应用的每个页面或 Page 的实例设置为框架的 Content。在创建新 Windows Phone 应用时获取的 Frame 对象的默认模板会显示应用页面和其他元素（例如该应用的系统托盘和应用栏）。

同时，在 Frame 类里面也提供了一些与应用程序全局相关的一些属性和方法，比如属性 CanGoBack 则是表示在当前应用程序中是否可以返回到上一个页面，如果是 false 则表示当前已经是在应用程序的首页了。同时在 Frame 类里面的 Navigate 方法也很常用，用于导航到新的页面。

1.4.2　页面导航

Windows Phone 应用页面的互相跳转的逻辑是用一个堆栈结构的容器来管理这些页面。应用的导航历史记录是一种后进先出的堆栈结构。该结构还称为后退堆栈，因为它包含的一组页面在后退导航的堆栈结构中，可以将该堆栈看成是一叠盘子，添加到该堆栈的最后一个盘子将是可以移除的第一个盘子，如果你想要移除中间的某个碟子，你必须把这个碟子上面的碟子先移走。当前最新的页面会被添加到此堆栈的顶部，此操作称为推送操作。删除堆栈顶部项的操作称为弹出操作，通过从堆栈顶部一次删除一个页面，当然你也可以检索堆栈中的某些内容。如图 1.8 所示展示了 Windows Phone 页面堆栈的概念。

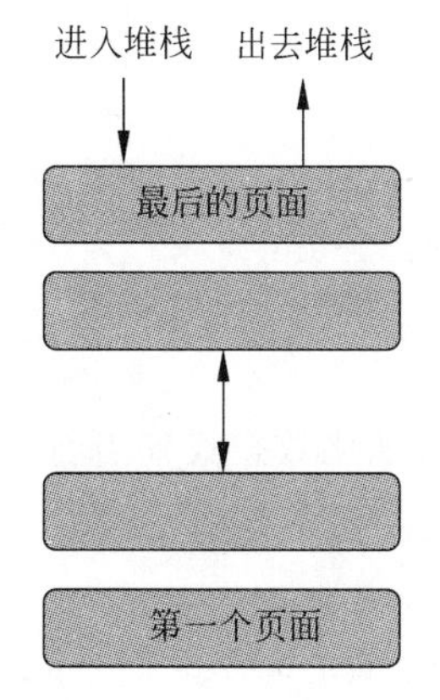

图 1.8　页面堆栈

当应用中的页面调用 Navigate 时，当前页面会被放到后退堆栈上，并且系统将创建并显示目标页的新实例。当你在应用的页面之间进行导航时，系统会将多个条目添加到此堆栈。当页面调用 GoBack 时，或者当用户按手机的“返回”按键时，将放弃当前页面，并将堆栈顶部的页面从后退堆栈中弹出并进行显示。此后退导航会继续弹出并显示，直到堆栈中不再有条目。此时，单击手机的“返回”按钮将离开应用。

我们还可以使用 Frame 类 BackStack 属性可以获取后退堆栈的项目，后退堆栈的项目为 PageStackEntry 类的对象，PageStackEntry 类表示后退或前进导航历史记录中的一个条目。通过 PageStackEntry 类的 Type 属性和 Parameter 属性可以知道导航过来的 Page 对象的类型和参数。

1.4.3 框架的应用示例：自定义弹出窗口

Frame 类除了在页面的导航中会经常使用，在控件库开发中也会常常用到框架页面这些知识。获取到应用程序当前的 Frame 类对象，我们就可以利用这个框架对象来处理物理返回事件，处理菜单栏的相关操作等，这些都是做相关控件的时候会经常碰到的情景。

下面通过一个自定义弹出窗口的示例来讲解如何在应用程序中使用框架页面的知识来解决实际的问题。弹出窗口要实现的功能是可以弹出一个自定义的对话框可以自定义展示的内容并且要用半透明的遮罩挡住页面的其他内容不能让用户单击到，在系统的默认弹出窗口 MessageDialog 也实现了半透明遮罩的效果，不过遗憾的是 MessageDialog 对弹出窗口的内容限制得太多了，只能够显示默认样式的文字和规定的按钮，很多时候并不能满足产品的需求。那么自定义弹出窗口大概的原理就是使用 Popup 控件来实现弹出窗的效果，Popup 控件可以把包含在其中的控件显示在最外面，从而可以把当前页面的控件都给盖住，再加点半透明的效果，若隐若现的，一个弹窗就出来了。不过这个弹出窗口还至少需要解决两个问题，一个问题是如何隐藏菜单栏，因为菜单栏并不是可视化树的一部分，所以无法通过半透明的遮罩挡住菜单栏；另一个问题是如何捕获后退事件，开对弹出窗口进行关闭。下面来看一下详细的实现。

代码清单 1-5：自定义弹出窗口（源代码：第 1 章\Examples_1_5）

（1）获取当前应用程序的框架 Frame 对象和当前的页面 PhoneApplicationPage 对象。

获取框架 Frame 对象可以直接通过 Window. Current. Content 来获取到，如 MyMessage. cs 的代码：

```
private static Frame RootVisual
{
    get
    {
        return Window.Current == null ? null : Window.Current.Content as Frame;
    }
}
```

获取当前的页面 Page 对象则需要使用可视化树的知识了，通过可视化数查找到当前的 Page 对象。查找可视化树的代码封装如 Extensions. cs 的代码：

```
//获取该元素的可见树里面所有的子元素
public static IEnumerable < DependencyObject > GetVisualDescendants ( this DependencyObject
element)
{
```

```
    return GetVisualDescendantsAndSelfIterator(element).Skip(1);
}
//获取该元素的可见树里面所有的子元素以及该元素本身
public static IEnumerable<DependencyObject> GetVisualDescendantsAndSelfIterator(DependencyObject
element)
{
    Queue<DependencyObject> remaining = new Queue<DependencyObject>();
    remaining.Enqueue(element);
    while (remaining.Count > 0)
    {
        DependencyObject obj = remaining.Dequeue();
        yield return obj;
        foreach (DependencyObject child in obj.GetVisualChildren())
        {
            remaining.Enqueue(child);
        }
    }
}

//获取该元素的可见树里面下一级的子元素
public static IEnumerable<DependencyObject> GetVisualChildren(this DependencyObject element)
{
    return GetVisualChildrenAndSelfIterator(element).Skip(1);
}
//获取该元素的可见树里面下一级的子元素以及该元素本身
public static IEnumerable<DependencyObject> GetVisualChildrenAndSelfIterator(this DependencyObject
element)
{
    yield return element;
    int count = VisualTreeHelper.GetChildrenCount(element);
    for (int i = 0; i < count; i++)
    {
        yield return VisualTreeHelper.GetChild(element, i);
    }
}
```

然后通过以下 MyMessage.cs 代码获取当前的程序展示的页面。

```
private static Page Page
{
    get { return RootVisual.GetVisualDescendants().OfType<Page>().FirstOrDefault(); }
}
```

(2) 处理后退事件和根据实际情况隐藏和显示菜单栏。

获取到了当前页面的 Frame 对象之后，就可以通过 Frame 对象的 BackPressed 事件来操作后退事件了，如果弹出框弹出来了，用户单击后退事件应该要触发关闭弹出窗的操作。根据实际情况隐藏和显示菜单栏也是类似的原理，当打开弹出框的时候记录下当前的菜单栏的隐藏和显示状态，打开弹出框的时候把菜单栏设置为不可见，关闭弹出框的时候再根据打开弹出框记录下的菜单栏状态给菜单栏赋值。下面来看一下 MyMessage.cs 页面的相关代码，更加详细的 XAML 页面代码和项目的测试运行代码请参考源代码文件：

MyMessage.cs 文件主要代码

```
------------------------------------------------------------------------------------
namespace MessageControl
{
    public class MyMessage : ContentControl
    {
        private ContentPresenter body;
        private Rectangle backgroundRect;
        private object content;
        private Visibility appBarVisual;
        public MyMessage()
        {
            //这将类的 styleKey 设置为 MyMessage,这样在模板中的 style 才能通过 TargetType =
"local:MyMessage"与之相互绑定
            this.DefaultStyleKey = typeof(MyMessage);
        }
        //重写 OnApplyTemplate()方法获取模板样式的子控件
        public override void OnApplyTemplate()
        {
            base.OnApplyTemplate();
            this.body = this.GetTemplateChild("body") as ContentPresenter;
            this.backgroundRect = this.GetTemplateChild("backgroundRect") as Rectangle;
            InitializeMessagePrompt();
        }
        //使用 Popup 控件来制作弹窗
        internal Popup ChildWindowPopup
        {
            get;
            private set;
        }
        //获取当前的程序展示的页面
        private static Page Page
        {
            get { return RootVisual.GetVisualDescendants().OfType<Page>().FirstOrDefault(); }
        }
        //获取当前应用程序的 UI 框架 PhoneApplicationFrame
        private static Frame RootVisual
        {
            get
            {
                return Window.Current == null ? null : Window.Current.Content as Frame;
            }
        }
        //弹窗的内容,定义为 object,可以赋值为各种各样的控件
        public object MessageContent
        {
```

```
        get
        {
            return this.content;
        }
        set
        {
            this.content = value;
        }
    }
    //隐藏弹窗
    public void Hide()
    {
        if (this.body != null)
        {
            //关闭 Popup 控件
            this.ChildWindowPopup.IsOpen = false;
        }
        HardwareButtons.BackPressed -= HardwareButtons_BackPressed;
        if (Page.BottomAppBar != null)
            Page.BottomAppBar.Visibility = appBarVisual;
    }
    //判断弹窗是否打开
    public bool IsOpen
    {
        get
        {
            return ChildWindowPopup != null && ChildWindowPopup.IsOpen;
        }
    }
    //打开弹窗
    public void Show()
    {
        if (this.ChildWindowPopup == null)
        {
            this.ChildWindowPopup = new Popup();
            this.ChildWindowPopup.Child = this;
        }
       if (this.ChildWindowPopup != null && Application.Current.RootVisual != null)
        {
            InitializeMessagePrompt();
            this.ChildWindowPopup.IsOpen = true;
        }
        HardwareButtons.BackPressed += HardwareButtons_BackPressed;
        if (Page != null)
        {
            appBarVisual = Page.BottomAppBar.Visibility;
            Page.BottomAppBar.IsSticky = false;
            Page.BottomAppBar.Visibility = Windows.UI.Xaml.Visibility.Collapsed;
        }
}
```

```
        //初始化弹窗
        private void InitializeMessagePrompt()
        {
            if (this.body == null)
                return;
            this.backgroundRect.Visibility = Windows.UI.Xaml.Visibility.Visible;
            //把模板中得 body 控件内容赋值为你传过来的控件
            this.body.Content = MessageContent;
            this.Height = 800;
        }
        private void HardwareButtons_BackPressed(object sender, BackPressedEventArgs e)
        {
            Frame frame = Window.Current.Content as Frame;
            if (frame == null)
            {
                return;
            }
            if (IsOpen)
            {
                e.Handled = true;
                Hide();
            }
        }
    }
```

自定义弹出窗口的运行效果如图 1.9 所示。

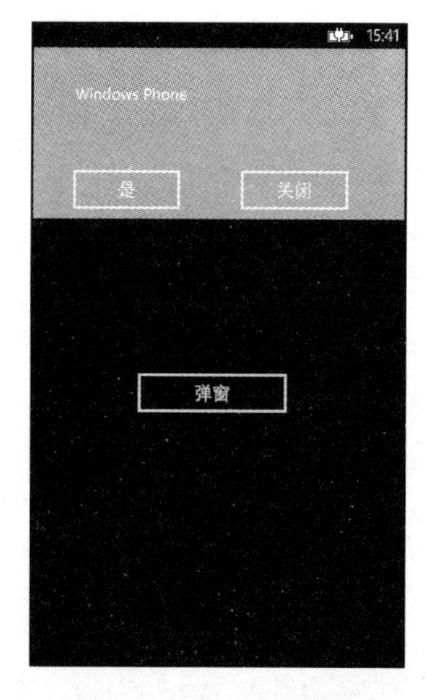

图 1.9　自定义弹出窗口

1.5 UI 线程

在 Windows Phone 里面线程分为两大类一类是后台线程，一类是 UI 线程，其中 UI 线程是 Windows Phone 应用程序的主线程，只存在一个 UI 线程在当前的应用程序中运行，而后台线程则可以多个同时运行。UI 线程负责处理的任务主要有：处理用户输入；解析 XAML 并创建对象；绘制所有元素首次呈现的视图；处理每一帧的回调，执行其他用户代码。因为 UI 线程要负责处理用户输入、绘制新视图、回调用户代码，所以要尽可能保证该线程空闲。如果 UI 线程要处理的任务过多就会导致界面卡顿，反应延迟等后果，所以维持一个轻型的 UI 线程是创建高响应性应用的关键。

在 Windows Phone 的应用程序开发中经常会遇到在后台线程和 UI 线程之间进行线程间的通信，因为耗时的操作通常会选择使用在后台线程中进行处理，处理完成之后若要通知 UI 则再回到 UI 线程中。那么从后台线程中启动 UI 线程主要有下面的几种方法，下面通过示例来演示后台线程和 UI 线程之间的通信。

代码清单 1-6：后台线程和 UI 线程通信（源代码：第 1 章\Examples_1_6）

1. 使用 UI 元素的 Dispatcher. RunAsync 方法

我们知道，Windows Phone 的 UI 元素都继承于 DependencyObject 这个基类。值得注意是，DependencyObject 类不仅为 Windows Phone 提供了基本的依赖性服务，也开启了一条 UI 线程和后台工作线程之间的数据交互的通道。DependencyObject 具有一个非常重要的属性 Dispatcher，那么后台线程可以通过调用 UI 元素的 Dispatcher 对象的 BeginInvoke 方法来实现上述数据交互之目的。下面举例说明一个使用这种机制的典型的操作模式：

```
private void Button_Click_2(object sender, RoutedEventArgs e)
{
    //创建一个后台线程,在后台线程中再回到 UI 线程中,如果你直接在后台线程中执行 UI 相关的
任务会抛出夸线程的异常
    Task.Factory.StartNew(() =>
    {
        ThreadProc2();
    });
}
public async void ThreadProc2()
{
    await this.Dispatcher.RunAsync(Windows.UI.Core.CoreDispatcherPriority.Normal, async () =>
    {
        //可以在此访问 UI 线程中的对象,因为代理本身是在 UI 线程的上下文中执行的
        MessageDialog messageDialog = new MessageDialog("ThreadProc2");
        await messageDialog.ShowAsync();
    });
}
```

在上面的代码中 this 是指当前的 Page 的对象，通过 UI 元素 Page 的 Dispatcher 属性

来触发 UI 线程。上面的符号“()=>”是一个 lambda 表达式，这是一种没有传入参数的委托方法的缩写形式。如果有传入的参数的话，我们可以将其在括号中指定。

2. 使用 Window.Current.Dispatcher

第一种启动 UI 线程的方法是在可以获取到已知的 UI 元素的前提下的，如果并不能获取到已经启动的 UI 元素，那么该怎么去从后台线程中启动 UI 线程呢？这时候就需要通过使用 Window.Current.Dispatcher 来获得应用程序的调度器 Dispatcher 的一个引用。Current 属性是一个静态属性，表示当前 Windows Phone 应用程序的对象。下面来看一下如何简单地调用语法：

```
Task.Factory.StartNew(() =>
{
    await
Window.Current.Dispatcher.RunAsync(Windows.UI.Core.CoreDispatcherPriority.Normal, async ()
=>
    {
        //处理 UI 相关的操作
    });
});
```

3. 使用 SynchronizationContext

SynchronizationContext 类提供在各种同步模型中传播同步上下文的基本功能。SynchronizationContext 类是一个基类，可提供不带同步的自由线程上下文。此类实现的同步模型的目的是使公共语言运行时内部的异步或者同步操作能够针对不同的异步模型采取正确的行为。此模型还简化了托管应用程序为在不同的同步环境下正常工作而必须遵循的一些要求。我们在 UI 线程上通过 SynchronizationContext.Current 来获取到当前同步上下文，然后在后台线程上就可以使用 SynchronizationContext 类的 Post 方法将同步数据到此 SynchronizationContext 所关联的线程上。下面来看一下代码演示：

```
//同步上下文
SynchronizationContext context;
public MainPage()
{
    InitializeComponent();
    context = SynchronizationContext.Current;
}
//按钮的单击事件,该单击事件是默认在 UI 线程中运行的
private void Button_Click_1(object sender, RoutedEventArgs e)
{
    //创建一个后台线程执行任务
    Task.Factory.StartNew(() =>
        {
            ThreadProc1();
        });
}
```

```
//后台线程执行的方法
public void ThreadProc1()
{
    context.Post(async (s) =>
    {
        //这里可以处理UI线程的事情了
        MessageDialog messageDialog = new MessageDialog("ThreadProc1");
        await messageDialog.ShowAsync();
    }, null);
}
```

第 2 章 样式和模板

在 Windows Phone 里面一个普通的控件包含高度、宽度、背景颜色等诸多属性，通过这些属性可以编写出各种漂亮的控件，可以在 XAML 上对一个控件的各种属性进行赋值来创建这样的一个控件。但是假如在项目里面要多次用到同样的控件，或者是由大部分属性的赋值是一样的控件，那么是不是要把这部分的代码重复编写很多次？答案当然是否定的。样式和模板的技术就是为了解决这个问题，可以在 XAML 中定义一部分共同的代码给控件去使用。我们可以使用样式和模板给 Windows Phone 的应用程序创建更好的视觉效果，也可以创建统一外观。尽管开发人员可以对应用程序的外观逐个进行大量自定义操作，还是需要一个功能强大的编程机制，以便在应用程序中维护和共享外观。那么样式和模板就提供了这样的一个编程的机制。本章将详细介绍在 Windows Phone 中的样式和模板的使用。

2.1 样式

样式是一种可以把属性值和界面元素分离开来的编程机制，那么它也是 UI 编程里面代码分离共享机制的基础。样式是由 Style 类表示，是一种非常简单的实体。它的主要功能是对属性值分组，否则这些属性值就将被单独设置。样式存在的目的是在多个元素中共享改组的值。

2.1.1 创建样式

下面先来看一下直接在控件上对属性进行赋值的方式，可以通过下面的代码在 XAML 页面上创建一个按钮控件。

代码清单 2-1：创建样式和样式继承（源代码：第 2 章\Examples_2_1）

```
<Button Content = "按钮 1" Width = "200" Height = "100" FontSize = "20" Foreground = "Green"
Background = "Red" FontFamily = "Arial" Margin = "10"/>
```

如果在应用程序里面仅仅只是创建一个这样的按钮的话，这样写是没多大的问题的。假如要在程序里面把这种样式定义为按钮的标准样式，意思就是整个程序所有的按钮都是采用这种的样式，那么就要考虑通过创建样式的方式来实现。下面把按钮的 Width、Height 等相关的属性封装成为一个样式，相当于是创建了一个 Style。

```
<StackPanel>
    <StackPanel.Resources>
        <Style x:Key="commonStyle" TargetType="Button">
            <Setter Property="Width" Value="200"></Setter>
            <Setter Property="Height" Value="100"></Setter>
            <Setter Property="FontSize" Value="20"></Setter>
            <Setter Property="Foreground" Value="Green"></Setter>
            <Setter Property="Background" Value="Red"></Setter>
            <Setter Property="FontFamily" Value="Arial"></Setter>
        </Style>
    </StackPanel.Resources>
    <Button Content="按钮 1" Style="{StaticResource commonStyle}"/>
    <Button Content="按钮 2" Style="{StaticResource commonStyle}"/>
    <Button Content="按钮 3" Style="{StaticResource commonStyle}"/>
</StackPanel>
```

Style 的 TargetType 属性就是指这个 Style 所针对的控件类，在示例上就是 Button，其实这值并不一定要和使用这个样式的控件类保持一致，也可以使用父类来作为样式的目标，设置更加通用的样式，如下所示，把 TargetType 属性设置为 FrameworkElement。这就要注意 Foreground 这些属性就不能够再赋值了，因为 FrameworkElement 类不支持，但是这个样式就可以应用在所有 FrameworkElement 类的子类控件上，比如 TextBlock 控件。代码如下：

```
<StackPanel>
    <StackPanel.Resources>
        <Style x:Key="commonStyle" TargetType="FrameworkElement">
            <Setter Property="Width" Value="200"></Setter>
            <Setter Property="Height" Value="100"></Setter>
        </Style>
    </StackPanel.Resources>
    <Button Content="按钮 1" Style="{StaticResource commonStyle}"/>
    <Button Content="按钮 2" Style="{StaticResource commonStyle}"/>
    <Button Content="按钮 3" Style="{StaticResource commonStyle}"/>
    <TextBlock Text="TextBlock1" Style="{StaticResource commonStyle}"/>
</StackPanel>
```

每个控件都会有一个 Resources 属性，通常会把样式放在这个 Resources 属性里面，作为一种静态资源来给这个控件的可视化树下面的控件进行使用。示例里面是在 StackPanel 面板的 Resources 属性下定义了样式资源，然后 StackPanel 面板里面的 Button 控件和 TextBlock 控件就可以通过静态资源的 Key 值来进行调用，如 Style="{StaticResource commonStyle}"。

任何派生自 FrameworkElement 或 FrameworkContentElement 的元素都可以使用样式。声明样式的最常见方式是将样式作为 XAML 文件的 Resources 节中的资源。由于样式是资源，因此同样遵循所有资源都适用的范围规则：样式的声明位置决定样式的应用范围。上面的示例是在局部的控件下定义的样式资源，只能够给控件下面的可视化树使用，所以如果是要在一个页面上公用同一个资源就要在 Page 上进行定义，代码如下：

```
<Page.Resources>
    <Style x:Key="commonStyle" TargetType="FrameworkElement">
        <Setter Property="Width" Value="200"></Setter>
        <Setter Property="Height" Value="100"></Setter>
    </Style>
</Page.Resources>
```

如果是要在整个应用程序的范围内上使用，那么就需要在 App.xaml 上面进行定义，代码如下：

```
<Application.Resources>
    <Style x:Key="commonStyle" TargetType="FrameworkElement">
        <Setter Property="Width" Value="200"></Setter>
        <Setter Property="Height" Value="100"></Setter>
    </Style>
</Application.Resources>
```

2.1.2 样式继承

在上面的例子里，假如出现了这样一个需求，Button 控件和 TextBlock 控件除了有 commonStyle 里面的属性设置内容之外，它们还需要设置一些属性，比如设置 TextBlock 控件的 TextWrapping 属性等。那么可以直接在控件上进行设置，例如：

```
<TextBlock Text="TextBlock1" TextWrapping="Wrap" Style="{StaticResource textBlockStyle}"/>
```

如果这个 TextBlock 控件的这些属性都是通用的，那么这些设置肯定不是一个最好的解决方案。还有一种方案是直接给 TextBlock 控件定义一个专属的样式，例如：

```
<Style x:Key="textBlockStyle" TargetType="TextBlock">
    <Setter Property="Width" Value="200"></Setter>
    <Setter Property="Height" Value="100"></Setter>
    <Setter Property="TextWrapping" Value="Wrap"></Setter>
</Style>
```

但是这种方案又不能把 Width、Height 属性和 Button 控件的样式共享。可以通过样式继承的方式来实现这种方案，把 commonStyle 作为一个公共的样式给 textBlockStyle 和 textBlockStyle 样式公用，代码如下：

```
<StackPanel>
    <StackPanel.Resources>
        <Style x:Key="commonStyle" TargetType="FrameworkElement">
            <Setter Property="Width" Value="200"></Setter>
            <Setter Property="Height" Value="100"></Setter>
```

```
        </Style>
        < Style x:Key = "textBlockStyle" BasedOn = "{StaticResource commonStyle}" TargetType =
"TextBlock">
            < Setter Property = "TextWrapping" Value = "Wrap"></Setter>
        </Style>
        < Style x:Key = "buttonStyle" BasedOn = "{StaticResource commonStyle}" TargetType =
"Button">
            < Setter Property = "FontSize" Value = "20"></Setter>
            < Setter Property = "Foreground" Value = "Green"></Setter>
            < Setter Property = "Background" Value = "Red"></Setter>
            < Setter Property = "FontFamily" Value = "Arial"></Setter>
        </Style>
    </StackPanel.Resources>
    < Button Content = "按钮 1" Style = "{StaticResource buttonStyle }"/>
    < TextBlock Text = "TextBlock1" TextWrapping = "Wrap" Style = "{StaticResource textBlockStyle}"/>
</StackPanel>
```

在Style里面可以通过BasedOn属性来进行样式继承，意思就是当前的样式是BasedOn引用的样式的基础上进行新增的。这样就很好地把样式的公共样式又做了一层封装，这种方式在编写控件库的时候是非常常用的，因为控件库里面通常会有较多的控件，它们的样式也会有交叉重合的部分，就可以利用拓展样式的方案去实现更简洁高效的编码。

2.1.3 以编程方式设置样式

对于样式，不仅仅只是在XAML页面上进行定义和使用，同样也可以直接使用C#代码里面定义和使用。

1. 在C#里面创建样式

在C#代码里面创建样式是通过创建Style类的方式来实现，首先要创建的样式必须要指定样式所对应的控件类型，然后再对样式相关的属性进行赋值，代码如下：

```
Style style = new Style(typeof(Button));
tyle.Setters.Add(new Setter(Button.HeightProperty, 70));
```

实际上，上面的C#代码代表和下面的XAML代码是等价的。

```
< Style x:Key = "style1" TargetType = "Button">
    < Setter Property = "Height" Value = "70"/>
</Style>
```

2. 在C#里面设置样式

在C#里面向元素分配命名样式，可以从资源集合中获取该样式，然后将其分配给元素的Style属性。注意，资源集合中的项是Object类型，因此，将检索到的样式分配给Style属性之前，必须将该样式强制转换为Style。例如，若要对名为buton1的Buton控件设置在Page上面定义的style1样式，那么可以通过下面的方式进行设置：

```
buton1.Style = (Style)this.Resources["style1"];
```

如果 style1 样式是属于 Application 范围的，也就是在 App. xaml 页面上面进行定义的，就需要通过下面的方式进行调用：

```
buton1.Style = (Style)Application.Current.Resources["style1"];
```

注意，样式一旦应用，便会密封并且无法更改。如果要动态更改已应用的样式，必须创建一个新样式来替换现有样式。

下面看一个动态加载和修改样式的示例：在进入页面的时候用 C# 代码创建样式并且给按钮控件设置样式，单击按钮后重新再赋值带资源里面的一个样式。

代码清单 2-2：动态加载和修改样式（源代码：第 2 章\Examples_2_2）

MainPage. xaml 文件主要代码

```
------------------------------------------------------------------------
    <Page.Resources>
        <Style x:Key="style2" TargetType="Button">
            <Setter Property="Height" Value="200"/>
            <Setter Property="Width" Value="400"/>
            <Setter Property="Foreground" Value="Red"/>
            <Setter Property="Background" Value="Yellow"/>
        </Style>
    </Page.Resources>
    …省略若干代码
    <StackPanel>
         <Button Content="单击按钮更换样式" x:Name="buton1" Click="buton1_Click">
</Button>
    </StackPanel>
```

MainPage. xaml. cs 文件主要代码

```
------------------------------------------------------------------------
        public MainPage()
        {
            InitializeComponent();
            //创建样式
            Style style = new Style(typeof(Button));
            style.Setters.Add(new Setter(Button.HeightProperty, 70));
            style.Setters.Add(new Setter(Button.WidthProperty, 300));
            style.Setters.Add(new Setter(Button.ForegroundProperty, new SolidColorBrush
(Colors.White)));
            style.Setters.Add(new Setter(Button.BackgroundProperty, new SolidColorBrush
(Colors.Blue)));
            //给按钮控件赋值样式
            buton1.Style = style;
        }
        //按钮事件，读取资源的样式然后给按钮控件样式赋值
        private void buton1_Click(object sender, RoutedEventArgs e)
```

```
    {
        butonl.Style = (Style)this.Resources["style2"];
    }
```

程序的运行效果如图 2.1 和图 2.2 所示。

图 2.1 单击前的按钮

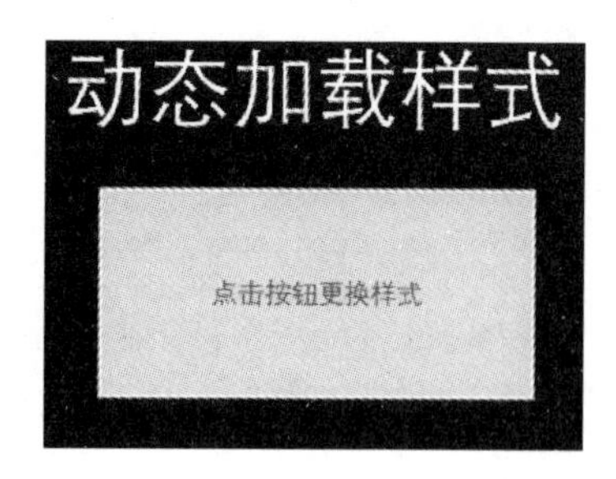

图 2.2 单击后的按钮

2.1.4 样式文件

在小项目里面可以把样式直接写在页面上，但是当所要定义的样式越来越多的时候，这时候需要把样式单独地抽离出来放在独立的文件上，那么这样的文件就是样式文件。样式文件也是一个 xaml 文件，但是不需要对应的 cs 文件，所以在项目里面创建 xaml 文件的时候会自动生成 cs 文件，这时候就需要手动地把 cs 文件给删除掉。

样式文件有着它的语法的结构，所有的样式定义必须在 ResourceDictionary 节点下，表示这是一个样式字典。下面来创建一个样式文件来取代上面例子所实现的功能：

(1) 创建一个 ButtonStyle.xaml 文件，放在路径 Resources/ButtonStyle.xaml 下。

(2) 把 ButtonStyle.xaml.cs 文件删除掉，修改 ButtonStyle.xaml 文件为下面的内容。

```
<ResourceDictionary
   xmlns = "http://schemas.microsoft.com/winfx/2006/xaml/presentation"
   xmlns:x = "http://schemas.microsoft.com/winfx/2006/xaml">
    <Style x:Key = "style1" TargetType = "Button">
        <Setter Property = "Height" Value = "70"/>
        <Setter Property = "Width" Value = "300"/>
        <Setter Property = "Foreground" Value = "White"/>
        <Setter Property = "Background" Value = "Blue"/>
    </Style>
    <Style x:Key = "style2" TargetType = "Button">
        <Setter Property = "Height" Value = "200"/>
        <Setter Property = "Width" Value = "400"/>
        <Setter Property = "Foreground" Value = "Red"/>
        <Setter Property = "Background" Value = "Yellow"/>
    </Style>
</ResourceDictionary>
```

(3) 在 App. xaml 文件的<Application. Resources>或者普通页面的<Page. Resources>或者用户控的<UserControl. Resources>节点下添加相应的 ResourceDictionary,在 App. xam 引用,是全局的,可以使得一个样式在整个应用程序中能够复用。在普通页面中引用只能在当前页面上得到复用。配置引用 ButtonStyle. xaml 代码如下:

```
<Application.Resources>
    <ResourceDictionary>
        <ResourceDictionary.MergedDictionaries>
            <ResourceDictionary Source = "Resources/ButtonStyle.xaml"/>
        </ResourceDictionary.MergedDictionaries>
    </ResourceDictionary>
</Application.Resources>
```

或者

```
<Page.Resources>
    <ResourceDictionary>
        <ResourceDictionary.MergedDictionaries>
            <ResourceDictionary Source = "Resources/ButtonStyle.xaml"/>
        </ResourceDictionary.MergedDictionaries>
    </ResourceDictionary>
</Page.Resources>
```

通常为了维护和灵活性的考虑,会将样式文件分成好几个,但在某些场合下只需要用其中某些资源,那么可以将资源从几个独立的文件中提取并合并,这时候可以在<ResourceDictionary. MergedDictionaries>节点下添加多个资源文件。注意,在资源合并后,可能会出现重复值的情况,那么最后取出的资源获胜。

2.1.5 系统主题

系统主题是指在 Windows Phone 手机设备里面的主题,那么这个系统主题是会根据用户的选择设置会产生变化的。要设置主题,在手机应用列表中,用户点按"设置",然后点按"主题",可以看到有背景色与强调色的组合设置,如图 2.3 和图 2.4 所示。背景色是指背景的颜色,目前只有两种选择:深色和浅色,这个会改变手机首页背景,内置应用的背景和使用到该主题的第三方应用的背景。强调色是指应用于控件和其他视觉元素的颜色,那么强调色的色值相对来说会更加丰富,它所产生的作用和背景色类似。

对于开发者来说,为什么要关注系统的主题呢?因为这个系统的主题和我们的应用开发所使用的控件和颜色资源是紧密相连的,如在 XAML 页面上添加一个 Button 控件不修改任何的色值"<Button Content="测试"></Button>",那么在系统深色主题下的显示效果如图 2.5 所示,在系统浅色主题下的显示效果如图 2.6 所示,所以不同的系统主题下 Button 控件的默认配色效果是不一样的。如果使用到了系统的背景色或者强调色,那么在应用设置的时候一定要注意测试不同的背景色或强调色下的显示效果。同时也可以利用系统主题这一组资源来个性化 Windows Phone 上的可视元素，这样应用程序可以根据系统的主题的变化也产生相应的 UI 效果的变化。

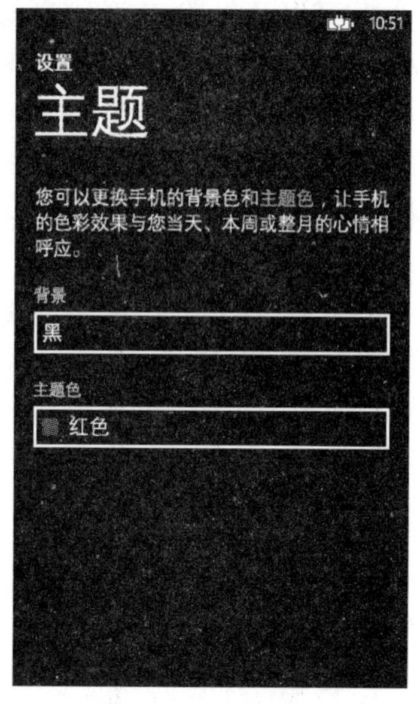

图 2.3 设置主题

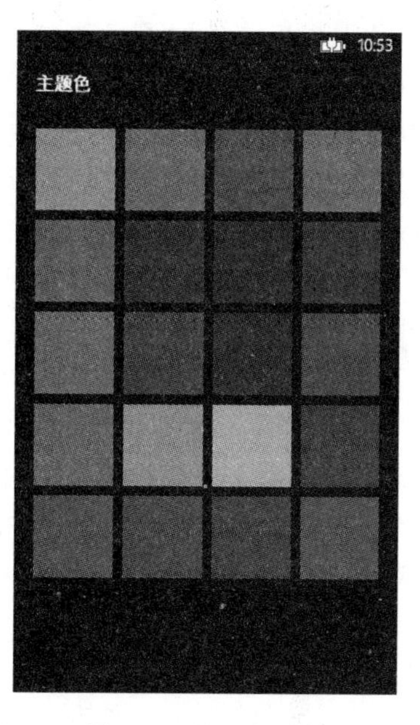

图 2.4 设置主题色

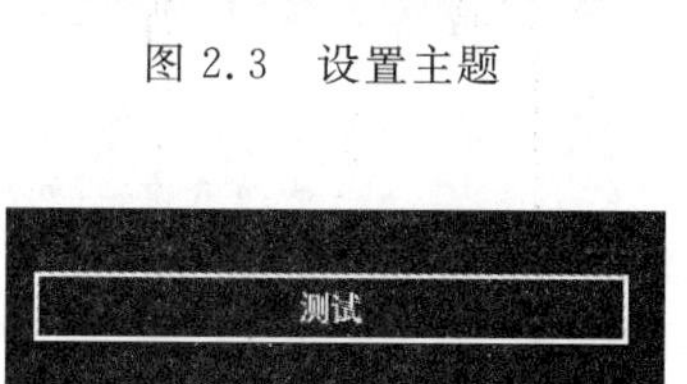

图 2.5 深色主题的按钮

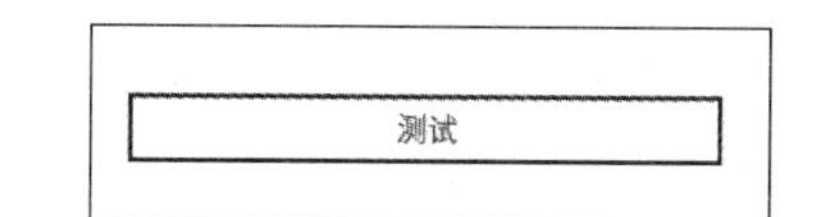

图 2.6 浅色主题的按钮

在 Windows Phone 设备上使用主题的一个优势是，它提供一致性和兼容性。其实默认的系统控件就是使用了系统的主题资源的，你不需要任何的调整便可以利用道系统主题的资源，当然你也可以自定义固定的样式效果，即使系统的主题发生变化，你的应用依然保持着原有的 UI 效果。同时也可以通过使用样式资源自定多套的主题，提供给应用程序去使用。

2.1.6 主题资源

Windows Phone 里面的主题实际上是每个应用程序上预设好的一组资源，在应用程序运行时，这些资源会被添加到应用程序中。Windows Phone 的主题资源包括了很多常用的资源数值，由画笔资源、颜色资源、字体名称、粗细、字体大小、文本样式、主题可见性和不透明度。这组资源使用了资源字典的方式进行定义，在应用程序 XAML 页面上可以直接通过{StaticResource}标识来使用这些资源给应用程序的控件属性赋值。那么 Windows Phone

为什么要提供这样的一组主题资源给应用程序去使用呢，甚至嵌入在控件的模板样式上，不直接提供属性给开发人员去修改，其实主要有下面的几个原因。

(1) 保证系统控件的配色和样式的统一风格，这样可以让开发者更加容易地按照Windows Phone的设计标准来开发界面，以确保在Windows Phone应用程序间显示一致的控件和UI元素。

(2) Windows Phone手机支持设置背景色与强调色主题，那么主题资源里面有部分资源是可以直接根据手机的主题颜色是关联起来的，这样应用程序也可以根据用户不同的设置来显示不同的颜色。如果在程序里面添加一个Rectangle控件，然后设置填充属性Fill="{StaticResource PhoneAccentBrush}"，当用户把手机的强调色设置为红色，这个矩形就会显示红色，当用户把手机的强调色设置为黄色，这个矩形就会显示黄色。

(3) 主题资源定义了一种属性样式的标准，给开发者或者设计师作为程序设计的参考，比如程序的标题TextBlock控件推荐使用Style="{StaticResource Title TextBlockStyle}"这个样式，作为当前页面标题的TextBlock控件推荐使用Style="{StaticResource HeaderTextBlockStyle}"这个样式。

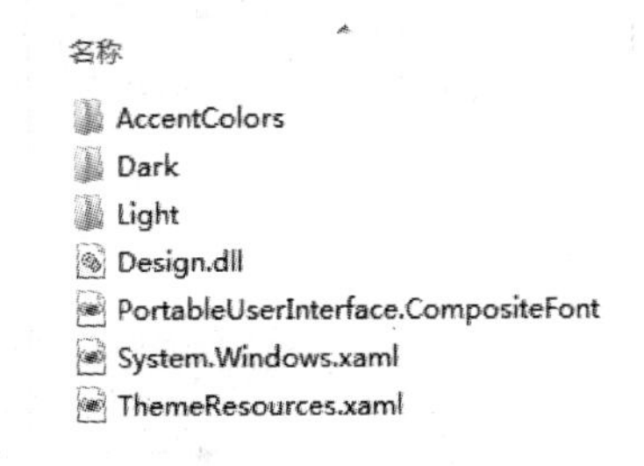

图2.7 主题资源文件

Windows Phone的主题资源文件存放在SDK安装的路径(如C:\Program Files (x86)\Microsoft SDKs\Windows Phone\v8.1\Design)下面，如图2.7所示，可以看到相关的资源文件，在这些资源文件里面可以找到系统内置的资源样式。AccentColors文件夹下面存放的是与Windows Phone强调色相关的主题文件，打开里面的文件就可以看到在不同的强调色设置下所对应色值。Dark文件夹和Light文件夹存放的是深色主题和浅色主题的资源文件，PortableUserInterface.CompositeFont文件表示字体的资源引用，ThemeResources.xaml文件表示的是公用的不会根据系统主题变化的资源，System.Windows.xaml文件表示的是系统控件默认的样式这个在控件的章节会做详细的讲解。那么这些主题资源文件会打包成Design.dll资源文件提供给Windows Phone的应用程序去使用，当然这个是不需要开发者去做的，因为Windows Phone的应用程序已经默认把这一切的事情都做好的，会根据手机不同的系统主题来读取不同的资源文件，把应用程序的主题和手机系统的主题关联起来。

其实，目前在主题资源里面也只有两个色值是会发生变化的，一个是背景色，另一个强调色。背景色可以通过PhoneBackgroundBrush或者PhoneBackgroundColor来获取到，也可以通过PhoneDarkThemeVisibility或者PhoneLightThemeVisibility来判断是深色主题或者浅色主题。强调色则可以通过PhoneAccentBrush或者PhoneAccentColor获取到。主题资源是属于应用程序范围的资源，如果是在C#代码里面可以通过Application.Current.Resources集合来获取资源值，下面是一些对系统主题常用的一些操作：

1）判断深色浅色主题

```
//判断当前是否是深色主题
bool DarkThemeUsed ()
{
     return Visibility.Visible == (Visibility)Application.Current.Resources
["PhoneDarkThemeVisibility"];
}
//判断当前是否是浅色主题
bool LightThemeUsed()
{
     return Visibility.Visible == (Visibility)Application.Current.Resources
["PhoneLightThemeVisibility"];
}
```

2）获取强调色的色值

```
Color AccentColor()
{
     return (Color)Application.Current.Resources["PhoneAccentColor"];
}
```

3）直接在 XAML 控件中使用强调色

```
<Rectangle Height = "80" Width = "80" Fill = "{StaticResource PhoneAccentBrush}"></Rectangle>
```

2.1.7　自定义主题

Windows Phone 默认的主题系统是由黑白两色为背景和一些强调色组成的，用户可以随意切换。通常来说，应用开发者无须关心这一部分，系统会去更新相关的资源，然后再体现在应用中。但有一些时候，我们基于产品品牌等因素的考量，可能不想使用 Windows Phone 的默认主题，而是采用一套固定的主题显示效果，不受 Windows Phone 的背景色和强调色的影响。又或者我们希望在产品上定义多套的皮肤主题，用户可以更具自己的喜好去进行更换程序的主题。那么这时候需要去自定义应用的主题。

我们可以通过给系统所有的控件都设置一套样式，重新给它们的背景，字体等的属性进行赋值，从而实现一套自定义的主题。但是这样的操作无疑是非常烦琐的，并且也会导致你需要添加很多的 XAML 的代码。那么其实 Windows Phone 的主题资源是可以在程序运行时的时候进行修改的，我们可以通过直接修改主题资源的方式来实现自定义的主题，这样的方案就非常简洁和高效。下面来看一下这一种自定义主题的方案。

代码清单 2-3：自定义主题(源代码：第 2 章\Examples_2_3)

(1) 首先我们添加了一个页面，然后添加了一些系统的控件，把最顶部 Grid 控件的背景颜色设置为 PhoneBackgroundBrush 资源的值，把最顶部 Page 页面的字体的颜色设置为 PhoneForegroundBrush 资源的值，然后我们通过修改系统资源的数值就可以达到把整个页面的背景和字体颜色更换的目的。页面的代码如下：

MainPage. xaml 文件主要代码

```
<Page
    …省略若干代码
    Foreground = "{ThemeResource PhoneForegroundBrush}">
    <Grid Background = "{ThemeResource PhoneBackgroundBrush}">
        …省略若干代码


        <StackPanel>
            <Button Content = "测试 Button"></Button>
            <TextBlock Text = "测试 TextBlock"></TextBlock>
            <Rectangle Height = "80" Width = "80" Fill = "{StaticResource PhoneAccentBrush}">
</Rectangle>
            <RadioButton Content = "主题 1" Checked = "RadioButton_Checked_1"></RadioButton>
            <RadioButton Content = "主题 2" Checked = "RadioButton_Checked_2"></RadioButton>
            <RadioButton Content = "主题 3" Checked = "RadioButton_Checked_3"></RadioButton>
        </StackPanel>
    </Grid>
</Page>
```

（2）封装更换主题的逻辑，通过传入背景颜色和强调色，然后对默认的系统资源的颜色进行修改。需要注意的是不同的主题要对托盘控件的颜色也进行相应的修改。单击RadioButton 控件更换不同的主题。代码如下：

MainPage. xaml. cs 文件主要代码

```
//主题 1
private void RadioButton_Checked_1(object sender, RoutedEventArgs e)
{
    ChangeTheme(Colors.White, Colors.Orange);
}
//主题 2
private void RadioButton_Checked_2(object sender, RoutedEventArgs e)
{
    ChangeTheme(Colors.Orange, Colors.LightGray);
}
//主题 3
private void RadioButton_Checked_3(object sender, RoutedEventArgs e)
{
    ChangeTheme(Colors.LightGray, Colors.Red);
}
///<summary>
///更换主题方法
///</summary>
///<param name = "backgroundColor">背景色</param>
///<param name = "accentColor">强调色</param>
```

```
private void ChangeTheme(Color backgroundColor, Color accentColor)
{
    //修改强调色
    (App.Current.Resources["PhoneAccentBrush"] as SolidColorBrush).Color = accentColor;
    //修改字体颜色
    (App.Current.Resources["PhoneForegroundBrush"] as SolidColorBrush).Color = accentColor;
    //修改背景颜色
    (App.Current.Resources["PhoneBackgroundBrush"] as SolidColorBrush).Color = backgroundColor;
    //修改 RadioButton 和 CheckBox 画笔颜色
    (App.Current.Resources["PhoneRadioCheckBoxBrush"] as SolidColorBrush).Color = backgroundColor;
    //修改 RadioButton 和 CheckBox 按下状态画笔颜色
    (App.Current.Resources["PhoneRadioCheckBoxPressedBrush"] as SolidColorBrush).Color =
accentColor;
    //修改 RadioButton 和 CheckBox 边框颜色
    (App.Current.Resources["PhoneRadioCheckBoxBrush"] as SolidColorBrush).Color = accentColor;
}
```

运行的效果如图 2.8～图 2.11 所示。

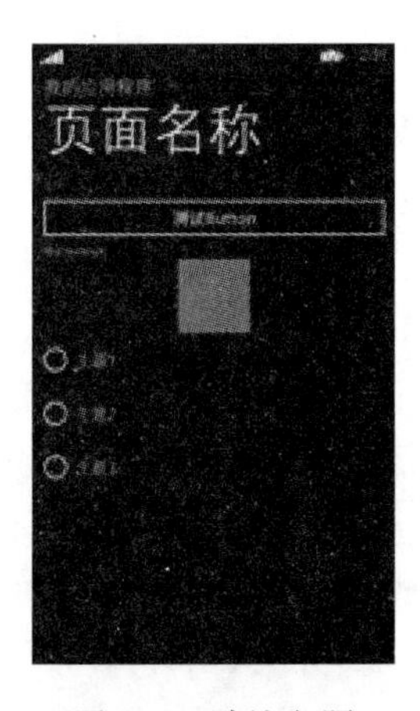

图 2.8　默认主题

图 2.9　主题 1

图 2.10　主题 2

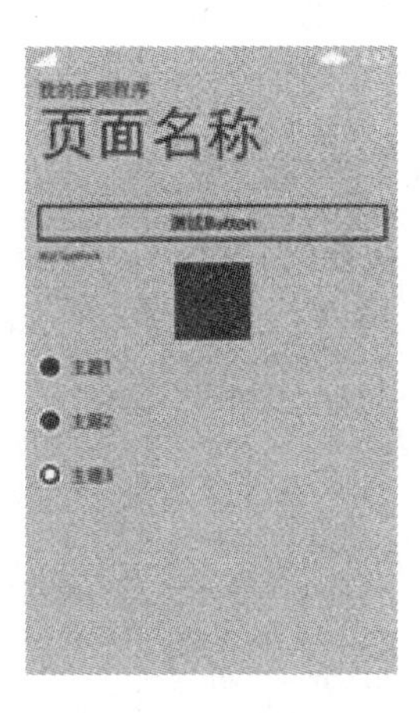

图 2.11　主题 3

2.2 模板

前面介绍了样式，那么样式对于UI编程方面所能做的就是对现有的控件的属性进行赋值，并没有对控件产生更大的改变，那么如果想要对控件进行更加深层次的修改，这时候就需要用到模板的技术了。从字面上看，模板就是“具有一定规格的样板”，有了它，就可以依照它制造很多一样是实例。我们常把看起来一样的东西称为“一个模子里面刻出来的”就是这个道理。那么Windows Phone里面的模板可以分为控件模板(ControlTemplate)和数据模板(DataTemplate)这两种，ControlTemplate的主要用途是更改控件的外观，在应用程序内部维护和共享外观，这是比修改控件的属性更深层次的修改。DataTemplate主要用于数据的呈现和自定义数据在控件上的显示方式，通常是和数据绑定结合起来使用，实现表现形式和逻辑的分离。下面我们将来详细地介绍着两种模板的原理和运用。

2.2.1 控件模板(ControlTemplate)

ControlTemplate是控件内部的布局和内容的表现形式，一个控件怎么组织其内部结构才能让它更符合业务逻辑、让用户操作起来更舒服就是由它来控制的。它决定了控件“长成什么样子”，并让开发人员有机会在控件原有的内部逻辑基础上扩展自己的逻辑。所以ControlTemplate与Style是有着很大的区别的，Style只能改变控件的已有属性值(比如颜色字体)来定制控件，但控件模板可以改变控件的内部结构(控件内部的可视化树结构)来完成更为复杂的定制。

Windows Phone每一个控件都有一个默认的模板，该模板描述了控件的组成结构和外观。我们可以自定义一个模板来替换掉控件的默认模板以便打造个性化的控件。要替换控件的模板，我们只需要声明一个ControlTemplate对象，并对该ControlTemplate对象做相应的配置，然后将该ControlTemplate对象赋值给控件的Template属性就可以了。

代码清单2-4：控件模板(源代码：第2章\Examples_2_4)

下面我们使用ControlTemplate来对一个按钮控件进行修改，代码如下：

```
<Button Content = "你好">
    <Button.Template>
        <ControlTemplate>
            <Grid>
                <Ellipse Width = "{TemplateBinding Button.Width}" Height = "{TemplateBinding
Control.Height}"
                            Fill = "{TemplateBinding Button.Background}" Stroke = "Red"/>
                <TextBlock Margin = "5,0,0,0" FontSize = "50" VerticalAlignment = "Center"
HorizontalAlignment = "Center"
                            Text = "{TemplateBinding Button.Content}"/>
                <TextBlock FontSize = "50" Foreground = "Red" VerticalAlignment = "Center"
HorizontalAlignment = "Center"
                            Text = "{TemplateBinding Button.Content}"/>
```

```
            </Grid>
        </ControlTemplate>
    </Button.Template>
</Button>
```

按钮的显示效果如图 2.12 所示，按钮的外观是一个椭圆，按钮的内容会出现红色和白色重叠的阴影。从按钮的显示效果，可以看到这个按钮跟系统默认的按钮的 UI 效果有很大的区别，那么这就是 ControlTemplate 所展现出来的威力，这样的 UI 效果单单靠简单修改几个控件属性是无法实现的。在上面的代码中，修改了 Button 的 Template 属性，我们定义了一个 ControlTemplate，在< ControlTemplate>…</ControlTemplate>之间包含的是模板的视觉树，也就是如何显示控件的外观，这里使用了一个 Ellipse(椭圆)和两个 TextBlock(文本块)来定义控件的外观，把按钮的文本内容用不同的颜色显示了两次，所以会出现重叠的阴影效果。所以 ControlTemplate 的功能非常强大，你可以利用它把一个控件修改得面目全非。

图 2.12　模板按钮

在上面的代码里面，使用 TemplateBinding 的语法将控件的属性与新外观中的元素的属性关联起来如 Width="{TemplateBinding Button.Width}"，这样就使得椭圆的宽度与按钮的宽度绑定在一起而保持一致，同理可以使用 Text="{TemplateBinding Button.Content}"将 TextBlock 的文本与按钮的 Content 属性绑定在一起。

2.2.2　ContentControl 和 ContentPresenter

2.2.1 节的按钮控件的 Content 属性是一个字符串类型，其实 Button 控件的 Content 属性是 object 类型的，可以把控件赋值给 Content 属性。如果我们把上面的代码修改为：

```
<Button>
    …//省略的代码同上
    <Button.Content>
        <Rectangle Fill = "Red" Height = "50" Width = "50"></Rectangle>
    </Button.Content>
</Button>
```

那么这时候是在 Button 控件上面是显示不出这个红色的矩形的，这是为什么呢？答案是缺少了 ContentPresenter。

ContentPresenter 是用来显示控件的 ContentControl 的 Content 属性的(Button 控件是属于 ContentControl 的子类)，ContentPresenter 也有 Content 属性，默认的情况下可以把 Content 所定义的内容投影到 ContentControl 的 Content 里面，当然你在 ContentControl 里面也可以对 ContentPresenter 进行赋值或者控制它与其他元素的布局。我们把上面的代码修改成下面的代码，就可以把 Button 的 Content 内容显示出来了。

```
<Button>
```

```
    <Button.Template>
        <ControlTemplate>
            <Grid>
                …//省略部分代码
                                <ContentPresenter
HorizontalAlignment="{TemplateBinding HorizontalContentAlignment}"
                                        VerticalAlignment="{TemplateBinding
VerticalContentAlignment}"/
                            </Grid>
        </ControlTemplate>
    </Button.Template>
    <Button.Content>
        <Rectangle Fill="Red" Height="50" Width="50"></Rectangle>
    </Button.Content>
</Button>>
```

2.2.3 视觉状态管理(VisualStatesManager)

上面通过ControlTemplate修改过的Button控件,当单击控件的时候发现比系统默认的Button控件少了一些单击的状态。那么,这些单击的状态是怎么去创建的呢?这时候就需要使用到视觉状态管理类VisualStateManager了。

VisualStateManager的作用是控制控件的状态转换,不同状态下的UI显示效果的区别以及转换过程动画。视觉状态管理主要包括:VisualStates(视觉状态),VisualStateGroups(视觉状态组)和VisualTransitions(视觉过渡转换)。VisualStates:是指控件在不同状态下显示的效果。如Button控件默认就含(Normal、MouseOver、Pressed、Disabled、Unfocused、Focused)六种状态。Visual State Groups:是为有互斥效果的控件提供的。对于相同的视觉状态组,是互斥的;对于不同的视觉状态组是不互斥的。Visual Transitions:是视觉状态切换时的过渡动画效果。

VisualStateManager是比较典型的层层深入的包含结构,通过在控件上设置VisualStateManager.VisualStateGroups附加属性向控件添加VisualStates和VisualTransitions。VisualStates是VisualState的集合,里面定义了多个VisualState表示控件在不同状态下的视觉表现效果,使用了Storyboard故事版属性来当前控件状态的转换。VisualTransitions是VisualTransition的集合,但是VisualTransitions不是必须的,如果在控件不同状态转换之间转换的时候不需要动画效果是可以省略掉VisualTransitions的。VisualTransition主要有3个属性:From(当前的状态)、To(转换的状态)和GeneratedDuration(转换时间)。状态的转换是通过调用VisualStateManager类的GoToState方法来实现的。

VisualStateManager的XAML的语法如下:

```
<VisualStateManager.VisualStateGroups>
    <VisualStateGroup.Transitions>
        <!--定义从状态State1到状态State2的动画-->
        <VisualTransition From=" State1" To=" State2" GeneratedDuration="0:0:1.5">
```

```
            <Storyboard>
                …省略若干代码
            </Storyboard>
        </VisualTransition>
    </VisualStateGroup.Transitions>
    <VisualStateGroup x:Name = "XXX">
        <!--定义状态 State1-->
        <VisualState x:Name = "State1">
            <Storyboard>
                …省略若干代码
            </Storyboard>
        </VisualState>
        <!--定义状态 State2-->
        <VisualState x:Name = "State2">
            <Storyboard>
                …省略若干代码
            </Storyboard>
        </VisualState>
        …省略若干代码
    </VisualStateGroup>
    …省略若干代码
</VisualStateManager.VisualStateGroups>
```

下面再给按钮的控件添加上相关的状态信息：

```
<Button Content = "你好" LostFocus = "Button_LostFocus_1" Tapped = "Button_Tap_1">
    <Button.Template>
        <ControlTemplate TargetType = "Button">
            <Border>
                <VisualStateManager.VisualStateGroups>
                    <VisualStateGroup Name = "CommonStates">
                        <VisualStateGroup.Transitions>
                            <!--状态 Test1 转化为状态 Test2 的颜色变化动画-->
                            <VisualTransition From = "Test1" To = "Test2" GeneratedDuration =
"0:0:1.5">
                                <Storyboard>
                                    …省略若干代码
                                </Storyboard>
                            </VisualTransition>
                        </VisualStateGroup.Transitions>
                        <!--创建状态 Test1 把 Border 背景的颜色改成红色-->
                        <VisualState x:Name = "Test1">
                            <Storyboard>
                                <ColorAnimation
Storyboard.TargetName = "BorderBrush" Storyboard.TargetProperty = "Color" To = "Red"/>
                            </Storyboard>
                        </VisualState>
                        <!--创建状态 Test2 把 Border 背景的颜色改成蓝色-->
                        <VisualState x:Name = "Test2">
                            <Storyboard>
```

```
                                <ColorAnimation
Storyboard.TargetName = "BorderBrush" Storyboard.TargetProperty = "Color" To = "Blue"/>
                            </Storyboard>
                        </VisualState>
                    </VisualStateGroup>
                </VisualStateManager.VisualStateGroups>
                <Border.Background>
                    <!-- 定义 Border 背景的颜色,用于测试不同状态的显示效果 -->
                    <SolidColorBrush x:Name = "BorderBrush" Color = "Black"/>
                </Border.Background>
                <Grid>
                     <Ellipse x:Name = "ellipse" Width = "{TemplateBinding Button.Width}"
Height = "{TemplateBinding Control.Height}"
                                Fill = "{TemplateBinding Button.Background}" Stroke = "Red"/>
                <TextBlock Margin = "5,0,0,0" FontSize = "50" VerticalAlignment = "Center"
HorizontalAlignment = "Center"
                                Text = "{TemplateBinding Button.Content}"/>
                <TextBlock FontSize = "50" Foreground = "Red" VerticalAlignment = "Center"
HorizontalAlignment = "Center"
                                Text = "{TemplateBinding Button.Content}"/>
                </Grid>
            </Border>
        </ControlTemplate>
    </Button.Template>
</Button>
```

MainPage.xaml.cs 文件主要代码

```
    //跳转到状态 Test1
    private void Button_LostFocus_1(object sender, RoutedEventArgs e)
    {
        VisualStateManager.GoToState(sender as Button, "Test1", true);
    }
    //跳转到状态 Test2
    private void Button_Tap_1(object sender, TappedRoutedEventArgs e)
    {
        VisualStateManager.GoToState(sender as Button, "Test2", true);
    }
```

程序的运行效果如图 2.13 所示。

图 2.13　按钮的不同状态

2.2.4　数据模板（DataTemplate）

DataTemplate 和 ControlTemplate 所负责的任务是不一样的，ControlTemplate 用于描述控件本身，而是 DataTemplate 是用于描述控件的数据对象的视觉样式。那么这两者也并不是毫无关联的，相反它们通常是需要合作来一起完成一些工作。在控件的模板上这两者有着非常微妙的关系，我们可以利用 DataTemplate 区辅助 ControlTemplate 实现一些效果。如上面所讲过的 Button 控件的例子，可以修改为下面的代码，产生的效果是一样的。

```
<Button Content = "你好">
    <Button.Template>
        <ControlTemplate>
                <ContentPresenter>
                    <ContentPresenter.ContentTemplate>
                        <DataTemplate>
                            <Grid>
                                <Ellipse Width = "{Binding Width}" Height = "{Binding Height}"
                                Fill = "{Binding Background}" Stroke = "Red"/>
                                <TextBlock    Margin = "5,0,0,0"    FontSize = "50"
VerticalAlignment = "Center" HorizontalAlignment = "Center"
                                Text = "{Binding}"/>
                                <TextBlock    FontSize = "50"    Foreground = "Red"
VerticalAlignment = "Center" HorizontalAlignment = "Center"
                                Text = "{Binding}"/>
                            </Grid>
                        </DataTemplate>
                    </ContentPresenter.ContentTemplate>
                </ContentPresenter>
        </ControlTemplate>
    </Button.Template>
```

从上面的代码可以看到，DataTemplate 是使用 Binding 来绑定数据对象的属性，例如{Binding Width}；ControlTemplate 是使用 TemplateBinding 来绑定控件自身的属性，例如{TemplateBinding Button.Width}。从控件的可视化树结构去分析，可以看到 ControlTemplate 内有一个 ContentPresenter，这个 ContentPresenter 的 ContentTemplate 就是 DataTemplate 类型，在这里就可以充分地发挥出 DataTemplate 的魅力。

2.2.5　ItemTemplate、ContentTemplate 和 DataTemplate

在理解 ItemTemplate、ContentTemplate 和 DataTemplate 的关系的之前，我们先来看看 ContentControl 类和 ItemsControl 类。ContentControl 类是内容控件的基类，如 Button，CheckBox，最明显的特征就是这个控件有 Content 属性，有 Content 属性的系统控件都是 ContentControl 的子类。ItemsControl 类是列表内容控件的基类，如 ListBox，它和 ContentControl 类是类似的，只不过 ContentControl 类是单项的内容，ItemsControl 是多项的内容。

那么所有继承自 ContentControl 的内容控件的 ContentTemplate 属性和所有继承自 ItemsControl 的列表控件的 ItemTemplate 属性，都是 DataTemplate 类型的，意思就是我们可以通过 DataTemplate 来定义 ContentControl 和 ItemsControl 的控件的 UI 效果和数据的显示。

2.2.6 数据模板的使用

DataTemplate 是一种可视化的数据模板，它强大的作用在于可以把数据通过绑定的方式展现到控件上。在上面的例子中，介绍了用 DataTemplate 去实现了 UI 控件的内容的显示，那么其实 DataTemplate 最主要的作用并不是去取代 ControlTemplate 的样式定义，而是通过数据绑定把数据的控件的数据源的信息展现到控件上。

下面还是通过一个 Button 的控件来看一下 DataTemplate 的数据绑定是如何发挥作用的。

代码清单 2-5：数据模板（源代码：第 2 章\Examples_2_5）

（1）首先定义一个 Person 类表示是数据实体的类型，代码如下：

```
public class Person
{
    public string LastName { get; set; }
    public string FirstName { get; set; }
}
```

（2）设计一个 DataTemplate，并把这个 DataTemplate 作为一个资源来使用，这是和 Style 资源是一样的道理，DataTemplate 也可以作为公共的资源给多个控件去使用。那么这个模板的内容是使用 StackPanel 控件把 Person 对象的信息水平排列起来。

```
< Page.Resources >
    < DataTemplate x:Key = "PersonNameDataTemplate">
        < StackPanel Orientation = "Horizontal">
            < TextBlock Text = "{Binding LastName}"/>
            < TextBlock Text = ", "/>
            < TextBlock Text = "{Binding FirstName}"/>
        </StackPanel >
    </DataTemplate >
</Page.Resources >
```

（3）创建一个 Button 控件，把 ContentTemplate 属性和模板资源关联起来。

```
< Button x:Name = "singlePersonButton" ContentTemplate = "{StaticResource PersonNameDataTemplate}"/>
```

（4）创建一个 Person 对象并且赋值给 Button 控件的 Content 属性。

```
singlePersonButton.Content = new Person { FirstName = "lee", LastName = "Terry" };
```

最后可以看到按钮的运行效果如图 2.14 所示，DataTemplate 可以把数据对象绑定起来来实现更加灵活的通用的强大的 UI 数据显示效果。

图 2.14　数据模板绑定的按钮

那么刚才的示例是 DataTemplate 在 ContentControl 类型的控件上的应用，下面再来看看 DataTemplate 在 ItemsControl 类型的控件上的实现，ContentControl 和 ItemsControl 也是可以直接作为控件去使用的，如果我们并不需要 Button 或者 ListBox 这些控件的一些高级功能，就可以直接使用 ContentControl 或者 ItemsControl 控件。

(1) 定义一个 ItemsControl 控件，把 ItemTemplate 属性和模板资源关联起来。

```
<ItemsControl x:Name = "itemsControl" ItemTemplate = "{StaticResource PersonNameDataTemplate}"/>
```

(2) 创建一个 Person 对象的集合并且赋值给 ItemsControl 控件的 ItemsSource 属性。

```
Persons.Add(new Person { FirstName = "lee2", LastName = "Terry2" });
Persons.Add(new Person { FirstName = "lee3", LastName = "Terry3" });
Persons.Add(new Person { FirstName = "lee4", LastName = "Terry4" });
Persons.Add(new Person { FirstName = "lee5", LastName = "Terry5" });
itemsControl.ItemsSource = Persons;
```

这时候可以看到运行效果如图 2.15 所示，ItemsControl 可以把数据集合通过列表的形式展现出来，但是可以发现直接用 ItemsControl 实现的列表的功能非常有限，并且也不能滚动，接下来再结合一下 ContentTemplate 来进行完善这个列表的控件。

图 2.15　数据模板绑定的列表

(3) 定义一个 ItemsControl 的样式，其实就是自定义一个 ControlTemplate 的模板作为 ItemsControl 控件的模板来使用，那么这个模板就是一个内容的展现形式的模板。我们在 ControlTemplate 模板上定义了一个 ScrollViewer 控件然后里面再使用了一个 StackPanel 控件，最里面的是 ItemsPresenter 控件。列表的 DataTemplate 的显示内容就是直接投影在 ItemsPresenter 控件上面的。我们对 ScrollViewer 控件和 StackPanel 控件都设置了不同的边框颜色，这样在运行的时候就可以很明显地看出来控件之间的关系是怎样的。

```
<Style x:Name = "ItemsControlStyle" TargetType = "ItemsControl">
    <Setter Property = "Template">
        <Setter.Value >
            <ControlTemplate TargetType = "ItemsControl">
                <ScrollViewer BorderBrush = "Red" BorderThickness = "6">
                    <StackPanel Orientation = "Horizontal" Background = "Blue">
                        <Border BorderBrush = "Yellow" BorderThickness = "3">
                        <ItemsPresenter/>
                        </Border >
```

```
                </StackPanel>
            </ScrollViewer>
        </ControlTemplate>
    </Setter.Value>
</Setter>
</Style>
```

(4) 在 ItemsControl 上添加 Style 属性为上面定义的样式。

```
<ItemsControl x:Name="itemsControl" ItemTemplate="{StaticResource PersonNameDataTemplate}"
Style="{StaticResource ItemsControlStyle}"/>
```

程序的运行效果如图 2.16 所示。

图 2.16 列表控件的各个模块

2.2.7 读取和更换数据模板

对于系统的样式，可以通过在 C# 代码里面读取出来然后再修改，实现动态更换主题的目的。那么技术总是相通的，对于控件的 DataTemplate，一样也可以通过 C# 代码去读取出来，然后动态地更换，实现更加丰富和灵活化的样式展示方案。在 C# 代码里面读取和更换数据模板也是通过对 ContentTemplate 属性进行读取和赋值就可以了。

这种读取和更换数据模板在列表的控件中会比较常见，比如我要实现一个这样一个功能，通过一个列表展现出一批数据，用户打击某一条数据的时候，这条数据的样式要发生改变，表示选取了这条数据，然后用户可以取消这条数据的选择也可以继续选择多条数据。那么这样的功能在数据多选的情况下是非常普遍的功能来的。下面来实现这样的一个功能。

代码清单 2-6：动态更换样式(源代码：第 2 章\Examples_2_6)

(1) 定义 3 个 DataTemplate 资源，一个是非选中状态，一个是选中状态的，还有一个是默认的状态，其实默认的状态和非选中状态是一样的，但是因为默认的状态的数据项样式不能在 C# 里面再次调用。在两个模板中都添加了 Tap 事件，用户捕获用户的单击事件。数据源集合与上一个例子一样。

```
<Page.Resources>
    <!-- 选中数据项的样式 -->
    <DataTemplate x:Key="dataTemplateSelectKey" x:Name="dataTemplateSelectName">
        <Grid Tapped="StackPanel_Tap_1" Background="Red">
          <TextBlock Text="{Binding LastName}" FontSize="50"/>
        </Grid>
    </DataTemplate>
    <!-- 默认数据项的样式,注意默认的数据项样式不能在 C# 中再次调用 -->
```

```
    <DataTemplate x:Key="dataTemplateDefaultKey" x:Name=" dataTemplateDefaultName">
        <StackPanel Orientation="Horizontal" Tapped="StackPanel_Tap_1">
            <TextBlock Text="{Binding LastName}"/>
            <TextBlock Text=", "/>
            <TextBlock Text="{Binding FirstName}"/>
        </StackPanel>
    </DataTemplate>
    <!-- 非选中数据项的样式 -->
    <DataTemplate x:Key="dataTemplateNoSelectKey" x:Name="dataTemplateNoSelectName">
        <StackPanel Orientation="Horizontal" Tapped="StackPanel_Tap_1">
            <TextBlock Text="{Binding LastName}"/>
            <TextBlock Text=", "/>
            <TextBlock Text="{Binding FirstName}"/>
        </StackPanel>
    </DataTemplate>
</Page.Resources>
…省略若干代码
/创建 ItemsControl 控件来绑定列表的数据
<ItemsControl x:Name="listbox" ItemTemplate="{StaticResource dataTemplateDefaultKey }"/>
```

(2) 处理单击事件，判断当前控件的模板和重新赋值模板。可以通过 Name 属性访问 XAML 中定义的 DataTemplate。

```
private void StackPanel_Tap_1(object sender, TappedRoutedEventArgs e)
{
    //获取 ItemsControl 对象的 ItemContainerGenerator 属性
    //通过单击的控件的 DataContext 判断所绑定的数据对象
    //然后从 ItemContainerGenerator 里面获取到当前的 ContentPresenter 对象
     ContentPresenter myContentPresenter = (ContentPresenter)(listbox.ItemContainerGenerator.
ContainerFromItem((sender as Panel).DataContext));
    //判断数据模板是选中状态的还是非选中状态的，然后进行赋值
    if (myContentPresenter.ContentTemplate.Equals(dataTemplateSelectName))
    {
        //赋值非选中状态的模板
        myContentPresenter.ContentTemplate = dataTemplateNoSelectName;
    }
    else
    {
        //赋值选中状态的模板
        myContentPresenter.ContentTemplate = dataTemplateSelectName;
    }
}
```

运行的效果如图 2.17 所示，当单击一下数据项的时候，字体会变大，背景会变成红色，再单击一次就会变成原来的样子。

(3) 还要注意的是，如果使用的时 ListBox 控件而不是 ItemsControl 控件的时候，在获取 ContentPresenter 对象的时候需要通过可视化树去查找。代码如下：

图 2.17　动态更换样式

```
private void StackPanel_Tap_1(object sender, TappedRoutedEventArgs e)
{
    //获取到的对象是 ListBoxItem
    ListBoxItem myListBoxItem = (ListBoxItem)(listbox.ItemContainerGenerator.ContainerFromItem
((sender as Panel).DataContext));
    //在 ListBoxItem 中查找 ContentPresenter
    ContentPresenter myContentPresenter = FindVisualChild<ContentPresenter>(myListBoxItem);
    …//省略若干代码
}
//查找可视化树某个类型的元素
private childItem FindVisualChild<childItem>(DependencyObject obj) where childItem:
DependencyObject
{
    for (int i = 0; i < VisualTreeHelper.GetChildrenCount(obj); i++)
    {
        DependencyObject child = VisualTreeHelper.GetChild(obj, i);
        if (child != null && child is childItem)
            return (childItem)child;
        else
        {
            childItem childOfChild = FindVisualChild<childItem>(child);
            if (childOfChild != null)
                return childOfChild;
        }
    }
    return null;
}
```

第3章 布局

布局是指在程序界面上按照某一种规律来排列相关的 UI 元素。那么这种布局的规律是怎样的呢？内部的原理又是如何的？能不能自定义一种布局规律来对界面进行布局呢？本章将会讲解 Windows Phone 的布局原理以解答上述问题，深入剖析 Windows Phone 的布局原理，并且可以利用这种原理去实现自定义布局规律的布局控件。

3.1 布局原理

我们在编写程序界面的时候通常会忽略掉程序布局的重要性，仅仅把布局看作是对 UI 元素的排列，只要能实现布局的效果就可以了。要实现一个布局的效果，可能会有很多总布局方案，那么应该怎么去选择实现的方法？如果要实现的一个布局效果是比较复杂的，应该怎么去对这种布局规律进行封装？要解决这些问题，首要的问题就是需要我们对程序的布局原理有深入的理解。

3.1.1 布局的意义

布局是页面编程的第一步，是从总体方向去把握页面上 UI 元素的显示。布局其实是应用程序开发里非常重要的一部分，这方面的知识也往往被开发者所忽视。下面来看一下 Windows Phone 布局技术的重要意义。

1. 代码逻辑

良好的布局会使代码逻辑非常清晰，而较差的布局方案会让页面代码逻辑很混乱。如果只是靠拖拉控件来做 Windows Phone 布局，那么这个程序的界面布局肯定会变成很糟糕，所以好的布局方案，一定要基于我们对各种布局控件的理解，然后充分地它们的特性去实现布局的效果。

2. 效率性能

布局不仅仅是界面 UI 的事情，它甚至会影响程序的运行效率。当然，几个控件的简单页面布局，对程序效率性能的影响是微乎其微的，但是如果界面要展示大量的控件，布局的好坏就会直接影响程序的效率。优秀的布局实现逻辑会让程序在有大量控件的页面也能流畅地运行。

3. 动态适配

动态适配包括两个方面：一是 Windows Phone 的多种分辨率的界面适配，二是页面控件不确定性产生动态适配的问题。良好的布局方案要兼容 Windows Phone 不同的分辨率的手机显示，会受到不同分辨率的影响，我们也可以通过布局的技巧来解决，保证不同的分辨率下都是符合产品的显示效果。此外，动态产生的控件是指页面上会根据不同的情况显示不同的内容，这时候做布局就要思考如何对付这些会变化的页面。

4. 实现复杂的布局

有时候，我们的页面需要实现一些复杂的布局效果，例如像圆圈排列控件，Windows Phone 没有这样的布局控件支持这种复杂的布局效果，这时就需要去自定义布局的规律来解决这样的问题。能否自定义布局控件去实现复杂的布局效果，就要视你对 Windows Phone 的布局技术的掌握程度而定了。

3.1.2 系统的布局面板

系统的布局面板是指 Windows Phone 里面内置的最常用的布局面板，那么系统的布局面板基本上可以满足大部分的布局需求。Windows Phone 中的内置布局面板是 Canvas、StackPanel 和 Grid。

1. Canvas 面板

Canvas 面板可承载任意元素，包括控件，图形，甚至文字。各种元素依据区域坐标确定位置。在这个区域内你可以使用相对于 Canvas 区域的坐标显式定位子元素。Canvas 面板有两个非常重要的附件属性 Canvas. Left 和 Canvas. Top，Canvas 面板内部的控件需要使用这两个附加属性来确定控件的位置。Canvas. Left 表示指定的控件距离 Canvas 面板左侧的像素（可以理解为 x 坐标）；Canvas. Top 表示指定的控件距离 Canvas 面板顶部的像素（可以理解为 y 坐标）。布局的效果图如图 3.1 所示。

2. StackPanel 面板

StackPanel 是简单的布局面板，它将子元素排列成一条水平或垂直方向的直线，两个方向只能选其一。可以使用 Orientation 属性指定子元素的方向。布局的效果图如图 3.2 所示。

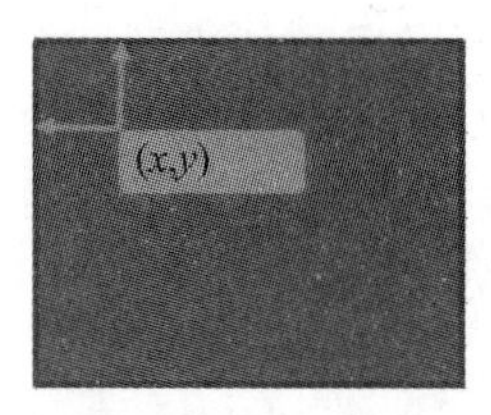

图 3.1 Canvas 面板

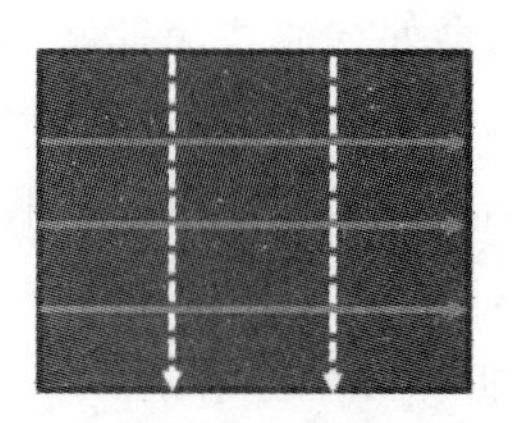

图 3.2 StackPanel 面板

3. Grid 面板

Grid 面板使子元素按照纵横网格排列。Grid 控件是最灵活的布局面板，支持以多行和多列布局排列控件。Grid 面板布局需要先声明 RowDefinitions 和 ColumnDefinitions 属性来指定 Grid 的行和列定义，可以根据布局的需要，设置两个或者一个，如果两个都不设置，那么 Grid 布局的特性就发挥不出作用了。然后再使用 Column 和 Row 附加属性，在 Grid 的特定单元格中定位控件。布局的效果图如图 3.3 所示。

图 3.3　Grid 面板

3.1.3　布局系统

布局系统是对 Windows Phone 的布局面板进行的布局过程的运作原理的统称。布局其实是一个在 Windows Phone 应用中调整对象大小和定位对象的过程。要定位可视化对象，必须将它们放置于 Panel 或其他布局面板中。Panel 类是所有布局面板的父类，系统的布局面板 Canvas、StackPanel 和 Grid 都是 Panel 类的子类，继承了所有 Panel 类的特性。Panel 类定义了在屏幕上绘制所有的面板里面的成员(Children 属性)的布局行为。这是一个计算密集型过程，即 Children 集合越大，执行的计算次数就越多，也就是面板里面的元素越多，布局系统布局的整个过程的时间就会越长。那么所有的布局面板类如 Canvas、StackPanel 和 Grid 都是在 Panel 的基础上添加了相应的布局规律的，在 Panel 类的基础上继续封装的布局面板是为了更好地解决一些布局规律的问题，实际上这样的封装增加了复杂性，对性能造成一定的损失的。所以，如果不需要较为复杂的布局面板(如 Grid)，就可以使用构造相对简单的布局(如 Canvas)，这种布局可产生更佳的性能。

简单地说，布局是一个递归系统，实现在屏幕上对元素进行调整、定位和绘制。在整个布局过程中，布局系统对布局面板成员的处理分为两个过程：一是测量处理过程，二是排列处理过程。测量处理过程是确定每个子元素所需大小的过程。排列处理过程是最终确定每个子元素的大小和位置的过程。每当面板里面的成员改变其位置时，布局系统就可能触发一个新的处理过程，重新处理上面所说的两个过程。那么，不论何时调用布局系统，都会引发以下一系列的操作：

(1) 第一次递归遍历测量每个布局面板子元素(UIElement 类的子类控件)的大小。

(2) 计算在 FrameworkElement 类的子类控件元素上定义的大小调整属性，例如 Width、Height 和 Margin。

(3) 应用布局面板特定的逻辑，例如 StackPanel 面板的水平布局。

(4) 第二次递归遍历负责把子元素排到自己的相对的位置。

(5) 把所有的子元素绘制到屏幕上。

如果其他子元素添加到了集合中、子元素的布局属性(如 Width 和 Height)发生了改变或调用了 UpdateLayout 方法，均会再次调用该过程。因此，了解布局系统的特性就很重要，因为不必要的调用可能导致应用性能变差。下面将会详细地演示这个布局的过程。

3.1.4 布局系统的重要方法和属性

在 Windows Phone 中，布局不仅仅是布局面板要做的事情，布局面板负责把这个布局的过程组织起来，而且在整个布局的过程中对于布局面板里面的元素都要经过一个从最外面到最里面的一个递归的测量和排列的过程。在研究这个递归的排列和测试的过程中，首先应了解基本的控件上关于布局的一些重要的方法和属性。

Windows Phone 的 UI 元素有两个非常重要的基类 UIElement 类和 FrameworkElement 类，他们的继承层次结构如下：

```
Windows.UI.Xaml.DependencyObject
   Windows.UI.Xaml.UIElement
     Windows.UI.Xaml.FrameworkElement
```

1. UIElement 类

UIElement 类是具有可视外观并可以处理基本输入的大多数对象的基类。关于布局，UIElement 类有两个非常重要的属性（DesiredSize 属性和 RenderSize 属性）和两个非常重要的方法（Measure 方法和 Arrange 方法）。

（1）DesiredSize 属性：这是一个只读的属性，类型是 Size 类，表示在布局过程的测量处理过程中计算的大小。

（2）RenderSize 属性：这是一个只读的属性，类型是 Size 类，表示 UI 元素最终呈现大小。RenderSize 和 DesiredSize 并不一定是相等的。RenderSize 就是其 ArrangeOverride 方法的返回值。

（3）public void Measure(Size availableSize)方法：Measure 方法所做的事情是更新 UIElement 的 DesiredSize 属性，测量出 UI 元素的大小。如果在该 UI 元素上实现了 FrameworkElement. MeasureOverride(Size)方法，那么将会用此方法以形成递归布局更新。参数 availableSize 表示：父对象可以为子对象分配的可用空间。子对象可以请求大于可用空间的空间，如果该特定容器中允许滚动或其他调整大小行为，则提供的大小可以适应此空间。

（4）public void Arrange(Rect finalRect)方法：Arrange 方法所做的事情是定位子对象并确定 UIElement 的大小，也就是 DesiredSize 属性的值。如果在该 UI 元素上实现了 FrameworkElement. ArrangeOverride(Size)方法，那么将会用此方法以形成递归布局更新。参数 finalRect 表示布局中父对象为子对象计算的最终大小，作为 Rect 值提供。

2. FrameworkElement 类

FrameworkElement 类是 UIElement 类的子类，为 Windows Phone 布局中涉及的对象提供公共 API 的框架。FrameworkElement 类有两个和布局相关的虚方法——MeasureOverride 方法和 ArrangeOverride 方法。如果已经存在的布局面板无法满足你特殊的需求，可以自定义布局面板，这就需要重写 MeasureOverride 和 ArrangeOverride 两个方法，而这两个方法是 Windows Phone 的布局系统提供给用户的自定义接口，下面来看看这两个方法的含义。

(1) protected virtual Size MeasureOverride(Size availableSize)：提供 Windows Phone 布局的度量处理过程的行为，可以重写该方法来定义其自己的度量处理过程行为。参数 availableSize 表示对象可以赋给子对象的可用大小，可以指定无穷大值（System. Double. PositiveInfinity），以指示对象的大小将调整为可用内容的大小，如果子对象所计算出来的大小比 availableSize 大，那么将会被截取出 availableSize 大小的部分。返回结果表示此对象在布局过程中基于其对子对象分配大小的计算或者基于固定容器大小等其他因素而确定的它所需的大小。

(2) protected virtual Size ArrangeOverride(Size finalSize)：提供 Windows Phone 布局的排列处理过程的行为，可以重写该方法来定义其自己的排列处理过程行为。参数 finalSize 表示父级中此对象应用来排列自身及其子元素的最终区域。返回结果表示元素在布局中排列后使用的实际大小。

3.1.5 测量和排列的过程

Windows Phone 的布局系统是一个递归系统，它总是以 Measure 方法开始，最后以 Ararnge 方法结束。假设在整个布局系统里只有一个对象，那么这个对象在加载到界面之前会先调用 Measure 方法来测量对象的大小，最后再调用 Ararnge 方法来安排对象的位置完成了整个过程的布局。但是，现实中往往是一个对象里面包含了多个子对象，子对象里面也包含着子对象，如此递归下去，直到最底下的对象。那么布局的过程就是从最顶层的对象开始测量，最顶层的对象的测量过程又会调用它的子对象的测量方法，如此递归直到最底下的对象。测量的过程完成之后，则开始排列的过程，排列的过程也是和测量的过程的原理一样，一直递归下去直到最底下的对象。下面通过一个示例来模拟这个过程。

示例里面创建了两个类，TestPanel 类用来模拟最外面的布局面板，作为父对象的角色；TestUIElement 类用来模拟作为布局面板的元素，作为最底下子对象的角色。TestUIElement 类和 TestPanel 类都继承了 Panel 类，实现了 MeasureOverride 和 ArrangeOverride 方法，并打印出相关的日志用于跟踪布局的详细情况。

代码清单 3-1：模拟测量和排列的过程（源代码：第 3 章\Examples_3_1）

TestUIElement.cs 文件主要代码

```
-----------------------------------------------------------------------------------
public class TestUIElement : Panel
{
    protected override Size MeasureOverride(Size availableSize)
    {
        Debug.WriteLine("进入子对象" + this.Name + "的 MeasureOverride 方法测量大小");
        return availableSize;
    }
    protected override System.Windows.Size ArrangeOverride(System.Windows.Size finalSize)
    {
```

```
            Debug.WriteLine("进入子对象" + this.Name + "的 ArrangeOverride 方法进行排列");
            return finalSize;
        }
    }
```

TestPanel.cs 文件主要代码

```
    public class TestPanel : Panel
    {
        protected override Size MeasureOverride(Size availableSize)
        {
            Debug.WriteLine("进入父对象" + this.Name + "的 MeasureOverride 方法测量大小");
            foreach (UIElement item in this.Children)
            {
                item.Measure(new Size(120, 120));      //这里是入口
                Debug.WriteLine("子对象的 DesiredSize 值 Width:" + item.DesiredSize.Width +
"Height:" + item.DesiredSize.Height);
                Debug.WriteLine("子对象的 RenderSize 值 Width:" + item.RenderSize.Width +
"Height:" + item.RenderSize.Height);
            }
            Debug.WriteLine("父对象的 DesiredSize 值 Width:" + this.DesiredSize.Width +
"Height:" + this.DesiredSize.Height);
            Debug.WriteLine("父对象的 RenderSize 值 Width:" + this.RenderSize.Width +
"Height:" + this.RenderSize.Height);
            return availableSize;
        }
        protected override Size ArrangeOverride(Size finalSize)
        {
            Debug.WriteLine("进入父对象" + this.Name + "的 ArrangeOverride 方法进行排列");
            double x = 0;
            foreach (UIElement item in this.Children)
            {
                //排列子对象
                item.Arrange(new Rect(x, 0, item.DesiredSize.Width, item.DesiredSize.Height));
                x + = item.DesiredSize.Width;
                Debug.WriteLine("子对象的 DesiredSize 值 Width:" + item.DesiredSize.Width +
"Height:" + item.DesiredSize.Height);
                Debug.WriteLine("子对象的 RenderSize 值 Width:" + item.RenderSize.Width +
"Height:" + item.RenderSize.Height);
            }
            Debug.WriteLine("父对象的 DesiredSize 值 Width:" + this.DesiredSize.Width +
" Height:" + this.DesiredSize.Height);
            Debug.WriteLine("父对象的 RenderSize 值 Width:" + this.RenderSize.Width +
"Height:" + this.RenderSize.Height);
            return finalSize;
        }
    }
```

创建了 TestUIElement 类和 TestPanel 类之后，接下来要在 UI 上使用这两个类，把 TestPanel 看作是布局面板控件来使用，把 TestPanel 看作是普通控件来使用，然后观察打印出来的运行日志。要添加这两个控件，需要先在 xaml 页面上把这两个空间所在的空间引入进去再进行调用，代码如下：

MainPage.xaml 文件主要代码

```
------------------------------------------------------------------------
    …省略若干代码 下面引入控件空间
    xmlns:local = "using:MeasureArrangeDemo"
    …省略若干代码 下面调用控件布局
    <StackPanel>
        <Button Content = "改变高度" Click = "Button_Click_1"></Button>
        <local:TestPanel x:Name = "panel" Height = "400" Width = "400" Background = "White" >
            <local:TestUIElement x:Name = "element1" Width = "60" Height = "60" Background =
"Red" Margin = "10"/>
            <local:TestUIElement x:Name = "element2" Width = "60" Height = "60" Background = "Red"/>
        </local:TestPanel>
    </StackPanel>
```

应用程序的运行效果如图 3.4 所示。

图 3.4 测试布局的测量与排列

程序在 Debug 的状态下运行之后，在 Visual Studio 的输出窗口可以看到打印出来的日志。日志的详细情况如下：

```
/* 日志开始 */
进入父对象 panel 的 MeasureOverride 方法测量大小
```

```
进入子对象 element1 的 MeasureOverride 方法测量大小
子对象的 DesiredSize 值 Width:80 Height:80
子对象的 RenderSize 值 Width:0 Height:0
进入子对象 element2 的 MeasureOverride 方法测量大小
子对象的 DesiredSize 值 Width:60 Height:60
子对象的 RenderSize 值 Width:0 Height:0
父对象的 DesiredSize 值 Width:0 Height:0
父对象的 RenderSize 值 Width:0 Height:0
进入父对象 panel 的 ArrangeOverride 方法进行排列
进入子对象 element1 的 ArrangeOverride 方法进行排列
子对象的 DesiredSize 值 Width:80 Height:80
子对象的 RenderSize 值 Width:60 Height:60
进入子对象 element2 的 ArrangeOverride 方法进行排列
子对象的 DesiredSize 值 Width:60 Height:60
子对象的 RenderSize 值 Width:60 Height:60
父对象的 DesiredSize 值 Width:400 Height:400
父对象的 RenderSize 值 Width:0 Height:0
/* 日志结束 */
```

从打印出来的日志可以很清楚地看到整个布局过程的步骤(如图 3.5 所示),以及布局过程中 DesiredSize 值和 RenderSize 值的变化情况。

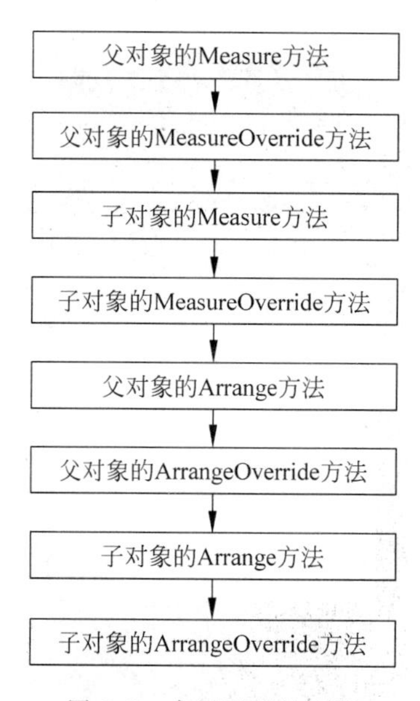

图 3.5　布局过程的步骤

从布局的过程可以总结出以下结论:

(1) 测量的过程是为了确认 DesiredSize 的值,最终是要提供给排列的过程去使用。

(2) DesiredSize 是根据 Margin、Width、Height 等属性来决定。

(3) 排列的过程确定 RenderSize,以及最终子对象被安置的空间。RenderSize 就是 ArrangeOverride 的返回值,还没有被裁剪过的值。

(4) Margin、Width、Height 等属性只是控件表面上的属性,而实际掌控住这些效果的是布局的测量排列过程。

(5) Margin、Width、Height 等属性的改变会重新触发布局的过程。

3.1.6 多分辨率的适配布局

Windows Phone 操作系统是支持设备多种分辨率的,不同型号的手机有可能采用不同的分辨率,所以在做 Windows Phone 应用程序布局时候一定要考虑不同的分辨率的显示效果。不同分辨率的显示效果,可以通过用不同分辨率的模拟器来进行测试。Windows Phone 操作系统所支持的分辨率详情如表 3.1 所示。

表 3.1 Windows Phone 8.1 中支持的分辨率和纵横比

分辨率	分辨率	纵横比	与 Windows Phone OS 7.1 相比的新增内容	按比例缩放的分辨率	分辨率
WVGA	480×800	15∶9	无。这是 Windows Phone OS 7.1 唯一支持的分辨率	480×800	WVGA
WXGA	768×1280	15∶9	1.6x 方向缩放	480×800	WXGA
720p	720×1280	16∶9	1.5x 方向缩放,高度增加 80 个像素(缩放后为 53 个像素)	480×853	720p
1080p	1080×1920	16∶9	1.5x 方向缩放,高度增加 80 个像素(缩放后为 53 个像素)	480×853	1080p

从表 3.1 中可以看出,Windows Phone 8 手机具有两种纵横比(15∶9 或 16∶9),分辨率 WVGA 和 WXGA 的纵横比是相同的,所以这两种分辨率的 UI 布局的显示效果肯定是相同的,那么,我们主要关注的是不同纵横比布局的控件可能在另一种纵横比下出现布局的问题,所以需要使用相关的布局技巧来保证不同的纵横比的屏幕上显示良好。适配不同的分辨率可以通过下面的技巧来实现:

1. 对于要自适应布局部分不要硬编码

首先若要使页面能在分辨率为 WVGA、WXGA、720p 和 1080p 的手机上正确显示,则不要硬编码控件的长和宽或边距。从工具箱中拖放控件后,请删除或仔细测试自动添加的边距。

2. 利用 Grid 面板动态布局

在动态布局中,用户界面会根据屏幕分辨率的不同呈现不同的效果。Grid 面板对自适应的动态布局有着良好的支持。Grid 面板的自适应布局不是对控件的高和宽进行硬编码,而是将控件放置在网格中,并使用"*"和"Auto"值设置其行和列的高和宽。"Auto"表示用来让其填充满容器,即使内容的大小是可变的。"*"表示用来根据比例分配 Grid 里的行和列。如果要在 Grid 中按比例设置 RowDefinition 和 ColumnDefinition,可以使用比例方式的 Height 和 Width 值。比如,如果要设置一个列是另一个列的五倍宽,可以分别对两列的 ColumnDefinition 属性的 Width 设置成 * 和 5 * 。

下面来看一个动态布局的 xaml 代码示例：

```
<Grid x:Name = "ContentPanel" Grid.Row = "1" Margin = "12,0,12,0">
    <Grid.RowDefinitions>
        <RowDefinition Height = " * "/>
        <RowDefinition Height = " * "/>
        <RowDefinition Height = " * "/>
        <RowDefinition Height = "Auto"/>
        <RowDefinition Height = "Auto"/>
    </Grid.RowDefinitions>
    <Ellipse Grid.Row = "1" Fill = "Red" Height = "150" Width = "150" ></Ellipse>
    <Button Grid.Row = "3" Content = "按钮 1"/>
    <Button Grid.Row = "4" Content = "按钮 2"/>
</Grid>
```

该布局的显示效果如图 3.6 所示，具有适用于 WVGA、WXGA 和 720p 的动态布局。WVGA 和 WXGA 手机上的 Ellipse 和两个 Button 的位置都是一样的，Ellipse 是在按钮上面区域的中间。由于两个按钮所在行的 Height 属性被设置为 Auto，按钮将均匀收缩以适应剩余的可用空间。在 720p 分辨率下，按钮上面的区域稍微高于其在 WVGA 和 WXGA 分辨率下的位置，但是 Ellipse 一致都回在这块区域的中间。这样对于不同的分辨率页面的显示效果都是最优的。

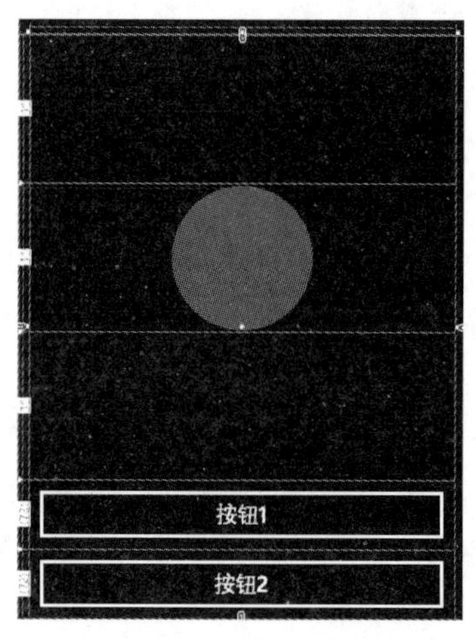

图 3.6　适配布局效果

3. 直接根据分辨率进行适配

很多时候，可以通过动态布局来实现不同分辨率的适配工作，但是有时候，仅仅是靠动态布局还是不够，例如我们的应用程序有些图片资源是根据不同的分辨率来做不同的处理的，这就需要去判断当前的设备是什么样的分辨率，然后再选去加载的图片资源。要获取手机上真正的长宽的像素值可以根据 Windows. UI. Xaml. Window. Current. Bounds 类的 Height 和 Width 属性来获取，通过这两个属性我们就可以知道手机的分辨率的比例和实际的分辨率，根据这些数据就对实际的应用程序界面进行调整和适配。

3.2 自定义布局规则

3.1 节介绍了 Windows Phone 的系统布局面板和布局系统的相关原理，那么系统的布局面板并不一定会满足所有你想要实现的布局规律，如果有一些特殊的布局规律，系统的布局面板是不支持，这时候就需要去自定义实现一个布局面板，在自定义的布局面板里面封装布局规律的逻辑。本节从一个实际的需求出发，来实现一个自定义规律的布局面板。本节要实现的布局规律是把布局面板里面的子元素，按照圆形的排列规则进行排列，下面来看看这个实例的详细实现过程。

3.2.1 创建布局类

在 Windows Phone 要实现类似 Grid、StackPanel 的自定义布局规则的面板，首先要做的事情是要创建一个自定义的布局类。所有的布局面板都需要从 Panel 类派生，自定义实现其测量和排列的过程。Panel 类中的 Children 属性表示是布局面板里面的子对象，测量和排列的过程中需要根据 Children 属性来获取面板中所有的子对象，然后再根据相关的规律对这些子对象进行测量和排列。

如果我们的布局类需要外面传递进来一些特殊的参数，那么就需要在布局类里面去实现相关的属性。当然像 Height、Width 等这些 Panel 类原本就支持的属性就无须再去定义，如果在这个例子里面要实现的圆形布局，这时候是需要一个圆形的半径大小的，这个半径的大小就可以作为一个属性让外面把数值传递进来，然后布局类再根据这个半径的大小来进行处理对子对象的测量和排列。需要注意的是，自定义的半径属性发生改变的时候，需要调用 InvalidateArrange 方法重新触发布局的排列过程，否则修改半径后将不会起到任何作用。

代码清单 3-2：自定义布局规则（源代码：第 3 章\Examples_3_2）

下面来看一看，自定义的 CirclePanel 类：

```
public class CirclePanel : Panel
{
    //自定义的半径变量
    private double _radius = 0;
    public CirclePanel()
    {
    }
    //注册半径依赖属性
    //"Radius" 表示半径属性的名称
    //typeof(double) 表示半径属性的类型
    //typeof(CirclePanel) 表示半径属性的归属者类型
    //new PropertyMetadata(0.0, OnRadiusPropertyChanged)) 表示半径属性的元数据实例,0.0 是
默认值,OnRadiusPropertyChanged 是属性改变的事件
    public static readonly DependencyProperty RadiusProperty = DependencyProperty.RegisterAttached
        ("Radius",
        typeof(double),
```

```
        typeof(CirclePanel),
        new PropertyMetadata(0.0, OnRadiusPropertyChanged));
    //定义半径属性
    public double Radius
    {
        get { return (double)GetValue(RadiusProperty); }
        set { SetValue(RadiusProperty, value); }
    }
    //实现半径属性改变事件
    private static void OnRadiusPropertyChanged(DependencyObject obj,
DependencyPropertyChangedEventArgs e)
    {
        //获取触发属性改变的 CirclePanel 对象
        CirclePanel target = (CirclePanel)obj;
        //获取传递进来的最新的值,并赋值给半径变量
        target._radius = (double)e.NewValue;
        //使排列状态失效,进行重新排列
        target.InvalidateArrange();
    }
    //重载基类的 MeasureOverride 方法
    protected override Size MeasureOverride(Size availableSize)
    {
        //处理测量子对象的逻辑
        return availableSize;
    }
    //重载基类的 ArrangeOverride 方法
    protected override Size ArrangeOverride(Size finalSize)
    {
        //处理排列子对象的逻辑
        return finalSize;
    }}
```

3.2.2 实现测量过程

测量的过程是在重载的 MeasureOverride 方法上实现，在 MeasureOverride 方法上需要做的第一件事情就是要把所有的子对象都遍历一次，调用其 Measure 方法来测量子对象的大小。然后在测量的过程中可以获取到子对象测量出来的宽度高度，可以根据这些信息来给自定义的面板分配其大小。

```
protected override Size MeasureOverride(Size availableSize)
{
    //最大的宽度的变量
    double maxElementWidth = 0;
    //遍历所有的子对象,并调用子对象的 Measure 方法进行测量,取出最大的宽度的子对象
    foreach (UIElement child in Children)
    {
        //测量子对象
        child.Measure(availableSize);
        maxElementWidth = Math.Max(child.DesiredSize.Width, maxElementWidth);
    }
```

```
        //两个半径的大小和最大的宽度的两倍最为面板的宽度
        double panelWidth = 2 * this.Radius + 2 * maxElementWidth;
        //取面板的所分配的高度宽度和计算出来的宽度的最小值最为面板的实际大小
        double width = Math.Min(panelWidth, availableSize.Width);
        double heigh = Math.Min(panelWidth, availableSize.Height);
        return new Size(width, heigh);
    }
```

3.2.3 实现排列过程

排列的过程是在重载的 ArrangeOverride 方法上实现，在 ArrangeOverride 方法上通过相关的规则把子对象一一进行排列。我们在例子里面要实现的是把子对象按照一个固定的圆形进行排列，所以在 ArrangeOverride 方法上需要计算每个子对象所占的角度大小，通过角度计算子对象在面板中的坐标，然后按照一定的角度对子对象进行旋转来适应圆形的布局。排列原理图如图 3.7 所示，实现代码如下。

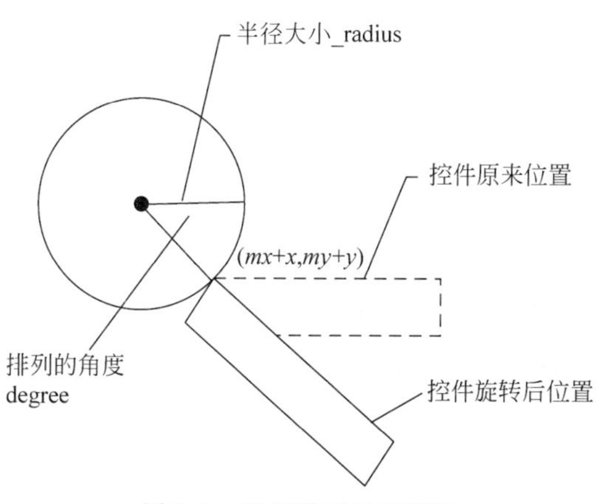

图 3.7　圆周排列的原理图

```
protected override Size ArrangeOverride(Size finalSize)
{
    //当前的角度，从 0 开始排列
    double degree = 0;
    //计算每个子对象所占用的角度大小
    double degreeStep = (double)360/this.Children.Count;
    //计算
    double mX = this.DesiredSize.Width/2;
    double mY = this.DesiredSize.Height/2;
    //遍历所有的子对象进行排列
    foreach (UIElement child in Children)
    {
        //把角度转换为弧度单位
        double angle = Math.PI * degree/180.0;
        //根据弧度计算出圆弧上的 x,y 的坐标值
        double x = Math.Cos(angle) * this._radius;
        double y = Math.Sin(angle) * this._radius;
```

```
            //使用变换效果让控件旋转角度 degree
            RotateTransform rotateTransform = new RotateTransform();
            rotateTransform.Angle = degree;
            rotateTransform.Center x = 0;
            rotateTransform.Center y = 0;
            child.RenderTransform = rotateTransform;
            //排列子对象
            child.Arrange(new Rect(mx + x, my + y, child.DesiredSize.Width, child.DesiredSize.
Height));
            //角度递增
            degree + = degreeStep;
        }
        return finalSize;
    }
```

3.2.4 应用布局规则

前面已经把自定义的圆形布局控件实现了，现在要在 XAML 页面上应用该布局面板来进行布局。在这个例子里面，我们还通过一个 Slider 控件来动态改变布局面板的半径大小，来观察布局的变化。

首先在 XAML 页面上引入布局面板所在的空间，如下所示：

```
xmlns:local = "using:CustomPanelDemo"
```

然后，在 XAML 页面上运用自定义的圆形布局控件，并且通过 Slider 控件的 ValueChanged 来动态给圆形布局控件的半径赋值。代码如下：

MainPage.xaml 文件主要代码

```
------------------------------------------------------------------------
    <Grid x:Name = "ContentPanel" Grid.Row = "1" Margin = "12,0,12,0">
        <Grid.RowDefinitions>
            <RowDefinition Height = "Auto"/>
            <RowDefinition Height = "Auto"/>
        </Grid.RowDefinitions>
        <Slider Grid.Row = "0" Value = "5" ValueChanged = "Slider_ValueChanged_1"></Slider>
        <local:CirclePanel x:Name = "circlePanel" Radius = "50" Grid.Row = "1" HorizontalAlignment =
"Center" VerticalAlignment = "Center">
            <TextBlock>Start here</TextBlock>
            <TextBlock>TextBlock 1</TextBlock>
            <TextBlock>TextBlock 2</TextBlock>
            <TextBlock>TextBlock 3</TextBlock>
            <TextBlock>TextBlock 4</TextBlock>
            <TextBlock>TextBlock 5</TextBlock>
            <TextBlock>TextBlock 6</TextBlock>
            <TextBlock>TextBlock 7</TextBlock>
        </local:CirclePanel>
    </Grid>
```

MainPage. xaml. cs 文件主要代码

```
private void Slider_ValueChanged_1(object sender, RangeBaseValueChangedEventArgs<double> e)
{
    if (circlePanel != null)
    {
        circlePanel.Radius = e.NewValue * 10;
    }
}
```

应用程序的运行效果如图 3.8 所示。

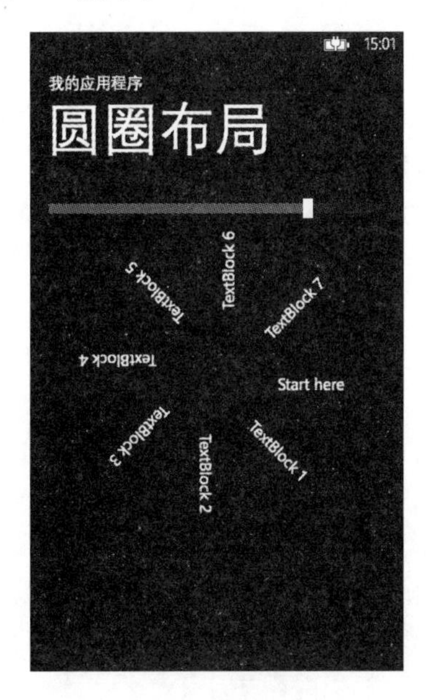

图 3.8　圆圈布局

第4章 图　　形

图形是UI编程中非常重要的基础知识。在Windows Phone中，可以通过图形绘图技术在XAML中或者通过C#代码直接编写出各种图形，这种图形不仅仅局限于几何图形，它甚至可以把现实中的图片的显示效果用代码来编写出来。在实际中，我们没有必要把一张复杂的图片用代码实现的方式来实现其效果，这是由于加载静态图片的效率比绘制复杂的图形效率更高；那么，图形绘制通常会用在什么地方呢？通常图形绘制会用在普通的图形绘制，实现动态的图形效果应用在动画上，实现图表上等。本章将会详细地介绍图形绘制的知识，后续的章节如动画编程、图表编程都会需要这章的知识作为基础。

4.1 图形原理

Windows Phone中的图形绘制编程是由一些基本的图形来绘制实现的，无论多么复杂的图形最终都离不开这些基础的形状。那么在做图形绘制编程的时候，除了要使用基本的图形，还需要关注到一些与图形相关的知识，比如颜色、尺寸等基础的数据类型，下面来看一下图形的基础知识。

4.1.1 图形中常用的结构

在图形绘制中经常会用到Point、Size、Rect和Color这些数据结构，常用于对图形形状的相关属性的赋值，下面来看一下这些结构体的含义。

1. Point结构

点结构Windows.Foundation.Point定义点的位置，点结构有两个成员：x，y，表示点的x轴和y轴的坐标。其构造函数如下：

```
public Point(double x,double y)
```

2. Size结构

大小结构Windows.Foundation.Size用属性Width和Height描述对象宽和高。其构造函数如下：

```
public Size(double width,double height)
```

3. Rect 结构

矩形结构 Windows. Foundation. Rect 用来描述一个矩形，其常用属性和方法如下：

(1) 属性 x、y：矩形结构左上角的 x、y 坐标。

(2) 只读属性 Left、Top：矩形结构左上角的 x、y 坐标。

(3) 只读属性 Right 和 Bottom：矩形结构对象右下角的 x 坐标和 y 坐标。

(4) 属性 Width、Height 和 Size：矩形结构对象的宽度和高度。

(5) 构造函数 Rect(Point location, Size size)：参数 1 代表矩形结构左上角点结构，参数 2 是表示代表矩形宽和高的 Size 结构。

(6) 构造函数 Rect(Double x, Double y, Double width, Double height)：参数依次为矩形左上角 x 坐标、y 坐标、宽和高。

(7) 方法 public void Intersect(Rect rect)：得到调用该方法的矩形结构对象和参数表示的矩形结构的交集。

4. Color 结构

颜色结构 Windows. UI. Color 用来表示颜色。任何一种颜色可以用透明度(a)，蓝色(b)，绿色(g)，红色(r)合成。Color 结构支持两种色彩空间 sRGB 和 scRGB。sRGB 用无符号 32 位数代表一种颜色，红色、绿色、蓝色以及透明度各占一个字节，透明度等于 0 为完全透明，255 为完全不透明，完全不透明红色用十六进制数表示为：# ffff0000。scRGB 代表的颜色中的红色、绿色、蓝色以及透明度分别用 0～1 之间的 Single 类型数表示，透明度等于 0.0 为完全透明，1.0 为完全不透明，红色、绿色、蓝色全为 0.0 表示黑色，全为 1.0 表示白色，不透明红色表示为：sc# 1.0,1.0,0.0,0.0。

其常用属性和方法如下：

(1) 属性 R、G、B 和 A：分别表示 sRGB 空间的红色、绿色、蓝色以及透明度。

(2) public static Color FromArgb(byte a,byte r,byte g,byte b)：sRGB 颜色。

4.1.2 画图相关的类

有两组类可用于定义空间的区域：Shape 和 Geometry。这些类的主要区别在于：Shape 拥有与之相关联的画笔并且可以呈现到屏幕，但 Geometry 只定义空间的区域并且不会呈现。可以认为 Shape 是由 Geometry 定义的有边界的 UIElement。在 Windows Phone 里面包含的 Shape 类有：画线段类 Line、画矩形类 Rectangle、画圆或椭圆类 Ellipse、画多条线段类 Polyline、画由多条线段组成的闭合图形类 Polygon 和画任意曲线类 Path。最重要的图形类无疑是 Path，Path 是非常有趣的，因为它允许为其边界定义任意的几何图形，可以用来画出复杂的图形，对 Path 绘图在后文将会进行详细的讲解。这 6 个图形类都是都继承自抽象类 Windows. UI. Xaml. Shapes. Shape，Shape 包含了下面的一些常用的属性，这些属性都是在画图的时候经常会用到的。

(1) Fill：表示填充的画刷，可以理解为图形的背景颜色(Windows. UI. Xaml. Media.

Brush 类型)。

(2) Stroke：表示笔触，可以理解为图形的边界颜色(Windows. UI. Xaml. Media. Brush 类型)。

(3) StrokeThickness：笔触尺寸，可以理解为图形的边界大小。

(4) Stretch：拉伸值，是图形填充的类型(Windows. UI. Xaml. Media. Stretch 枚举类型)。Stretch 枚举的值——None 表示内容保持其原始大小；Fill 表示调整内容的大小为填充目标尺寸但是不保留纵横比；Uniform 表示在保留内容原有纵横比的同时调整内容的大小，以适合目标尺寸；UniformToFill 表示在保留内容原有纵横比的同时调整内容的大小，以填充目标尺寸，如果目标矩形的纵横比不同于源矩形的纵横比，则对源内容进行剪裁以适合目标尺寸。

(5) StrokeDashArray：表示虚线和间隙的值的集合，用于画虚线。StrokeDashArray 参数采用 S[,G][,S*,G**]* 的形式，其中 S 表示笔画的长度的值，G 表示间隙的长度的值。如果忽略了 G，则间隙长度与前一个笔画长度相同。例如：如果线宽=1 的话，"2"表示 2 个像素的实线和 2 个像素的空白组成的虚线。"3,2"表示 3 个像素的实线和 2 个像素的空白组成的虚线。"2,2,3,2"表示 2 个像素的实线和 2 个像素的空白+3 个像素的实线和 2 个像素的空白(如此反复)组成的虚线。注意，实际实线和空白间隔像素还受线宽的影响。

(6) StrokeDashCap：表示虚线两端(线帽)的类型，用于画虚线(Windows. UI. Xaml. Media. PenLineCap 枚举类型)。PenLineCap 是描述直线或线段末端的形状枚举值：Flat 表示一个未超出直线上最后一点的线帽，等同于无线帽；Square 表示一个高度等于直线粗细、长度等于直线粗细一半的矩形；Round 表示一个直径等于直线粗细的半圆形；Triangle 表示一个底边长度等于直线粗细的等腰直角三角形。

(7) StrokeStartLineCap：虚线起始端(线帽)的类型(Windows. UI. Xaml. Media. PenLineCap 枚举类型)。

(8) StrokeEndLineCap：虚线终结端(线帽)的类型 (Windows. UI. Xaml. Media. PenLineCap 枚举类型)。

(9) StrokeDashOffset：虚线的起始位置，用于画虚线。从虚线的起始端的 StrokeDashOffset 距离处开始描绘虚线。

(10) StrokeLineJoin：图形连接点处的连接类型(Windows. UI. Xaml. Media. PenLineJoin 枚举类型)。PenLineJoin 是描述连接两条线或线段的形状的枚举类型：Miter 表示线条连接使用常规角顶点；Bevel 表示线条连接使用斜角顶点；Round 表示线条连接使用圆角顶点。

(11) StrokeMiterLimit：斜接长度与 StrokeThickness/2 的比值。默认值 10，最小值 1。

4.1.3 基础的图形形状

系统所支持的图形形状有 Line、Rectangle、Ellipse、Polyline、Polygon 和 Path。那么 Path 图形是相对来说较为复杂的，本节先来看一下其他基础的图形形状。

1. Line 线段

控件 Line 用来画线段，属性 x1 和 y1 为线段起点，属性 x2 和 y2 为线段终点。画一条线段的 XAML 语法如下，现实效果如图 4.1 所示。

```
<Line x1 = "0" y1 = "0" x2 = "100" y2 = "100" Stroke = "Black" StrokeThickness = "10"/>
```

2. Rectangle 矩形

控件 Rectangle 可用来画各种矩形，属性 Width、Height、RadiusX 和 RadiusY 分别是矩形的宽、高、圆角矩形的圆角 x 轴半径和 y 轴半径。x 轴半径要小于等于 Width 二分之一，y 轴半径要小于等于 Height 二分之一，当二者都等于二分之一，则图形变为圆或椭圆。画一矩形的 XAML 语法如下，现实效果如图 4.2 所示。

```
<Rectangle Width = "200" Height = "100" Fill = "Blue" RadiusX = "20" RadiusY = "20"/>
```

3. Ellipse 椭圆

控件 Ellipse 画椭圆时如果 Width＝Height，则为圆。画一椭圆的 XAML 语法如下，现实效果如图 4.3 所示。

```
<Ellipse Stroke = "Blue" Fill = "Red" Width = "100" Height = "100" StrokeThickness = "8"/>
```

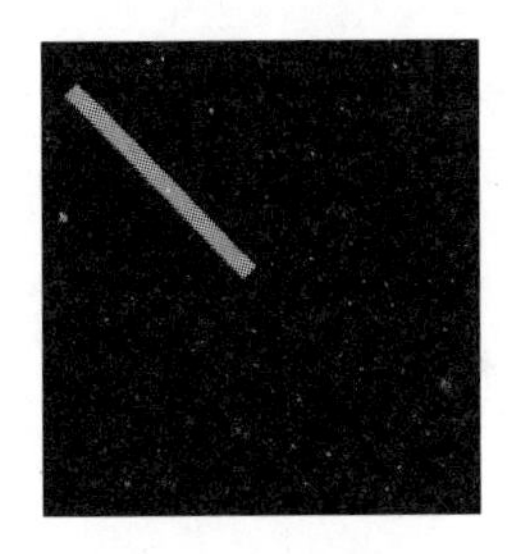

图 4.1 Line 线段

图 4.2 Rectangle 矩形

图 4.3 Ellipse 椭圆

4. Polyline 开放多边形和 Polygon 封闭多边形

Polyline 类的属性 Ponints 是点结构数组，将数组元素 Ponints[0]、Ponints[1]、Ponints[2]、……点连接为多条线段。Polygon 和 Polyline 类功能类似，但将最后一点和开始点连接为线段，由多条线段组成封闭图形。实际上如设置类 Polyline 属性 IsClose＝true，也能完成 Polygon 类相同功能。XAML 标记例子：画一开放多边形和封闭多边形的 XAML 语法如下，现实效果如图 4.4 和图 4.5 所示。

```
<Polyline Points = "10,110 60,10 110,110" Stroke = "Red" StrokeThickness = "4"/>
<Polygon Points = "10,110 60,10 110,110" Stroke = "Red" StrokeThickness = "4"/>
```

图 4.4　Polyline 开放多边形

图 4.5　Polygon 封闭多边形

下面来看一个利用基本的图形来解决实际问题的例子。对于 Line 线段，当属性(x1，y1)和属性(x2，y2)相等的时候，就会变成一个点了，那么所有的图形都可以看作是由很多的点来组成的，同样也可以看作是由很多条大小长度不等的线段组成，所以很多时候在做涂鸦画图这类的功能都可以利用 Line 控件来实现。下面来看一下使用 Line 实现一个简单的画图功能。

代码清单 4-1：运用 Line 控件画图(源代码：第 4 章\Examples_4_1)

MainPage.xaml 文件主要代码

```
<Canvas x:Name = "ContentPanelCanvas" Grid.Row = "1" Background = "Transparent" Margin =
"12,0,12,0">
</Canvas>
```

MainPage.xaml.cs 文件主要代码

```
public sealed partial class MainPage : Page
{
    //当前的画图的点
    private Point currentPoint;
    //上一个画图的点
    private Point oldPoint;
    public MainPage()
    {
        InitializeComponent();
        //注册画图的指针移动事件,用来捕获手指在手机屏幕上的点
        this.ContentPanelCanvas.PointerMoved + = ContentPanelCanvas_PointerMoved;
        //注册指针按下事件,用来记录第一个触摸点
        this.ContentPanelCanvas.PointerPressed + = ContentPanelCanvas_PointerPressed;
    }
    //指针按下事件
    void ContentPanelCanvas_PointerPressed(object sender, PointerRoutedEventArgs e)
    {
        currentPoint = e.GetCurrentPoint(ContentPanelCanvas).Position;
        oldPoint = currentPoint;
```

```
        }
        //指针移动事件
        void ContentPanelCanvas_PointerMoved(object sender, PointerRoutedEventArgs e)
        {
            //获取相对于画布控件的点坐标
            currentPoint = e.GetCurrentPoint(ContentPanelCanvas).Position;
            //根据上一个画图的点和当前的画图的点新建一条线段
            Line line = new Line() { X1 = currentPoint.X, Y1 = currentPoint.Y, X2 = oldPoint.X,
Y2 = oldPoint.Y };
            //设置线段的相关属性
            line.Stroke = new SolidColorBrush(Colors.Red);
            line.StrokeThickness = 5;
            line.StrokeLineJoin = PenLineJoin.Round;
            line.StrokeStartLineCap = PenLineCap.Round;
            line.StrokeEndLineCap = PenLineCap.Round;
            //把线段添加到画布面板上
            this.ContentPanelCanvas.Children.Add(line);
            //把当前的画图的点作为上一个画图的点
            oldPoint = currentPoint;
        }
    }
```

应用程序的运行效果如图 4.6 所示。

图 4.6　Line 控件画图

4.2 Path 图形

利用 Path 图形可以画出任意的图形，包括上面所说的 Line、Rectangle、Ellipse、Polyline 和 Polygon 图形都可以用 Path 图形画出一模一样的效果，所以说 Path 图形是 Windows Phone 里面功能最强大，也是语法最复杂的图形控件。

4.2.1 两种 Path 图形的创建方法

Path 是最具多样性的图形，因为它允许你定义任意的几何图形，它可以将直线、圆弧、贝塞尔曲线等基本元素组合起来，形成更复杂的图形。然而，这种多样性也伴随着复杂，Path 图形的语法相对于其他的图形来说复杂度大大地增加了。路径最重要的一个属性就是 Data，Data 的数据类型是 Geometry（几何图形），我们正是使用这个属性将一些基本的线段拼接起来，形成复杂的图形。为 Data 属性赋值的方法有两种：一种是使用 Geometry 图形来绘制的标准语法，另一种是专门用于绘制几何图形的“路径标记语法”。下面通过一个简单的例子来了解两种语法实现 Path 图形的区别。如代码片段 1 和代码片段 2 都实现一个正方形的 Path 图形，代码片段 1 使用了 Geometry 图形来实现，代码片段 2 使用了路径标记语法来实现，两者的实现效果都是一样的，如图 4.7 所示。从代码示例可以看到用 Geometry 图形来实现 Path 图形会显得更加直观，用路径标记语法则显得更加简洁。后面的内容会更加详细地讲解这两种实现 Path 图形的语法以及它们的使用场景。

图 4.7 Path 画图

代码片段 1：

```
<Path Fill = "Gold" Stroke = "Black" StrokeThickness = "1">
    <Path.Data>
        <RectangleGeometry Rect = "0,0,100,100"/>
    </Path.Data>
</Path>
```

代码片段 2：

```
<Path Data = "M0,0 L100,0 L100,100 L0,100 z" Fill = "Gold" Height = "100" Stretch = "Fill" Width =
"100"/>
```

4.2.2 使用简单的几何图形来创建 Path

使用 Geometry 来创建 Path 图形，这种实现的语法是非常直观的，它最大的优点是不仅仅可以通过 XAML 来进行实现，还可以使用 C# 代码来创建，所以如果要动态地改变 Path 的形状就需要使用 Geometry 来创建 Path 图形。

Path 的 Data 属性是 Geometry 类，但是 Geometry 类是一个抽象类，所以不可能在

XAML 中直接使用<Geometry>标签。

我们可以使用 Geometry 的子类，Geometry 的子类包括：

(1) LineGeometry：直线几何图形。

(2) RectangleGeometry：矩形几何图形。

(3) EllipseGeometry：椭圆几何图形。

(4) PathGeometry：路径几何图形，PathGeometry 是 Geometry 中最灵活的，可以使用它绘制任意的 2D 几何图形。

(5) GeometryGroup：由多个基本几何图形组合在一起，形成的几何图形组。

前面已经讲过了定义空间的区域有 Shape 和 Geometry 两种类型。Shape 类型就是前面所讲的 Line、Rectangle、Ellipse 等类，Geometry 类型就是现在要介绍的，可以帮助实现复杂的 Path 图形，其实也可以将其理解为通过各种各样的图形规则拼接成想要的 Path 图形。Geometry 类型不仅仅是可以用在 Path 的 Data 属性上的，它还可以用在 UIElement 的 Clip 属性上，本节的主要内容是介绍 Geometry 类型在 Path 的 Data 属性上使用，在 UIElement 的 Clip 属性上使用也是一样的语法规则，后文将介绍这些知识。

首先来看一下简单的几何图形类型。Geometry 对象可以分为三个类别：简单几何图形、路径几何图形以及复合几何图形。简单的几何图形类包括 LineGeometry、RectangleGeometry 和 EllipseGeometry，用于创建基本的几何形状，如直线、矩形和圆。

(1) LineGeometry 通过指定直线的起点和终点来定义。

(2) RectangleGeometry 通过使用 Rect 结构来定义，该结构指定矩形的相对位置、高度和宽度。

(3) EllipseGeometry 通过中心点、x 半径和 y 半径来定义。

尽管可以通过使用 PathGeometry 或通过将 Geometry 对象组合在一起来创建这些形状以及更复杂的形状，但是简单几何图形类提供了一种生成这些基本几何形状的简单方式。下面通过一个例子来看一下 LineGeometry、RectangleGeometry、EllipseGeometry 和 GeometryGroup 的运用。

代码清单 4-2：简单的 Path 图形(源代码：第 4 章\Examples_4_2)

MainPage.xaml 文件主要代码

```
<StackPanel>
    <!-- 直线 -->
    <Path Stroke = "Red" StrokeThickness = "2">
        <Path.Data>
            <LineGeometry StartPoint = "0,0" EndPoint = "400,20"></LineGeometry>
        </Path.Data>
    </Path>
    <!-- 矩形路径 -->
    <Path Fill = "Red">
        <Path.Data>
            <RectangleGeometry Rect = "20,20,400,50" ></RectangleGeometry>
```

```
                </Path.Data>
            </Path>
            <!--椭圆路径-->
            <Path Fill="Red" >
                <Path.Data>
                    <EllipseGeometry Center=" 200, 80" RadiusX=" 200" RadiusY=" 20" >
</EllipseGeometry>
                </Path.Data>
            </Path>
            <Path Fill="Red" StrokeThickness="3">
                <Path.Data>
                    <!-- GeometryGroup 组合 -->
                    <GeometryGroup FillRule="EvenOdd">
                        <RectangleGeometry Rect="80,50 200,100"></RectangleGeometry>
                        <EllipseGeometry Center=" 300, 100" RadiusX=" 80" RadiusY=" 60">
</EllipseGeometry>
                    </GeometryGroup>
                </Path.Data>
            </Path>
            <Path Fill="Red" StrokeThickness="3">
                <Path.Data>
                    <!-- GeometryGroup 组合 -->
                    <GeometryGroup FillRule="Nonzero">
                        <RectangleGeometry Rect="80,50 200,100"></RectangleGeometry>
                        <EllipseGeometry Center=" 300, 100" RadiusX=" 80" RadiusY=" 60">
</EllipseGeometry>
                    </GeometryGroup>
                </Path.Data>
                </Path>
        </stackPanel>
```

应用程序的运行效果如图 4.8 所示。

图 4.8 简单的 Path 图形

4.2.3 使用 PathGeometry 来创建 Path

PathGeometry 是 Geometry 里面最灵活的几何图形，相当于是 Shape 里面的 Path 一样。PathGeometry 的核心是 PathFigure 对象的集合，这些对象之所以这样命名，是因为每个图形都描绘 PathGeometry 中的一个离散形状。每个 PathFigure 自身又由一个或多个 PathSegment 对象组成，每个这样的对象均描绘图形的一条线段，PathGeometry 所支持的 Segment 如表 4.1 所示。

表 4.1 PathGeometry 所支持的 Segment

线段类型	描述
ArcSegment	在两个点之间创建一条椭圆弧线
BezierSegment	在两个点之间创建一条三次方贝塞尔曲线
LineSegment	在两个点之间创建一条直线
PolyBezierSegment	创建一系列三次方贝塞尔曲线
PolyLineSegment	创建一系列直线
PolyQuadraticBezierSegment	创建一系列二次贝塞尔曲线
QuadraticBezierSegment	创建一条二次贝塞尔曲线

PathGeometry 的 Figures 属性可以容纳 PathFigure 对象，而 PathFigure 对象的 Segments 属性又可以容纳各种线段用来组合成复杂的图形。下面来看一下各种 Segments 的实现效果和实现的语法。

1. LineSegment 和 PolyLineSegment

LineSegment 类表示在两个点之间绘制的一条线，它可能是 Path 数据内的 PathFigure 的一部分。使用 PathFigure 对象通过 LineSegment 对象和其他线段来创建复合形状。LineSegment 类不包含用于直线起点的属性，直线的起点是前一条线段的终点，如果不存在其他线段，则为 PathFigure 的 StartPoint，其他的 Segment 也是一样的规则。可以使用 Line 生成线条的简单形状，LineSegment 专用于在更复杂的几何组中绘制线。下面看一下 LineSegment 在 XAML 上的语法示例，显示效果如图 4.9 所示。

```
<Path Stroke = "Red" StrokeThickness = "5" >
    <Path.Data >
        <PathGeometry >
            <PathGeometry.Figures >
                <PathFigure StartPoint = "10,20">
                    <PathFigure.Segments >
                        <LineSegment Point = "100,130"/>
                    </PathFigure.Segments >
                </PathFigure >
            </PathGeometry.Figures >
        </PathGeometry >
    </Path.Data >
</Path >
```

PolyLineSegment 类表示由 PointCollection 定义的线段集合，每个 Point 指定线段的终点。PolyLineSegment 在 XAML 上的语法示例如下，省略了部分 Path 的代码与上文相同，显示效果如图 4.10 所示。

```
<PolyLineSegment Points = "50,100 50,150"/>
```

图 4.9　LineSegment 绘图

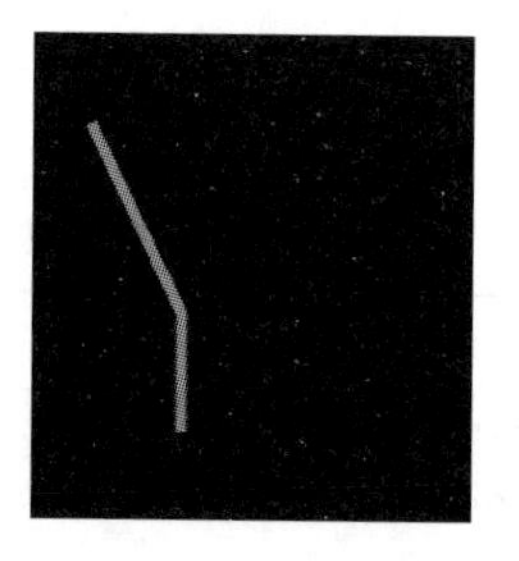

图 4.10　PolyLineSegment 绘图

2. ArcSegment 用来绘制圆弧

Point 属性用来指明圆弧连接的终点，Point 属性对图形的影响如图 4.11 所示；Size 属性表示完整椭圆的横轴和纵轴半径，Size 属性对图形的影响如图 4.12 所示；RotationAngle 属性用来指明圆弧母椭圆的旋转角度，RotationAngle 属性对图形的影响如图 4.13 所示；SweepDirection 属性指明圆弧是顺时针方向还是逆时针方向，SweepDirection 属性对图形的影响如图 4.14 所示；IsLargeArc 属性用于指明是否使用大弧法连接，如果椭圆上的两个点位置不对称，那么这两点间的圆弧就会分为大弧和小弧，IsLargeArc 属性对图形的影响如图 4.15 所示。

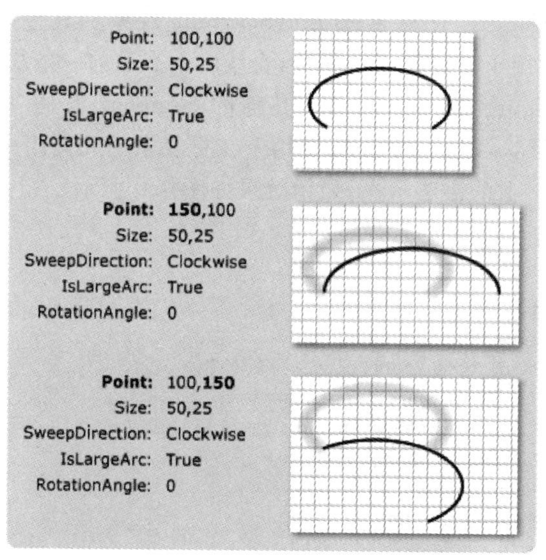

图 4.11　Point 属性对图形的轨迹影响

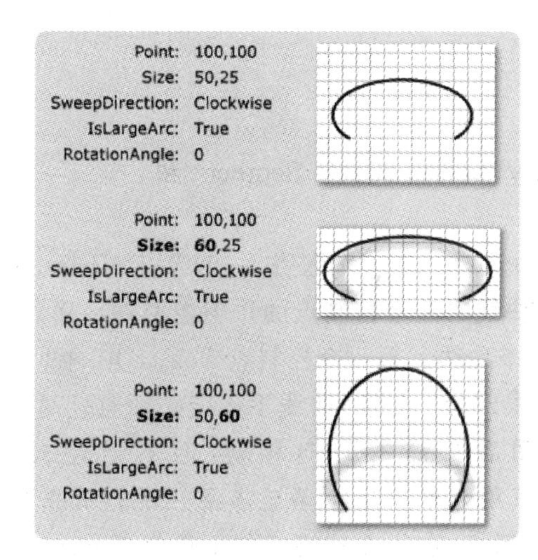

图 4.12　Size 属性对图形的轨迹影响

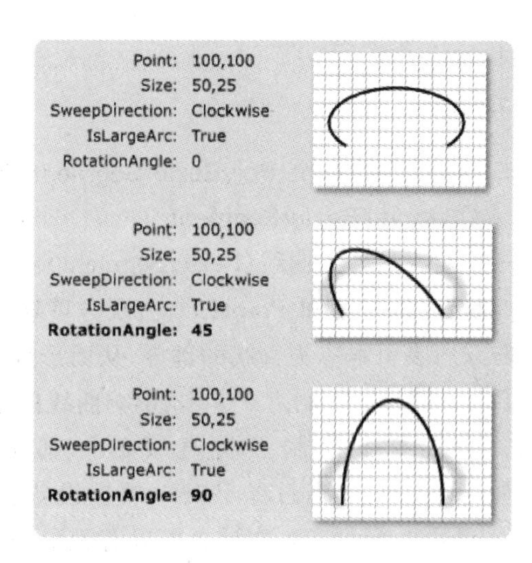

图 4.13　RotationAngle 属性对图形的轨迹影响

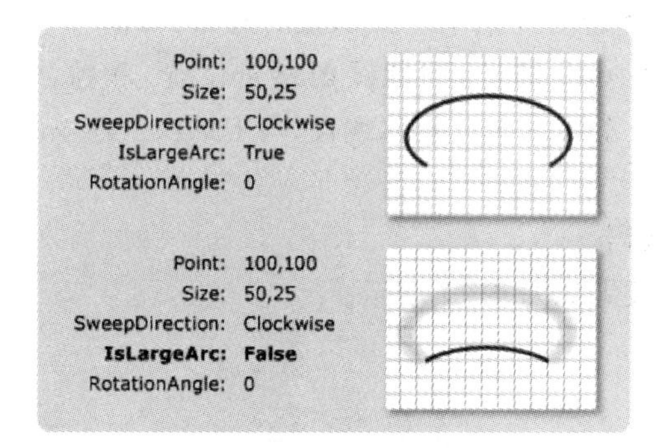

图 4.14　IsLargeArc 属性对图形的轨迹影响

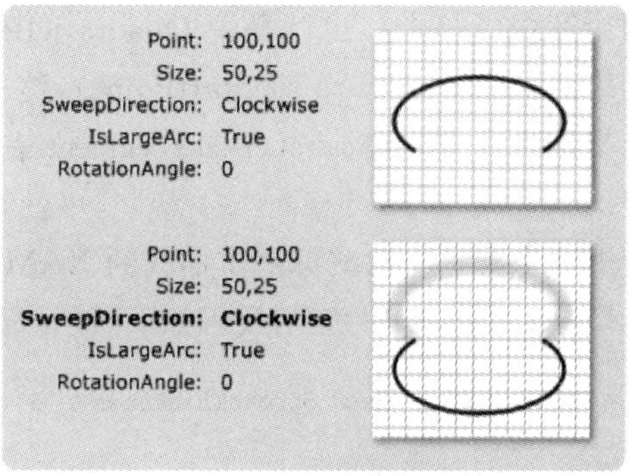

Point: 100,100
Size: 50,25
SweepDirection: Clockwise
IsLargeArc: True
RotationAngle: 0
Point: 100,100
Size: 50,25
SweepDirection: Clockwise
IsLargeArc: True
RotationAngle: 0

图 4.15　SweepDirection 属性对图形的轨迹影响

使用 ArcSegment 进行绘制一个半圆的圆弧，显示的效果如图 4.16 所示，代码片段如下所示：

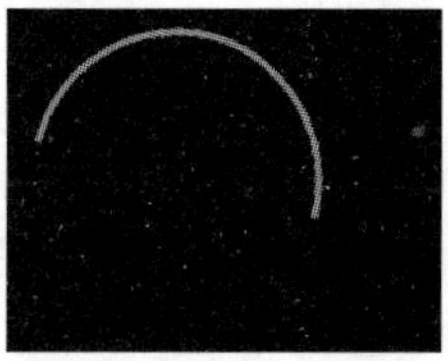

```
<Path Stroke = "Red" StrokeThickness = "5" >
    <Path.Data>
        <PathGeometry>
            <PathGeometry.Figures>
                <PathFigure StartPoint = "10,50">
                    <PathFigure.Segments>
                        <ArcSegment Size = "50,50" RotationAngle = "45"
                                    IsLargeArc = "True" SweepDirection = "Clockwise"
                                    Point = "200,100"/>
                    </PathFigure.Segments>
                </PathFigure>
            </PathGeometry.Figures>
```

图 4.16　ArcSegment 绘制圆弧

```
        </PathGeometry>
    </Path.Data>
</Path>
```

3. BezierSegment、PolyBezierSegment、PolyQuadraticBezierSegment 和 QuadraticBezierSegment

一条三次贝塞尔曲线(BezierSegment)由 4 个点定义：一个起点、一个终点（Point3）和两个控制点(Point1 和 Point2)。三次方贝塞尔曲线的两个控制点的作用像磁铁一样，朝着自身的方向吸引本应为直线的部分，从而形成一条曲线。第一个控制点 Point1 影响曲线的开始部分；第二个控制点 Point2 影响曲线的结束部分。注意，曲线不一定必须通过两个控制点之一；每个控制点将直线的一部分朝着自己的方向移动，但不通过自身。PolyBezierSegment 通过将 Points 属性设置为点集合来指定一条或多条三次方贝塞尔曲线。PolyBezierSegment 实质上可以有无限个控制点，这些点和终点的值作为 Points 属性值提供。

QuadraticBezierSegment 表示二次方贝塞尔曲线，与 BezierSegment 类似，只是控制点由两个变为了一个。也就是说 QuadraticBezierSegment 由 3 个点决定：起点(即前一个线段的终点或 PathFigure 的 StartPoint)，终点(Point2 属性，即曲线的终止位置)和控制点(Point1 属性)。PolyQuadraticBezierSegment 表示一系列二次贝塞尔线段，与 PolyBezierSegment 类似。

下面来看一下这些贝塞尔曲线的 XAML 代码。

BezierSegment 的应用代码如下所示，显示效果如图 4.17 所示。

```
<Path Stroke = "Red" StrokeThickness = "5" >
    <Path.Data>
        <PathGeometry>
            <PathGeometry.Figures>
                <PathFigure StartPoint = "10,20">
                    <PathFigure.Segments>
                        <BezierSegment Point1 = "100,0" Point2 = "200,200" Point3 = "300,100"/>
                    </PathFigure.Segments>
                </PathFigure>
            </PathGeometry.Figures>
        </PathGeometry>
    </Path.Data>
</Path>
```

把 Segment 部分代码换成 PolyBezierSegment 的代码，现实效果如图 4.18 所示。

```
<PolyBezierSegment Points = "0,0 100,0 150,100 150,0 200,0 300,100"/>
```

把 Segment 部分代码换成 QuadraticBezierSegment 的代码，现实效果如图 4.19 所示。

```
<QuadraticBezierSegment Point1 = "200,200" Point2 = "300,100"/>
```

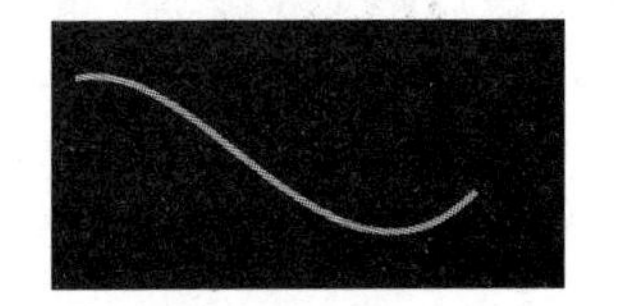

图 4.17 BezierSegment 绘制曲线

图 4.18 PolyBezierSegment 绘制曲线

把 Segment 部分代码换成 PolyQuadraticBezierSegment 的代码，现实效果如图 4.20 所示。

```
<PolyQuadraticBezierSegment Points = "200,200 300,100 0,200 30,400"/>
```

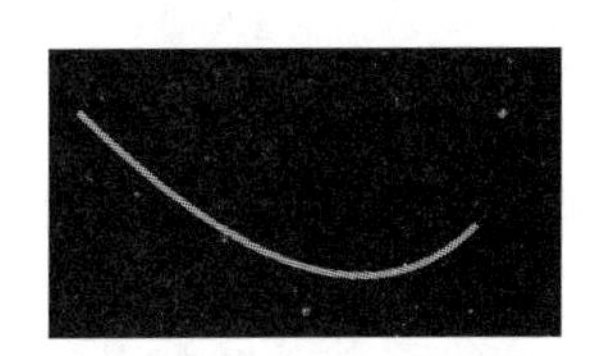

图 4.19 QuadraticBezierSegment 绘制曲线

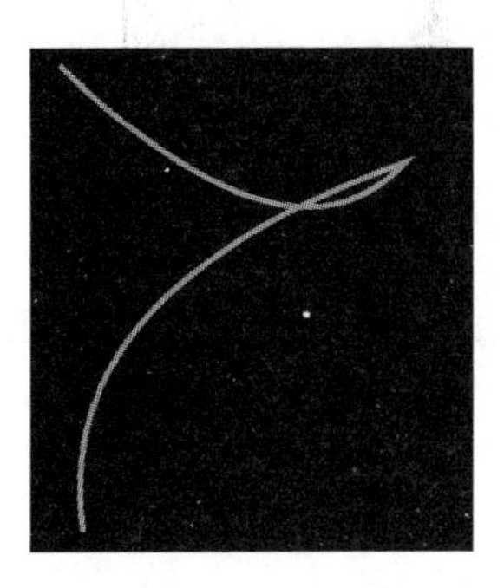

图 4.20 PolyQuadraticBezierSegment 绘制曲线

4.2.4 使用路径标记语法创建 Path

在用 Segment 去实现 Path 的时候，如果要实现一些复杂的图形的时候，需要编写大量的 XAML 代码。那么，现在将要介绍另外一种实现 Path 图形的方法——使用路径标记语法创建 Path。路径标记语法实际上就是各种线段的简记法，例如<LineSegment point="150,5"/>可以简写为"L 150,5"，这个 L 就是路径标记语法中的一个绘图命令。不仅如此，路径标记语法还增加了一些更实用的绘图命令，比如 H 用来绘制水平线，“H 180”就是指从当前点画一条水平直线，终点的横坐标是 180（不需要考虑纵坐标，纵坐标和当前点一致）。类似的还有 V 命令，用来画竖直直线。

使用路径标记语法绘图一般分三步：移动至起点→绘图→闭合图形。这三步使用的命令稍有区别。移动到起点使用的移动命令 M，绘图使用的是绘图命令，包括：L，H，V，A，C，Q 等；如果图形是闭合的，需要使用闭合命令 Z，这样最后一条线段的终点与第一条线段的起点间就会连接上一条直线段。

在路径标记语法中使用两个 Double 类型的数值来表示一个点，第一个值表示的是横坐标（记作 x），第二个值表示纵坐标（记作 y），两个数字可以使用逗号分割（x,y）又可以使用空格分割（x y）。由于路径标记语法中使用的空格作为两个点之间的分割，为了避免混淆，建议使用逗号作为点横纵坐标的分隔符。对于 4.2.3 小节所介绍的 Segment，路径标记语法都有与其一一对应起来的命令。路径标记语法的详细内容如表 4.2 所示。下面来看一个使用路径标记语法实现的 Path 图形，代码如下，现实效果如图 4.21 所示。

```
<Path Stroke = "Red" StrokeThickness = "3" Data = "M 100,200 C 100,25 400,350 400,175 H 280"/>
```

上面的 Path 创建了由一条贝塞尔曲线线段和一条线段组成的 Path。Data 字符串以“move”命令开头(由 M 指示)，它为路径建立一个起点。大写的 M 指示新的当前点的绝对位置。小写的 m 指示相对位置。第一个线段是一个三次方贝塞尔曲线，该曲线从 (100,200) 开始，在 (400,175) 结束，使用 (100,25) 和 (400,350) 这两个控制点绘制。此线段由 Data 字符串中的 C 命令指示。同样，大写的 C 指示绝对路径；小写的 c 则指示相对路径。第二个线段以绝对水平线命令 H 开头，它指定绘制一条从前面的子路径的终结点 (400,175) 到新终结点 (280,175) 的直线。由于它是一个水平线命令，因此指定的值是 x 坐标。

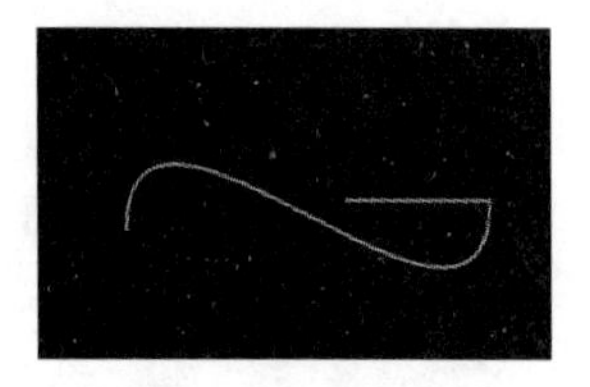

图 4.21 Path 图形

表 4.2 路径标记语法

类型		命令格式	解释
移动指令 Move Command(M)		M x,y 或 m x,y	例如 M 100,240 或 m 100,240 大写的 M 指示 x,y 是绝对值；小写的 m 指示 x,y 是相对于上一个点的偏移量，如果是 (0,0)，则表示不存在偏移。当在 move 命令之后列出多个点时，即使指定的是线条命令，也将绘制出连接这些点的线
绘制指令 (Draw Command) 通过使用一个大写或小写字母输入各命令： 其中大写字母表示绝对值，小写字母表示相对值。 线段的控制点是相对于上一线段的终点而言的。 依次输入多个同一类型的命令时，可以省略重复的命令项；例如，L 100，200 300,400 等同于 L 100,200 L 300,400	直线：Line(L)	格式：L 结束点坐标 或：l 结束点坐标	例如 L 100,100 或 l 100 100。 坐标值可以使用 x,y(中间用英文逗号隔开)或 x y(中间用半角空格隔开)的形式
	水平直线：Horizontal line(H)	格式：H x值 或 h x值 (x 为 System. Double 类型的值)	绘制从当前点到指定 x 坐标的直线。例如 H 100 或 h 100，也可以是 H 100.00 或 h 100.00 等形式
	垂直直线：Vertical line(V)	V y值 或 v y值 (y 为 System. Double 类型的值)	绘制从当前点到指定 y 坐标的直线。例如 V 100 或 y 100，也可以是 V 100.00 或 v 100.00 等形式
	三次方程式贝塞尔曲线：Cubic Bezier curve(C)	C 第一控制点 第二控制点 结束点 或 c 第一控制点 第二控制点 结束点	通过指定两个控制点来绘制由当前点到指定结束点间的三次方程贝塞尔曲线。例如 C 100,200 200,400 300,200 或 c 100,200 200,400 300,200 其中，点(100,200)为第一控制点，点(200,400)为第二控制点，点(300,200)为结束点

续表

类型		命令格式	解释
绘制指令（Draw Command） 通过使用一个大写或小写字母输入各命令： 其中大写字母表示绝对值，小写字母表示相对值。 线段的控制点是相对于上一线段的终点而言的。 依次输入多个同一类型的命令时，可以省略重复的命令项； 例如，L 100，200 300，400 等同于 L 100，200 L 300，400	二次方程式贝塞尔曲线： Quadratic Bezier curve(Q)	Q 控制点 结束点 或 q 控制点 结束点	通过指定的一个控制点来绘制由当前点到指定结束点间的二次方程贝塞尔曲线。 例如 q 100，200 300，200。其中，点(100，200)为控制点，点(300，200)为结束点
	平滑三次方程式贝塞尔曲线： Smooth cubic Bezier curve(S)	S 控制点 结束点或 s 控制点 结束点	通过一个指定点来“平滑地”控制当前点到指定点的贝塞尔曲线。例如 S 100，200 200，300
	平滑二次方程式贝塞尔曲线： smooth quadratic Bezier curve(T)	T 控制点 结束点 或 t 控制点 结束点	与平滑三次方程贝塞尔曲线类似。在当前点与指定的终点之间创建一条二次贝塞尔曲线。控制点假定为前一个命令的控制点相对于当前点的反射。如果前一个命令不存在，或者前一个命令不是二次贝塞尔曲线命令或平滑的二次贝塞尔曲线命令，则此控制点就是当前点。例如 T 100，200 200，300
	椭圆圆弧：elliptical Arc(A)	A 尺寸 圆弧旋转角度值 优势弧的标记 正负角度标记 结点 或：a 尺寸 圆弧旋转角度值 优势弧的标记 正负角度标记 结束点	在当前点与指定结束点间绘制圆弧。 尺寸(Size)：System. Windows. Size 类型，指定椭圆圆弧 X，Y 方向上的半径值。 旋转角度(rotationAngle)：System. Double 类型。 圆弧旋转角度值(rotationAngle)：椭圆弧的旋转角度值。 优势弧的标记(isLargeArcFlag)：是否为优势弧，如果弧的角度大于等于 180 度，则设为 1，否则为 0。 正负角度标记(sweepDirectionFlag)：当正角方向绘制时设为 1，否则为 0。 结束点(endPoint)：System. Windows. Point 类型。 例如 A 5，5 0 0 1 10，10

续表

<table>
<tr><th colspan="2">类　　型</th><th>命令格式</th><th>解　　释</th></tr>
<tr><td colspan="2">关闭指令 (close Command)：
可选的关闭命令</td><td>用 Z 或 z 表示</td><td>用以将图形的首、尾点用直线连接，以形成一个封闭的区域</td></tr>
<tr><td rowspan="2">填充规则(fillRule)
如果省略此命令，则路径使用默认行为：即 EvenOdd。
如果指定此命令，则必须将其置于最前面</td><td>EvenOdd 填充规则</td><td>F0 指定 EvenOdd 填充规则</td><td>EvenOdd 确定一个点是否位于填充区域内的规则方法：从该点沿任意方向画一条无限长的射线，然后计算该射线在给定形状中因交叉而形成的路径段数。如果该数为奇数，则点在内部；如果为偶数，则点在外部</td></tr>
<tr><td>Nonzero 填充规则</td><td>F1 指定 Nonzero 填充规则</td><td>Nonzero 确定一个点是否位于路径填充区域内的规则方法：从该点沿任意方向画一条无限长的射线，然后检查形状段与该射线的交点。从 0 开始计数，每当线段从左向右穿过该射线时加 1，而每当路径段从右向左穿过该射线时减 1。计算交点的数目后，如果结果为 0，则说明该点位于路径外部。否则，它位于路径内部</td></tr>
</table>

4.2.5 使用 Path 实现自定义图形

有时候可能要为应用程序自定义一些特殊的图形，那么可以通过从 Path 派生一个图形类来实现自定义的形状。如果直接从图形基类 Shape 派生没有什么用处，因为该类没有用于定义其视觉效果的任何虚方法或其他可扩展的机制。但是 Path 具有万能的 Data 属性，通过为 Data 指定一个值，则可以根据相关的规律创建任何的几何图形，这样就可以很方便地实现自定义的图形形状。

第 3 章介绍了布局原理，布局面板通过重载 FrameworkElement 类的 ArrangeOverride 方法来对子对象进行排列，那么从 Path 类派生的图形类一样也可以重载 ArrangeOverride 方法来对图形进行初始化。在初始化逻辑生成适用于自定义形状的几何图形，随后再将其设置赋值给 Path.Data 属性，那么我们可以充分地利用 Width 和 Height 等这些 Path 自带的属性最为自定义图形的相关参数，当然如果需要额外的参数，也是可以通过实现自定义属性来进行传递。那么下面我们利用这样的方式来实现一个六边形的自定义图形。

代码清单 4-3：自定义六边形图形（源代码：第 4 章\Examples_4_3）

Hexagon.cs 文件主要代码：创建一个 Hexagon 派生自 Path 类

```
public class Hexagon : Path
{
```

```
private double lastWidth = 0;
private double lastHeight = 0;
private PathFigure figure;
public Hexagon()
{
    CreateDataPath(0, 0);
}
private void CreateDataPath(double width, double height)
{
    //把高度和宽度先减去边的宽度
    height - = this.StrokeThickness;
    width - = this.StrokeThickness;
    //用来跳出布局的循环,因为只创建一次
    if (lastWidth == width && lastHeight == height)
        return;
    lastWidth = width;
    lastHeight = height;
    PathGeometry geometry = new PathGeometry();
    figure = new PathFigure();
    //取左上角的点为第一个点
    figure.StartPoint = new Point(0.25 * width, 0);
    //算出每个顶点的坐标然后创建线段连接起来
    AddPoint(0.75 * width, 0);
    AddPoint(width, 0.5 * height);
    AddPoint(0.75 * width, height);
    AddPoint(0.25 * width, height);
    AddPoint(0, 0.5 * height);
    figure.IsClosed = true;
    geometry.Figures.Add(figure);
    this.Data = geometry;
}
//添加一条线段
private void AddPoint(double x, double y)
{
    LineSegment segment = new LineSegment();
    segment.Point = new Point(x + 0.5 * StrokeThickness,
        y + 0.5 * StrokeThickness);
    figure.Segments.Add(segment);
}

protected override Size MeasureOverride(Size availableSize)
{
    return availableSize;
}

protected override Size ArrangeOverride(Size finalSize)
{
    //初始化图形
    CreateDataPath(finalSize.Width, finalSize.Height);
    return finalSize;
}
```

MainPage.xaml 文件主要代码

```
    …省略若干代码
    xmlns:local = "using:HexagonDemo"
    …省略若干代码
    <Grid x:Name = "ContentPanel" Grid.Row = "1" Margin = "12,0,12,0">
        <local:Hexagon Height = "300" Width = "300" Stroke = "Yellow" StrokeThickness = "8"
Fill = "Red"/>
    </Grid>
```

应用程序的运行效果如图 4.22 所示。

图 4.22　六边形

4.2.6　利用 Expression Blend 工具创建 Path 图形

在前面介绍了 Path 图形的实现原理，如果是要实现一些复杂的图形，单单靠编码来实现是相当复杂的，特别是一些不规则的图形，实现起来的难度很大。对于这些复杂的图形，是可以通过工具去创建的。利用 Expression Blend 工具（Expression Blend 工具的详细介绍请参考第 10 章）是可以很方便地创建出各种各样的 Path 图形的，但是要注意，这些图形都是使用了路径标记语法去生成的，如果需要动态去改变 Path 的图形，就需要手动去把路径标记语法转化成 Segment 语法去实现。下面介绍通过 Expression Blend 工具实现 Path 画图的方式。

1. 使用笔或者铅笔工具画出 Path 图形

打开 Expression Blend 工具，可以找到左边图标工具栏上的笔或者铅笔，如图 4.23 所示。使用笔或者铅笔，就可以像普通的画图一样来画 Path 图形，如图 4.24 所示。

图 4.23　选取画笔

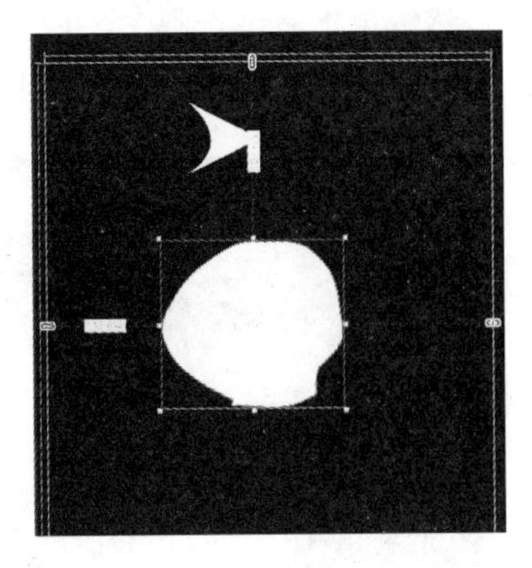
图 4.24　绘制 Path 图形

2. 把相关的图形转化成 Path 图形

在 Blend 里面除了基本的图形之外，还封装了很多其他的图形，如五角星等，可以直接把这些图形转化为 Path 图形。转化的方法是在图形上面，单击右键选择"路径"→"转换为路径"，如图 4.25 所示，这时候就会把相关的图形转换成 Path 绘图的方式了。

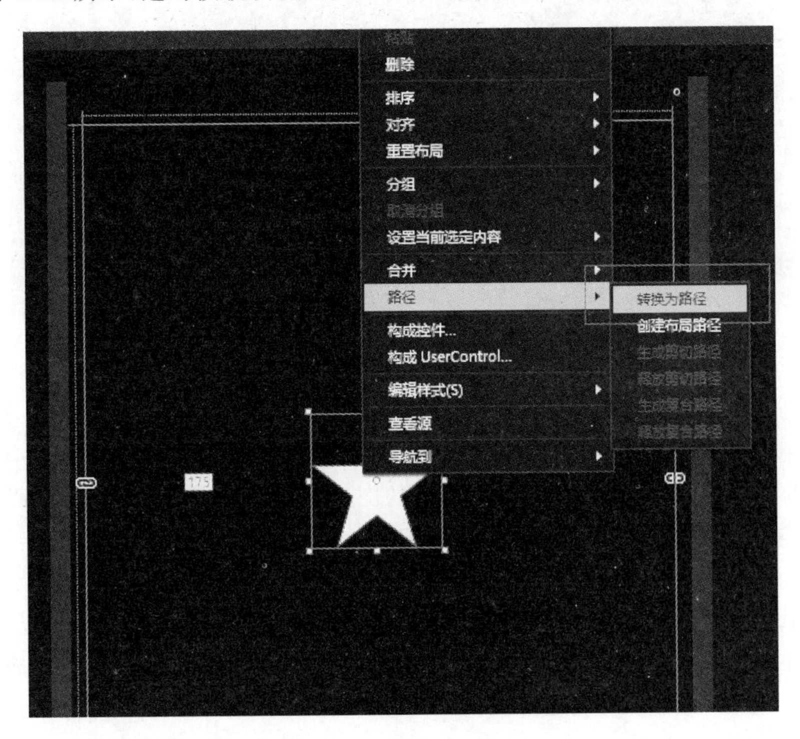

图 4.25　转换为路径

3. 通过合并图形的方式生成 Path 图形

合并图形的方式是指在 Blend 里面创建了多个图形，然后我们按住 Ctrl 键把要合并的图形都选中，然后单击右键选择“合并”→“相并/拆分/相交/相减/排除重叠”，如图 4.26 所示，这样就可以把选中的图形合并在一起并且转化成 Path 图形。

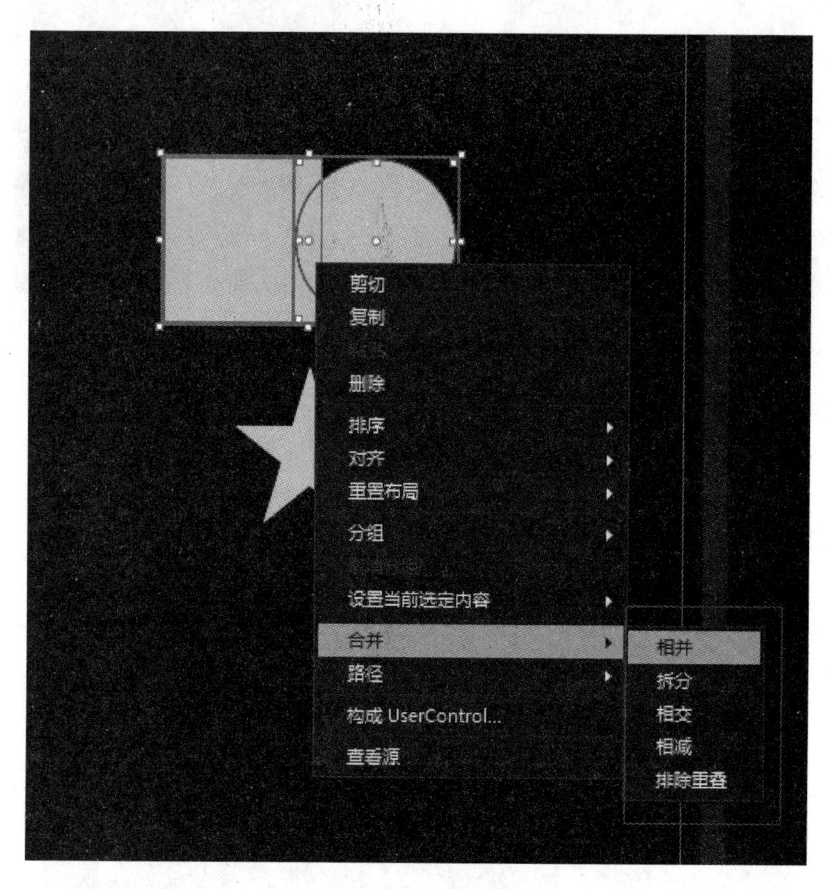

图 4.26 合并图形

4. 导入设计的源文件

在 Blend 里面可以直接导入 Illustrator 文件、FXG 文件和 Photoshop 文件，把这些文件转化成 XAML 的编码，同时也会把里面相关的图形转化成 Path 图形。这是 Blend 工具提供的一个非常棒的功能，通常设计师会采用 Phoneshop 来设计图片，我们直接把他们设计好的 Photoshop 文件导入就可以把文件转成为 XAML 编码了。导入的步骤为：“文件”→“导入”→“Illustrator 文件/FXG 文件/Photoshop 文件”，如图 4.27 所示。下面以导入 Photoshop 文件为例（如图 4.28 所示），在图的右边会告诉你哪些图像会转换成图形，哪些会作为图片进行导入。单击“确定”之后会看到生成的图形如图 4.29 所示。

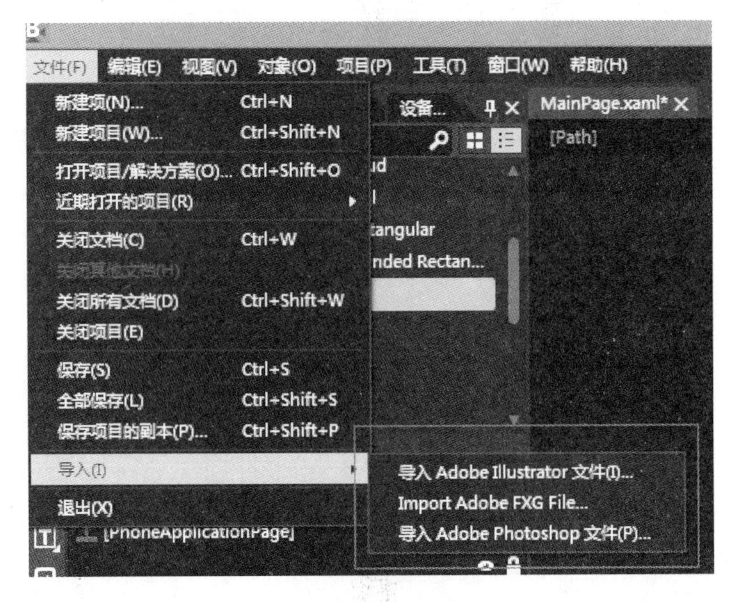

图 4.27 导入文件

图 4.28 导入 Photoshop 文件

图 4.29　转换成 Path 图形

4.3　画刷

在 Windows Phone 上，如果要对某个图形填充颜色，那么就必须要使用到画刷，在上面的例子里面其实已经使用过画刷了。在使用 XAML 时，在控件的 Background、Foreground 和 Fill 属性中简单地输入颜色名，应用程序运行时就会将字符串值转换为有效的颜色资源对应的画刷。Windows Phone 中不同类型的画刷包括 SolidColorBrush、LinearGradientBrush 和 ImageBrush。下面介绍各种画刷的使用。

4.3.1　SolidColorBrush 画刷

SolidColorBrush 对象主要用来填充单色形状或控件，可以直接通过颜色来进行创建，在 XAML 中直接输入颜色名使用的就是 SolidColorBrush 画刷。在 Windows Phone 上的 Colors 预定义大部分的常用的颜色，我们可以通过直接使用 Colors 里面的颜色值来进行赋值。除此之外我们还可以使用十六进制颜色值来定义画刷，例如：

```
<Rectangle Width = "100" Height = "100" Fill = "#FFFF0000"/>
```

4.3.2　LinearGradientBrush 画刷

线性渐变画刷(LinearGradientBrush)用来填充一个复合渐变色到一个元素中，并且可以任意的搭配两种或两种以上的颜色，重要的属性有倾斜点(GradientStop)、渐变颜色(Color)、起始坐标点(StartPoint)、结束坐标点(EndPoint)。LinearGradientBrush 的示例代码如下所示，显示效果如图 4.30 所示。

```
<Path Canvas.Left = "15" Canvas.Top = "50" Stroke = "Black"
        Data = "M 0,0 A 15,5 180 1 1 200,0 L 200,100 L 300,100
```

```
        L 300,200 A 15,5 180 1 1 100,200 L 100,100 L 0,100 Z">
    <Path.Fill>
        <LinearGradientBrush StartPoint="0,0" EndPoint="1,0">
            <GradientStop Offset="0" Color="DarkBlue"/>
            <GradientStop Offset="1" Color="LightBlue"/>
        </LinearGradientBrush>
    </Path.Fill>
</Path>
```

图 4.30 LinearGradientBrush 画刷

4.3.3 ImageBrush 画刷

ImageBrush 画刷使用图像绘制一个区域，使用由其 ImageSource 属性指定的 JPEG 或 PNG 图像绘制区域。默认情况下，ImageBrush 会将其图像拉伸以完全充满要绘制的区域，如果绘制的区域和该图像的长宽比不同，则可能会扭曲该图像。可以通过将 Stretch 属性从默认值 Fill 更改为 None、Uniform 或 UniformToFill 来更改此行为。ImageBrush 的示例代码如下所示，显示效果如图 4.31 所示。

```
<Ellipse Height="180" Width="180" Margin="50,0,0,0">
    <Ellipse.Fill>
        <ImageBrush ImageSource="Assets/ApplicationIcon.png" Stretch="Fill"/>
    </Ellipse.Fill>
</Ellipse>
```

通常可以利用 ImageBrush 来做一些特别的遮罩效果，下面我们把文件的 Foreground 设置成 ImageBrush，可以看到图片的遮罩效果如图 4.32 所示。

```
<TextBlock Text="你好" FontSize="100" FontWeight="Bold">
        <TextBlock.Foreground>
            <!-- 使用图像画刷填充 TextBlock 的 Foreground -->
            <ImageBrush ImageSource="Assets/AlignmentGrid.png"/>
        </TextBlock.Foreground>
  </TextBlock>
```

图 4.31　ImageBrush 画刷

图 4.32　字体的画刷效果

4.4　图形裁剪

在介绍 Path 图形的时候，讲解了使用 Geometry 类型来给 Path 的 Data 属性进行赋值，从而可以创建出各种形状的 Path 图形。Geometry 类型还有一个用途，就是可以用在 UIElement 的 Clip 属性上对从 UIElement 派生的控件进行图形裁剪，裁剪出来的形状就是 Geometry 类型所构成的图形。Geometry 类型在 UIElement 的 Clip 属性上的语法和在 Path 的 Data 属性上的语法是完全一样的，在这里就不再重复讲解，下面来看一下怎样去使用 UIElement 的 Clip 属性去实现一些图形裁剪的功能。

4.4.1　使用几何图形进行剪裁

我们经常会利用 Clip 属性来直接对图片进行裁剪，从而可以把图片的都一部分裁剪出来进行显示，这样做的好处不仅仅可以创建出图片的局部矩形形状，还可以动态地改变图片显示的位置。利用 Clip 属性进行裁剪的语法和 Path 的 Data 属性的赋值语法一样，不过在 Clip 属性里只能够使用 Rectangle Geometry。下面利用 Clip 属性对一张图片剪裁出图片局部片段，显示效果如图 4.33 所示，示例代码如下所示。

图 4.33　图片局部片段

```
<StackPanel>
    <Image Source = "Assets/AlignmentGrid.png" Width = "340" Height = "217">
        <Image.Clip>
            <RectargleGeometry Rect = "0 0 80 80"/>
        </Image.Clip>
    </Image>
</StackPanel>
```

4.4.2　对布局区域进行剪裁

我们使用布局面板来布局一些子控件的时候，实际上这些子控件所在的位置是可以超出布局面板的范围的。如果要实现一个布局面板，让面板里面的子控件都在面板的范围里面，超出面板的布局就不可见，那么这个布局的实现思路是可以利用 Clip 属性去实现的，因为 Clip 属性是 UIElement 类的属性，也就说所有的 XAML 控件都可以使用这个属性去进行图形裁剪。下面创建一个 Clip 类，在 Clip 类上顶一个附加属性，通过这个附加属性来设置对布局区域进行裁剪。

代码清单 4-4：布局裁剪（源代码：第 4 章\Examples_4_4）

Clip. cs 文件主要代码

```
public class Clip
{
    //定义附加属性 ToBounds,表示是否裁剪掉超出布局控件边界的部分
    public static readonly DependencyProperty ToBoundsProperty =
        DependencyProperty.RegisterAttached("ToBounds", typeof(bool),
        typeof(Clip), new PropertyMetadata(false, OnToBoundsPropertyChanged));
    //定义附加属性 Get 方法
    public static bool GetToBounds(DependencyObject depObj)
    {
        return (bool)depObj.GetValue(ToBoundsProperty);
    }
    //定义附加属性 Set 方法
    public static void SetToBounds(DependencyObject depObj, bool clipToBounds)
    {
        depObj.SetValue(ToBoundsProperty, clipToBounds);
    }
    //定义属性改变事件
    private static void OnToBoundsPropertyChanged(DependencyObject d,
        DependencyPropertyChangedEventArgs e)
    {
        FrameworkElement fe = d as FrameworkElement;
        if (fe != null)
        {
            //裁剪图形
            ClipToBounds(fe);
            //当对象加载或者大小改变的时候都需要重新处理边界的裁剪,保证裁剪的准确
            fe.Loaded + = new RoutedEventHandler(fe_Loaded);
            fe.SizeChanged + = new SizeChangedEventHandler(fe_SizeChanged);
        }
    }
```

```
        //封装的图形裁剪方法
        private static void ClipToBounds(FrameworkElement fe)
        {
            //如果 ToBounds 设置为 true 则进行裁剪
            if (GetToBounds(fe))
            {
                //使用布局面板的实际高度和宽度来创建一个 RectangleGeometry 赋值给 Clip 属性
                fe.Clip = new RectangleGeometry()
                {
                    Rect = new Rect(0, 0, fe.ActualWidth, fe.ActualHeight)
                };
            }
            else
            {
                fe.Clip = null;
            }
        }
        //定义大小改变事件,重新进行裁剪
        static void fe_SizeChanged(object sender, SizeChangedEventArgs e)
        {
            ClipToBounds(sender as FrameworkElement);
        }
        //定义加载事件,重新进行裁剪
        static void fe_Loaded(object sender, RoutedEventArgs e)
        {
            ClipToBounds(sender as FrameworkElement);
        }
    }
```

接下来把 Clip 类的附加属性用在 Canvas 布局面板上，对超出布局面板范围的 Ellipse 控件进行裁剪，XAML 代码如下：

MainPage.xaml 文件主要代码

```
<Grid x:Name = "ContentPanel" Grid.Row = "1" Margin = "12,0,12,0">
    <Canvas Grid.Row = "1" Background = "White" Margin = "20" local:Clip.ToBounds =
"true">
        <Ellipse Fill = "Red" Canvas.Top = " - 10" Canvas.Left = " - 10" Width = "200"
Height = "200"/>
    </Canvas>
</Grid>
```

应用程序的运行效果如图 4.34 所示。

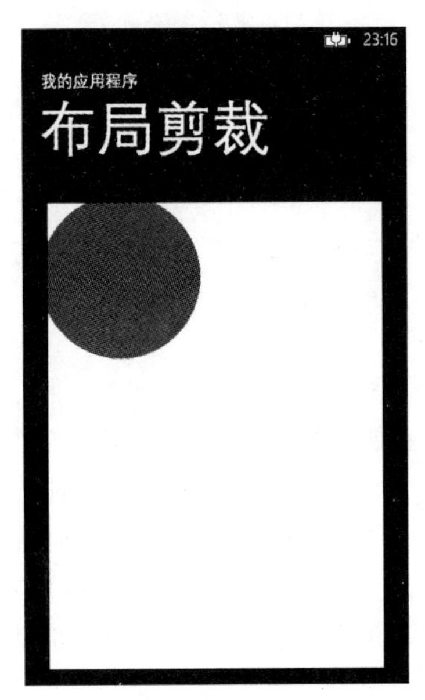

图 4.34　布局裁剪

第5章 图　表

在应用程序里面利用图表去展示相关的数据，就需要进行图表编程，这是一种在应用程序里面非常形象直观地展示数据的方式。图表编程在记账应用、股票应用等应用里使用非常广泛。在 Windows Phone 的开发 SDK 里并没有直接提供相关的图表控件来进行图表编程，这意味着开发者需要自己利用图形绘制的 API 去直接绘制相关的图表，或者自定义封装图表控件来进行使用。第4章介绍的图形绘制的知识也就是图表编程的基础，图表编程就是利用图形绘制的这些基础的 API 和编程技术来创建相关的有规律的图形，可以把图表看作是特殊的图形，在图形的基础上再进行封装和组合来实现。本章先介绍如何通过基本的图形 API 实现一些常用的图表，然后再介绍一个开源的图表控件库的使用以及其实现原理。

5.1 动态生成折线图和区域图

折线图是指在二维空间里面，用连续的线段将各数据点连接起来而组成的图形，以折线方式显示数据的变化趋势。通常会用 x 轴和 y 轴的坐标来说明折线图，x 轴和 y 轴会在实际的情况里面代表着某一种数据，例如 x 轴代表时间，y 轴代表内存，那么这个折线图就是表示内存随着时间的变化趋势。折线图适用于显示在相等时间间隔下数据的趋势，在折线图中，类别数据沿水平轴均匀分布，所有值数据沿垂直轴均匀分布。区域图其实就是在折线图的基础上实现了区域的显示效果，这两者非常类似，所以生成折线图和区域图的逻辑是可以共用的。本节主要介绍动态生成折线图和区域图。如果将要展现的数据是不会变化的，那就没有必要去做动态生成；但是，现实中图表的数据往往是变化的，所以需要动态地去根据数据集合来生成图形。

5.1.1 折线图和区域图原理

首先来看一下折线图的原理，折线图可以通过 Polyline 图形来进行创建，那么我们要实现的折线图就是一种特殊的 Polyline 图形，因为折线图是有一定的规律的。一般的折线图，它的 x 轴坐标是等量递增的，然后 y 轴的坐标是随意变化的，那么就需要根据这种变化的规律来给 Polyline 控件库的 Points 属性来赋值。下面的代码我们创建了一个折线图，实现效果如图 5.1 所示。

```
<Polyline Stroke = "Red" StrokeThickness = "5" Height = "150" Points = "0,10 50,40 100,90 150,
50 200,50 250,10 300,100 350,30 400,0"/>
```

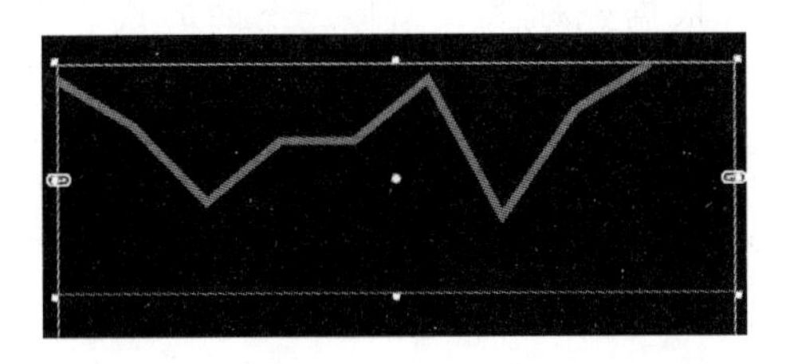

图 5.1 折线图

在折线图的示例中，可以看到这个折线图是由 9 个点组成的(0,10 50,40 100,90 150,50 200,50 250,10 300,100 350,30 400,0)，这些点的 x 轴坐标是等量地递增 50 个像素的，因此可以很清楚地看到这个图形沿着 x 轴的走势。需要注意，这些点的 y 轴坐标是表示距离图形顶部的距离，所以 y 轴坐标越小的点越在上面，Polyline 的高度 150 就可以看作是 y 轴的最大值。

下面再来看看区域图，区域图的规则和折线图是类似的，只不过区域图是一个闭合的图形，相当于是把折线图和 x 轴组合起来形状一个区域。区域图可以通过 Polygon 图形去实现，Polygon 图形和 Polyline 图形的区别就是一个是闭合的一个是非闭合的，这也是区域图和折线图的区别。下面的代码创建了一个区域图，这个区域图所展现的数据内容和上面的折线图是一样的，实现的效果如图 5.2 所示。

```
<Polygon Fill = "AliceBlue" StrokeThickness = "5" Height = "150" Stroke = "Red" Points = "0,150
0,10 50,40 100,90 150,50 200,50 250,10 300,100 350,30 400,0 400,150"/>
```

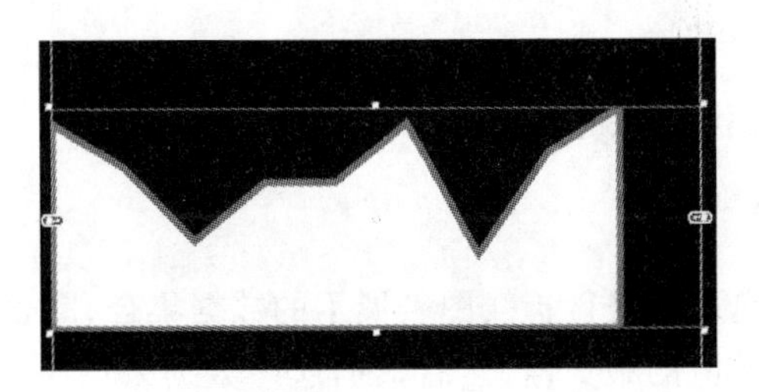

图 5.2 区域图

与折线图相比，区域图多了两个坐标点一个是开始的点(0,150)，还有一个是结束的点(400,150)。为什么要多这两个点呢？因为 Polygon 图形默认把第一个点和最后一个点连接起来，所以这两个点相当于是折线上第一个点(0,10)在 x 轴上的的映射坐标(0,150)和折线上最后一个点(400,0)在 x 轴上的映射坐标(400,150)。

5.1.2 生成图形逻辑封装

前面介绍了使用 XAML 来创建静态的折线图和区域图，本节介绍使用 C#代码根据数据来生成折线图和区域图。创建折线图和区域图最关键的部分就是把相关的数据集合转化为 x 轴和 y 轴的坐标，然后根据坐标生成图形。下面的代码实现了一个生成折线图的 PointCollection 的方法。

代码清单 5-1：声称折线图和区域图（源代码：第 5 章\Examples_5_1）

MainPage.xaml.cs 文件部分代码：生成折线图的逻辑封装

```
------------------------------------------------------------------------------------------------
    ///<summary>
    ///根据数据生成折线图的 PointCollection 点集合
    ///</summary>
    ///<param name = "datas">数据集合</param>
    ///<param name = "topHeight">图表的最高高度</param>
    ///<param name = "perWidth"> x 轴的间隔</param>
    ///<param name = "topValue">最大的值</param>
    ///<returns>图形的 PointCollection 集合</returns>
    private PointCollection GetLineChartPointCollection(List < double > datas, double topHeight,
double perWidth, double topValue)
    {
        PointCollection pointCollection = new PointCollection();
        double x = 0;                                           //x 坐标
        foreach (double data in datas)
        {
            double y;                                           //y 坐标
            if (data > topValue) y = 0;
            else y = (topHeight - (data * topHeight)/topValue);
            Point point = new Point(x, y);
            pointCollection.Add(point);
            x + = perWidth;
        }
        return pointCollection;
    }
```

该方法通过参数传递进来进行折线图表展示的数据集合、图表的最高高度、两个数据之间的 x 轴的间隔和图表数值的最大值，然后根据这些数据来产生一个坐标的点集合。那么图表数值的最大值是为了控制数据集合里面的数值相差太大导致图表显示异常，所以做了一个最大值的控制，如果 datas 数据里面有比 topValue 大的数据，将会用 topValue 来代替。y 坐标的产生公式是 y=(topHeight−(data * topHeight)/topValue)，计算出点和顶部的距离就是 y 坐标。x 坐标就是有规律地递增就可以了。

定义好 PointCollection 的生成方法后，我们就可以在 UI 上生成折线图了，下面是 UI 上的代码，通过 Button 事件调用 GetLineChartPointCollection 方法产生一个折线图。

MainPage.xaml 文件主要代码

```
<Grid x:Name = "ContentPanel" Grid.Row = "1" Margin = "12,0,12,0">
    <Grid.RowDefinitions>
        <RowDefinition Height = "Auto"/>
        <RowDefinition Height = " * "/>
    </Grid.RowDefinitions>
    <Grid x:Name = " chartCanvas" Grid.Row = " 0" Height = " 400" HorizontalAlignment =
"Center" VerticalAlignment = "Center">
    </Grid>
    <StackPanel Grid.Row = "1">
        <Button Content = "折线图" Click = "Button_Click_1"></Button>
        <Button Content = "区域图" Click = "Button_Click_2"></Button>
    </StackPanel>
</Grid>
```

MainPage.xaml.cs 文件部分代码：生成折线图的按钮事件

```
//生成折线图
private void Button_Click_1(object sender, RoutedEventArgs e)
{
    chartCanvas.Children.Clear();
    List<double> datas = new List<double> { 23, 23, 45, 26, 45, 36, 29, 30, 27, 38, 36,
52, 27, 35 };
    PointCollection pointCollection = GetLineChartPointCollection(datas, 400, 30, 100);
    Polyline polyline = new Polyline { Points = pointCollection, Stroke = new SolidColorBrush
(Colors.Red) };
    chartCanvas.Children.Add(polyline);
}
```

单击生成折线图按钮后，应用程序的运行效果如图 5.3 所示。

图 5.3　动态生成折线图

下面再来看一下如何生成区域图，如果直接使用 Polygon 图形来生成区域图，只需要在 GetLineChartPointCollection 方法里添加一个开始点在 x 轴的映射坐标和一个结束点在 x 轴的映射坐标就可以了，实现起来也很简单。那么除了使用 Polygon 图形来实现我们还可以用 Path 图形来实现，实现的效果也是一样的，下面的代码实现了一个生成 Path 区域图的 PathGeometry 的方法。

MainPage.xaml.cs 文件部分代码：生成区域图的逻辑封装

```
///<summary>
///根据数据生成区域图的 PathGeometry
///</summary>
///<param name = "datas">数据集合</param>
///<param name = "topHeight">图表的最高高度</param>
///<param name = "perWidth"> x 轴的间隔</param>
///<param name = "topValue">最大的值</param>
///<returns> Path 图形的 PathGeometry </returns>
private PathGeometry GetLineChartPathGeometry(List < double > datas, double topHeight,
double perWidth, double topValue)
{
    PathGeometry pathGeometry = new PathGeometry();
    PathFigureCollection pathFigureCollection = new PathFigureCollection();
    //使用数据集合第一个点在 x 轴的投影点作为 Path 图形的开始点
    PathFigure pathFigure = new PathFigure { StartPoint = new Point(0, topHeight) };
    //新建一个 PathSegmentCollection 集合用来添加 LineSegment 线段的对象
    PathSegmentCollection pathSegmentCollection = new PathSegmentCollection();
    double x = 0;                                        //x 坐标
    foreach (double data in datas)
    {
        double y;                                        //y 坐标
        if (data > topValue) y = 0;
        else y = (topHeight - (data * topHeight)/topValue);
        Point point = new Point(x, y);
        LineSegment lineSegment = new LineSegment { Point = point };
        pathSegmentCollection.Add(lineSegment);
        x+ = perWidth;
    }
    x- = perWidth;
    LineSegment lineSegmentEnd = new LineSegment { Point = new Point(x, topHeight) };
    pathSegmentCollection.Add(lineSegmentEnd);
    pathFigure.Segments = pathSegmentCollection;
    pathFigureCollection.Add(pathFigure);
    pathGeometry.Figures = pathFigureCollection;
```

```
        return pathGeometry;
    }
```

GetLineChartPathGeometry 方法使用 C#代码创建了一个 PathGeometry 对象，那么它计算坐标的原理和 GetLineChartPointCollection 方法计算的原理是一样，只不过 GetLineChartPathGeometry 方法是用这些坐标来创建 LineSegment 对象，然后通过 LineSegment 对象的集合来创建 PathGeometry 图形。在 Button 事件里面调用 GetLineChartPathGeometry 方法的代码如下。

MainPage.xaml.cs 文件部分代码：生成区域图的按钮事件

```
    //生成区域图
    private void Button_Click_2(object sender, RoutedEventArgs e)
    {
        chartCanvas.Children.Clear();
        List<double> datas = new List<double> { 23, 23, 45, 26, 45, 36, 29, 30, 27, 38, 36,
52, 27, 35 };
        PathGeometry pathGeometry = GetLineChartPathGeometry(datas, 400, 30, 100);
        Path path = new Path { Data = pathGeometry, Fill = new SolidColorBrush(Colors.Red) };
        chartCanvas.Children.Add(path);
    }
```

单击生成区域图按钮后，应用程序的运行效果如图 5.4 所示。

图 5.4 动态生成区域图

5.2 实现饼图控件

前面介绍了动态生成折线图和区域图，对于简单的图形，这样通过C#代码来生成的方式是很方便的，但是当图表要实现更加复杂的逻辑的时候，这种动态生成的方式就显得力不从心了，需要利用控件封装的方式来实现更加强大的图表控件功能。本节将介绍怎样去用封装控件的方式去实现图表，用一个饼图控件作为例子进行分析。

5.2.1 自定义饼图片形形状

饼图其实就是把一个圆形分成若干块，每一块代表着一个类别的数据，我们可以把每一块图形看作是饼图片形形状。要实现一个饼图控件，首先需要做的就是要实现饼图片形形状，第4章介绍了如何实现自定义的形状，饼图片形形状也可以通过这种方式来实现。饼图片形形状有一些重要的属性，如饼图半径 Radius、内圆半径 InnerRadius、旋转角度 RotationAngle、片形角度 WedgeAngle、点 innerArcStartPoint、点 innerArcEndPoint、点 outerArcStartPoint 和点 outerArcEndPoint 等，这些属性的含义如图5.5所示。要绘制出这个饼图片形形状需要计算出4个点的坐标（点 innerArcStartPoint、点 innerArcEndPoint、点 outerArcStartPoint 和点 outerArcEndPoint），这4个点的坐标需要通过半径和角度相关的属性计算出来。计算出这4个点的坐标之后，通过这4个点创建一个 Path 图形，这个

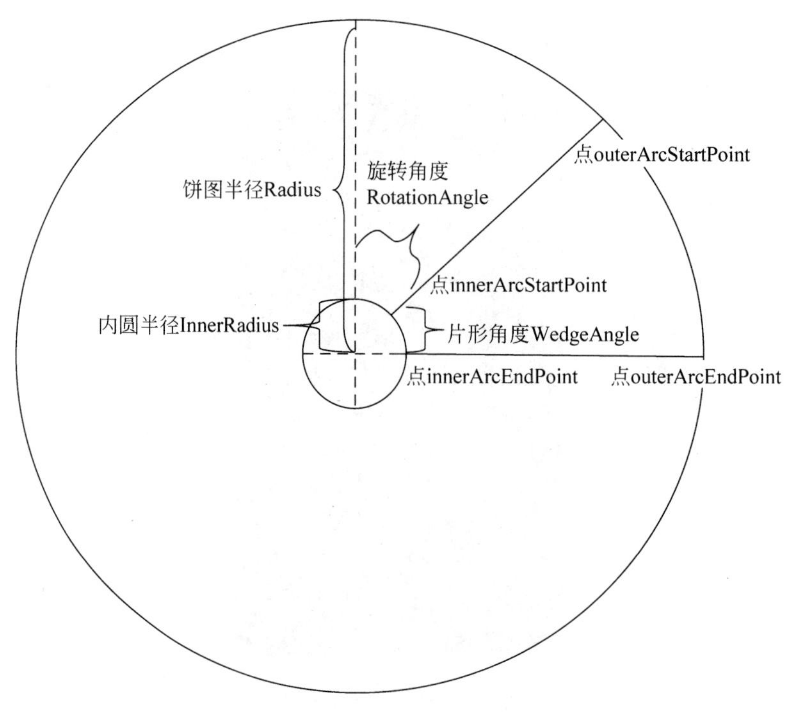

图5.5 饼图原理图

Path 图形由两条直线和两条弧线组成，形成了一个饼图片形形状。通过这种方式不仅把这个饼图片形形状创建好了，而且把这个图形在整个饼图的位置也设置好了。

代码清单 5-2：饼图图表（源代码：第 5 章\Examples_5_2）

PiePiece.cs 文件代码：自定义的饼图片形形状

```
using System;
using Windows.Foundation;
using Windows.UI.Xaml;
using Windows.UI.Xaml.Media;
using Windows.UI.Xaml.Shapes;
namespace PieChartDemo
{
    ///<summary>
    ///自定义的饼图片形形状
    ///</summary>
    class PiePiece : Path
    {
        #region 依赖属性
        //注册半径属性
        public static readonly DependencyProperty RadiusProperty =
            DependencyProperty.Register("RadiusProperty", typeof(double), typeof(PiePiece),
            new PropertyMetadata(0.0));
        //饼图半径
        public double Radius
        {
            get { return (double)GetValue(RadiusProperty); }
            set { SetValue(RadiusProperty, value); }
        }
        //注册饼图片形单击后推出的距离
        public static readonly DependencyProperty PushOutProperty =
            DependencyProperty.Register("PushOutProperty", typeof(double), typeof(PiePiece),
            new PropertyMetadata(0.0));

        //距离饼图中心的距离
        public double PushOut
        {
            get { return (double)GetValue(PushOutProperty); }
            set { SetValue(PushOutProperty, value); }
        }
        //注册饼图内圆半径属性
        public static readonly DependencyProperty InnerRadiusProperty =
            DependencyProperty.Register("InnerRadiusProperty", typeof(double), typeof
(PiePiece),
            new PropertyMetadata(0.0));

        //饼图内圆半径
        public double InnerRadius
```

```
        {
            get { return (double)GetValue(InnerRadiusProperty); }
            set { SetValue(InnerRadiusProperty, value); }
        }
        //注册饼图片形的角度属性
        public static readonly DependencyProperty WedgeAngleProperty =
            DependencyProperty.Register("WedgeAngleProperty", typeof(double), typeof
(PiePiece),
            new PropertyMetadata(0.0));

        //饼图片形的角度
        public double WedgeAngle
        {
            get { return (double)GetValue(WedgeAngleProperty); }
            set
            {
                SetValue(WedgeAngleProperty, value);
                this.Percentage = (value/360.0);
            }
        }
        //注册饼图片形旋转角度的属性
        public static readonly DependencyProperty RotationAngleProperty =
            DependencyProperty.Register("RotationAngleProperty", typeof(double),
typeof(PiePiece),
            new PropertyMetadata(0.0));

        //旋转的角度
        public double RotationAngle
        {
            get { return (double)GetValue(RotationAngleProperty); }
            set { SetValue(RotationAngleProperty, value); }
        }
        //注册中心点的x坐标属性
        public static readonly DependencyProperty CentreXProperty =
            DependencyProperty.Register("CentreXProperty", typeof(double), typeof
(PiePiece),
            new PropertyMetadata(0.0));

        //中心点的x坐标
        public double Centerx
        {
            get { return (double)GetValue(CenterXProperty); }
            set { SetValue(CenterxProperty, value); }
        }
        //注册中心点的y坐标属性
        public static readonly DependencyProperty CenteryProperty =
            DependencyProperty.Register("CenterYProperty", typeof(double), typeof(PiePiece),
            new PropertyMetadata(0.0));

        //中心点的y坐标
```

```
        public double Centery
        {
            get { return (double)GetValue(CenteryProperty); }
            set { SetValue(CenteryProperty, value); }
        }
        //注册该饼图片形所占饼图的百分比属性
        public static readonly DependencyProperty PercentageProperty =
            DependencyProperty.Register("PercentageProperty", typeof(double), typeof
(PiePiece),
            new PropertyMetadata(0.0));

        //饼图片形所占饼图的百分比
        public double Percentage
        {
            get { return (double)GetValue(PercentageProperty); }
            private set { SetValue(PercentageProperty, value); }
        }

        //注册该饼图片形所代表的数值属性
        public static readonly DependencyProperty PieceValueProperty =
            DependencyProperty.Register("PieceValueProperty", typeof(double), typeof
(PiePiece),
            new PropertyMetadata(0.0));

        //该饼图片形所代表的数值
        public double PieceValue
        {
            get { return (double)GetValue(PieceValueProperty); }
            set { SetValue(PieceValueProperty, value); }
        }
        #endregion
        public PiePiece()
        {
            CreatePathData(0, 0);
        }

        private double lastWidth = 0;
        private double lastHeight = 0;
        private PathFigure figure;
        //在图形中添加一个点
        private void AddPoint(double x, double y)
        {
            LineSegment segment = new LineSegment();
            segment.Point = new Point(x + 0.5 * StrokeThickness,
                y + 0.5 * StrokeThickness);
            figure.Segments.Add(segment);
        }
        //在图形中添加一条线段
        private void AddLine(Point point)
        {
```

```
            LineSegment segment = new LineSegment();
            segment.Point = point;
            figure.Segments.Add(segment);
        }
        //在图形中添加一个圆弧
        private void AddArc(Point point, Size size, bool largeArc, SweepDirection sweepDirection)
        {
            ArcSegment segment = new ArcSegment();
            segment.Point = point;
            segment.Size = size;
            segment.IsLargeArc = largeArc;
            segment.SweepDirection = sweepDirection;
            figure.Segments.Add(segment);
        }

        private void CreatePathData(double width, double height)
        {
            //用于退出布局的循环逻辑
            if (lastWidth == width && lastHeight == height) return;
            lastWidth = width;
            lastHeight = height;

            Point startPoint = new Point(CentreX, CentreY);
            //计算饼图片形内圆弧的开始点
            Point innerArcStartPoint = ComputeCartesianCoordinate(RotationAngle, InnerRadius);
            //根据中心点来校正坐标的位置
            innerArcStartPoint = Offset(innerArcStartPoint,CentreX, CentreY);
            //计算饼图片形内圆弧的结束点
            Point   innerArcEndPoint   =   ComputeCartesianCoordinate  ( RotationAngle   +
WedgeAngle, InnerRadius);
            innerArcEndPoint = Offset(innerArcEndPoint, CentreX, CentreY);
            //计算饼图片形外圆弧的开始点
            Point outerArcStartPoint = ComputeCartesianCoordinate(RotationAngle, Radius);
            outerArcStartPoint = Offset(outerArcStartPoint, CentreX, CentreY);
            //计算饼图片形外圆弧的结束点
            Point outerArcEndPoint = ComputeCartesianCoordinate(RotationAngle + WedgeAngle,
Radius);
            outerArcEndPoint = Offset(outerArcEndPoint, CentreX, CentreY);
            //判断饼图片形的角度是否大于 180 度
            bool largeArc = WedgeAngle > 180.0;
            //把扇面饼图往偏离中心点推出一部分
            if (PushOut > 0)
            {
                Point offset = ComputeCartesianCoordinate(RotationAngle + WedgeAngle/2,
PushOut);

                //根据偏移量来重新设置圆弧的坐标
                innerArcStartPoint = Offset(innerArcStartPoint,offset.X, offset.Y);
                innerArcEndPoint = Offset(innerArcEndPoint,offset.X, offset.Y);
                outerArcStartPoint = Offset(outerArcStartPoint,offset.X, offset.Y);
                outerArcEndPoint = Offset(outerArcEndPoint,offset.X, offset.Y);
            }
```

```
            //外圆的大小
            Size outerArcSize = new Size(Radius, Radius);
            //内圆的大小
            Size innerArcSize = new Size(InnerRadius, InnerRadius);
            var geometry = new PathGeometry();
            figure = new PathFigure();
            //从内圆开始坐标开始画一个闭合的扇形图形
            figure.StartPoint = innerArcStartPoint;
            AddLine(outerArcStartPoint);
            AddArc(outerArcEndPoint, outerArcSize, largeArc, SweepDirection.Clockwise);
            AddLine(innerArcEndPoint);
            AddArc(innerArcStartPoint, innerArcSize, largeArc, SweepDirection.Counterclockwise);
            figure.IsClosed = true;
            geometry.Figures.Add(figure);
            this.Data = geometry;
        }

        protected override Size MeasureOverride(Size availableSize)
        {
            return availableSize;
        }

        protected override Size ArrangeOverride(Size finalSize)
        {
            CreatePathData(finalSize.Width, finalSize.Height);
            return finalSize;
        }
        //把点进行偏移转换
        private Point Offset(Point point, double offsetX, double offsetY)
        {
            point.X + = offsetX;
            point.Y + = offsetY;
            return point;
        }
        ///< summary >
        ///根据角度和半径来计算出圆弧上的点的坐标
        ///</summary >
        ///< param name = "angle">角度</param >
        ///< param name = "radius">半径</param >
        ///< returns >圆弧上的点坐标</returns >
        private Point ComputeCartesianCoordinate(double angle, double radius)
        {
            //转换成弧度单位
            double angleRad = (Math.PI/180.0) * (angle - 90);
            double x = radius * Math.Cos(angleRad);
            double y = radius * Math.Sin(angleRad);
            return new Point(x, y);
        }
    }
}
```

5.2.2 封装饼图控件

创建好了 PiePiece 形状之后，就要开始创建利用 PiePiece 形状来创建饼图控件了。创建饼图控件是通过 UserControl 控件来实现的，UserControl 控件的 XAML 代码里面只有一个 Grid 面板，是用来加载 PiePiece 形状来组成饼图。XAML 代码如下：

PiePlotter.xaml 文件代码

```
<UserControl x:Class = "PieChartDemo.PiePlotter"
    xmlns = "http://schemas.microsoft.com/winfx/2006/xaml/presentation"
    xmlns:x = "http://schemas.microsoft.com/winfx/2006/xaml"
    xmlns:d = "http://schemas.microsoft.com/expression/blend/2008"
    xmlns:mc = "http://schemas.openxmlformats.org/markup-compatibility/2006"
    mc:Ignorable = "d"
    FontFamily = "{StaticResource PhoneFontFamilyNormal}"
    FontSize = "{StaticResource PhoneFontSizeNormal}"
    Foreground = "{StaticResource PhoneForegroundBrush}"
    d:DesignHeight = "480" d:DesignWidth = "480" >
    <Grid x:Name = "LayoutRoot"></Grid>
</UserControl>
```

在实现饼图之前，需要知道饼图里面的数据集合，那么还需要用一个实体类 PieDataItem 来表示饼图的数据项，它有两个属性：一个是表示图形的数值 Value 属性；另一个是表示饼图片形块的颜色 Brush 属性。PieDataItem 代码如下：

PieDataItem.cs 文件代码

```
using Windows.UI.Xaml Media;
namespace PieChartDemo
{
    ///<summary>
    ///饼图数据实体
    ///</summary>
    public class PieDataItem
    {
        public double Value { get; set; }
        public SolidColorBrush Brush { get; set; }
    }
}
```

下面来实现饼图控件加载的逻辑，在饼图控件里面还需要自定义一些相关的属性，用来传递相关的参数。属性 HoleSize 表示饼图内圆的大小，按照比例来计算；属性 PieWidth 表示饼图的宽度。饼图的数据集合是通过控件的数据上下文属性 DataContext 属性来传递，在初始化饼图的时候需要把 DataContext 的数据读取出来然后再创建 PiePiece 图形。每个 PiePiece 图形都添加了 Tap 事件，用来实现当用户单击饼图的时候，相应的某一块会往外推出去。代码如下：

PiePlotter.xaml.cs 文件代码

```
using System.Collections.Generic;
using Windows.UI.Xaml;
using Windows.UI.Xaml.Controls;
using Windows.UI.Xaml.Input;

namespace PieChartDemo
{
    ///<summary>
    ///饼图控件
    ///</summary>
    public partial class PiePlotter : UserControl
    {

        #region dependency properties
        //注册内圆大小属性
        public static readonly DependencyProperty HoleSizeProperty =
                    DependencyProperty.Register("HoleSize", typeof(double), typeof
(PiePlotter), new PropertyMetadata(0.0));
        //内圆的大小,按照比例来计算
        public double HoleSize
        {
            get { return (double)GetValue(HoleSizeProperty); }
            set
            {
                SetValue(HoleSizeProperty, value);
            }
        }
        //注册饼图宽度属性
        public static readonly DependencyProperty PieWidthProperty =
                    DependencyProperty.Register("PieWidth", typeof(double), typeof
(PiePlotter), new PropertyMetadata(0.0));

        //饼图宽度
        public double PieWidth
        {
            get { return (double)GetValue(PieWidthProperty); }
            set { SetValue(PieWidthProperty, value); }
        }

        #endregion
        //饼图的片形 PiePiece 的集合
        private List<PiePiece> piePieces = new List<PiePiece>();
```

```
//选中的当前饼图的数据项
private PieDataItem CurrentItem;

public PiePlotter()
{
    InitializeComponent();
}

//初始化展示饼图的方法
public void ShowPie()
{
    //获取控件的数据上下文,转化成数据集合
    List<PieDataItem> myCollectionView = (List<PieDataItem>)this.DataContext;
    if (myCollectionView == null)
        return;
    //半径的大小
    double halfWidth = PieWidth/2;
    //内圆半径大小
    double innerRadius = halfWidth * HoleSize;
    //计算图表数据的总和
    double total = 0;
    foreach (PieDataItem item in myCollectionView)
    {
        total + = item.Value;
    }
    //通过 PiePiece 构建饼图
    LayoutRoot.Children.Clear();
    piePieces.Clear();
    double accumulativeAngle = 0;
    foreach (PieDataItem item in myCollectionView)
    {
        bool selectedItem = item == CurrentItem;
        double wedgeAngle = item.Value * 360/total;
        //根据数据来创建饼图的每一块图形
        PiePiece piece = new PiePiece()
        {
            Radius = halfWidth,
            InnerRadius = innerRadius,
            CentreX = halfWidth,
            CentreY = halfWidth,
            PushOut = (selectedItem ? 10.0 : 0),
            WedgeAngle = wedgeAngle,
            PieceValue = item.Value,
            RotationAngle = accumulativeAngle,
            Fill = item.Brush,
            Tag = item
        };
```

```
                //添加饼图片形的单击事件
                piece.Tapped + = piece_Tap;
                piePieces.Add(piece);
                LayoutRoot.Children.Add(piece);
                accumulativeAngle + = wedgeAngle;
            }
        }

        void piece_Tapped(object sender, GestureEventArgs e)
        {
            PiePiece piePiece = sender as PiePiece;
            CurrentItem = piePiece.Tag as PieDataItem;
            ShowPie();
        }
    }
}
```

在调用饼图控件时需要引用控件所属的空间，然后在XAML上调用饼图控件。

MainPage.xaml 文件主要代码

```
    …省略若干代码
xmlns:local = "using:PieChartDemo"
    …省略若干代码
    < local:PiePlotter x:Name = "piePlotter" Width = "400" Height = "400" PieWidth = "400"
HoleSize = "0.2"></local:PiePlotter >
```

在C#代码里面，对饼图的DataContext属性进行赋值饼图的数据集合，然后调用ShowPie方法初始化饼图。代码如下：

MainPage.xaml.cs 文件主要代码

```
public MainPage()
{
    InitializeComponent();
    List < PieDataItem > datas = new List < PieDataItem >();
    datas.Add(new PieDataItem {Value = 30, Brush = new SolidColorBrush(Colors.Red)});
    datas.Add(new PieDataItem  {Value = 40,Brush = new SolidColorBrush(Colors.Orange) });
    datas.Add(new PieDataItem  {Value = 50,Brush = new SolidColorBrush(Colors.Blue) });
    datas.Add(new PieDataItem  {Value = 30,Brush = new SolidColorBrush(Colors.LightGray) });
    datas.Add(new PieDataItem  {Value = 20,Brush = new SolidColorBrush(Colors.Purple) });
    datas.Add(new PieDataItem  {Value = 40,Brush = new SolidColorBrush(Colors.Green) });
    piePlotter.DataContext = datas;
    piePlotter.ShowPie();
}
```

应用程序的运行效果如图5.6所示。

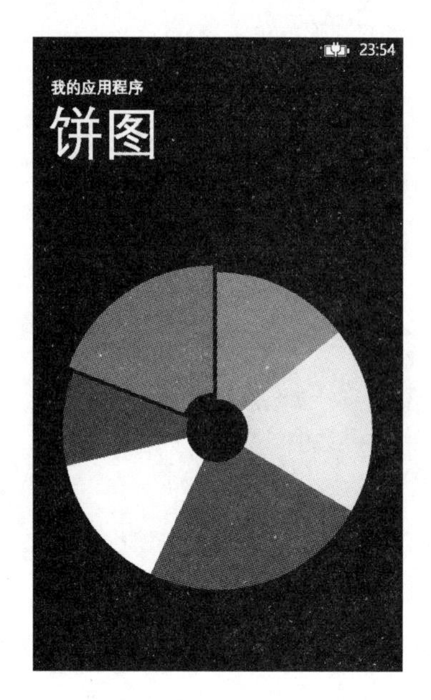

图 5.6 饼图图表

5.3 线性报表

5.1 节介绍了动态生成折线图和区域图，那里是仅仅创建了图形；本节介绍一个完整的线性报表的例子，一个完整的线性报表会包括网格图、坐标轴、图例和线性图形这四部分。网格图是指报表背景的网格，主要目的是可以清晰地看到坐标点的位置。坐标轴就是水平坐标体系的 x 轴和 y 轴。图例是集中于报表一角或一侧的报表上各种符号和颜色所代表内容与指标的说明，有助于更好的认识报表。线性图形就是图表里面的主体图形。下面来看一下怎么去封装线性报表的这些模块。

5.3.1 实现图形表格和坐标轴

首先封装一个图表的基础样式的类 ChartStyle 类，这个类主要是定义了 x 轴、y 轴的坐标范围，网格面板的大小和把网格面板的点转化为坐标体系的点的方法。ChartStyle 类代码如下：

代码清单 5-3：线性报表（源代码：第 5 章\Examples_5_3）

ChartStyle.cs 文件代码

```
using Windows.Foundation;
using Windows.UI.Xaml.Controls;
```

```
namespace LineChartReportDemo
{
    ///< summary >
    ///图表基础样式类
    ///</summary>
    public class ChartStyle
    {
        //x 轴最小坐标
        private double xmin = 0;
        public double Xmin
        {
            get { return xmin; }
            set { xmin = value; }
        }
        //x 轴最大坐标
        private double xmax = 1;
        public double Xmax
        {
            get { return xmax; }
            set { xmax = value; }
        }
        //y 轴最小坐标
        private double ymin = 0;
        public double Ymin
        {
            get { return ymin; }
            set { ymin = value; }
        }
        //y 轴最大坐标
        private double ymax = 1;
        public double Ymax
        {
            get { return ymax; }
            set { ymax = value; }
        }
        //网格面板
        private Canvas chartCanvas;
        public Canvas ChartCanvas
        {
            get { return chartCanvas; }
            set { chartCanvas = value; }
        }
        public ChartStyle()
        {
        }
        //定义网格面板的宽度和高度
        public void ResizeCanvas(double width, double height)
        {
            ChartCanvas.Width = width;
            ChartCanvas.Height = height;
```

```
            }
            //把面板的点转化成为图表坐标体系的点坐标
            public Point NormalizePoint(Point pt)
            {
                if (ChartCanvas.Width.ToString() == "NaN")
                    ChartCanvas.Width = 400;
                if (ChartCanvas.Height.ToString() == "NaN")
                    ChartCanvas.Height = 400;
                Point result = new Point();
                result.X = (pt.X - Xmin) * ChartCanvas.Width/(Xmax - Xmin);
                result.Y = ChartCanvas.Height - (pt.Y - Ymin) * ChartCanvas.Height/(Ymax - Ymin);
                return result;
            }
        }
    }
```

从 ChartStyle 类派生出 ChartStyleGridlines 类表示网格线条类，通过 ChartStyleGridlines 类来初始化图表的网格线条和 x 轴、y 轴。ChartStyleGridlines 类定义了图表的标题、x 轴与 y 轴单位间距、网格颜色等属性，是用 Line 对象来绘制网格的图表。ChartStyleGridlines 类代码如下：

ChartStyleGridlines.cs 文件代码

```
using System;
using Windows.Foundation;
using Windows.UI;
using Windows.UI.Xaml;
using Windows.UI.Xaml.Controls;
using Windows.UI.Xaml.Media;
using Windows.UI.Xaml.Shapes;
namespace LineChartReportDemo
{
    ///<summary>
    ///网格线条类
    ///</summary>
    public class ChartStyleGridlines : ChartStyle
    {
        //图表标题
        private string title;
        public string Title
        {
            get { return title; }
            set { title = value; }
        }
        //添加 x 轴和 y 轴的面板
        private Canvas textCanvas;
        public Canvas TextCanvas
        {
            get { return textCanvas; }
```

```
    set { textCanvas = value; }
}
//是否创建水平线条
private bool isXGrid = true;
public bool IsXGrid
{
    get { return isXGrid; }
    set { isXGrid = value; }
}
//是否创建垂直线条
private bool isYGrid = true;
public bool IsYGrid
{
    get { return isYGrid; }
    set { isYGrid = value; }
}
//网格颜色画刷
private Brush gridlineColor = new SolidColorBrush(Colors.LightGray);
public Brush GridlineColor
{
    get { return gridlineColor; }
    set { gridlineColor = value; }
}
//x轴单位间距
private double xTick = 1;
public double xTick
{
    get { return xTick; }
    set { xTick = value; }
}
//y轴单位间距
private double yTick = 0.5;
public double yTick
{
    get { return yTick; }
    set { yTick = value; }
}
//线条类型
private GridlinePatternEnum gridlinePattern;
public GridlinePatternEnum GridlinePattern
{
    get { return gridlinePattern; }
    set { gridlinePattern = value; }
}
private double leftOffset = 20;
private double bottomOffset = 15;
private double rightOffset = 10;
private Line gridline = new Line();

public ChartStyleGridlines()
```

```
{
    title = "Title";
}
//添加网格图表的样式
public void AddChartStyle(TextBlock tbTitle)
{
    Point pt = new Point();
    Line tick = new Line();
    double offset = 0;
    double dx, dy;
    TextBlock tb = new TextBlock();
    //确定右边的偏移量
    tb.Text = xmax.ToString();
    tb.Measure(new Size(Double.PositiveInfinity, Double.PositiveInfinity));
    Size size = tb.DesiredSize;
    rightOffset = size.Width/2 + 2;
    //确定左边的偏移量
    for (dy = ymin; dy <= ymax; dy += yTick)
    {
        pt = NormalizePoint(new Point(xmin, dy));
        tb = new TextBlock();
        tb.Text = dy.ToString();
        tb.TextAlignment = TextAlignment.Right;
        tb.Measure(new Size(Double.PositiveInfinity, Double.PositiveInfinity));
        size = tb.DesiredSize;
        if (offset < size.Width)
            offset = size.Width;
    }
    leftOffset = offset + 5;
    ChartCanvas.Width = TextCanvas.Width - leftOffset - rightOffset;
    ChartCanvas.Height = TextCanvas.Height - bottomOffset - size.Height/2;
    Canvas.SetLeft(ChartCanvas, leftOffset);
    Canvas.SetTop(ChartCanvas, bottomOffset);
    //创建报表的边框
    Rectangle chartRect = new Rectangle();
    chartRect.Stroke = new SolidColorBrush(Colors.Black);
    chartRect.Width = ChartCanvas.Width;
    chartRect.Height = ChartCanvas.Height;
    ChartCanvas.Children.Add(chartRect);
    //创建垂直线条
    if (IsyGrid == true)
    {
        for (dx = xmin + xTick; dx < xmax; dx += xTick)
        {
            gridline = new Line();
            AddLinePattern();
            gridline.x1 = NormalizePoint(new Point(dx, ymin)).x;
            gridline.y1 = NormalizePoint(new Point(dx, ymin)).y;
            gridline.x2 = NormalizePoint(new Point(dx, ymax)).x;
```

```
            gridline.y2 = NormalizePoint(new Point(dx, Ymax)).y;
            ChartCanvas.Children.Add(gridline);
        }
    }
    //创建水平线条
    if (IsxGrid == true)
    {
        for (dy = ymin + yTick; dy < ymax; dy + = yTick)
        {
            gridline = new Line();
            AddLinePattern();
            gridline.x1 = NormalizePoint(new Point(xmin, dy)).x;
            gridline.y1 = NormalizePoint(new Point(xmin, dy)).y;
            gridline.x2 = NormalizePoint(new Point(xmax, dy)).x;
            gridline.y2 = NormalizePoint(new Point(xmax, dy)).y;
            ChartCanvas.Children.Add(gridline);
        }
    }
    //创建 x 轴
    for (dx = xmin; dx < = xmax; dx + = xTick)
    {
        pt = NormalizePoint(new Point(dx, ymin));
        tick = new Line();
        tick.Stroke = new SolidColorBrush(Colors.Black);
        tick.x1 = pt.x;
        tick.y1 = pt.y;
        tick.x2 = pt.x;
        tick.y2 = pt.y - 5;
        ChartCanvas.Children.Add(tick);
        tb = new TextBlock();
        tb.Text = dx.ToString();
        tb.Measure(new Size(Double.PositiveInfinity, Double.PositiveInfinity));
        size = tb.DesiredSize;
        TextCanvas.Children.Add(tb);
        Canvas.SetLeft(tb, leftOffset + pt.x - size.Width/2);
        Canvas.SetTop(tb, pt.y + 10 + size.Height/2);
    }
    //创建 y 轴
    for (dy = ymin; dy < = ymax; dy + = yTick)
    {
        pt = NormalizePoint(new Point(Xmin, dy));
        tick = new Line();
        tick.Stroke = new SolidColorBrush(Colors.Black);
        tick.x1 = pt.x;
        tick.y1 = pt.y;
        tick.x2 = pt.x + 5;
        tick.y2 = pt.y;
        ChartCanvas.Children.Add(tick);
        tb = new TextBlock();
        tb.Text = dy.ToString();
```

```
                tb.Measure(new Size(Double.PositiveInfinity, Double.PositiveInfinity));
                size = tb.DesiredSize;
                TextCanvas.Children.Add(tb);
                Canvas.SetLeft(tb, - 30);
                Canvas.SetTop(tb, pt.Y);
            }
            //图表标题
            tbTitle.Text = Title;
        }
        //添加线条的样式
        public void AddLinePattern()
        {
            gridline.Stroke = GridlineColor;
            gridline.StrokeThickness = 1;
            switch (GridlinePattern)
            {
                case GridlinePatternEnum.Dash:
                    DoubleCollection doubleCollection = new DoubleCollection();
                    doubleCollection.Add(4);
                    doubleCollection.Add(3);
                    gridline.StrokeDashArray = doubleCollection;
                    break;
                case GridlinePatternEnum.Dot:
                    doubleCollection = new DoubleCollection();
                    doubleCollection.Add(1);
                    doubleCollection.Add(2);
                    gridline.StrokeDashArray = doubleCollection;
                    break;
                case GridlinePatternEnum.DashDot:
                    doubleCollection = new DoubleCollection();
                    doubleCollection.Add(4);
                    doubleCollection.Add(2);
                    doubleCollection.Add(1);
                    doubleCollection.Add(2);
                    gridline.StrokeDashArray = doubleCollection;
                    break;
            }
        }
        public enum GridlinePatternEnum
        {
            Solid = 1,
            Dash = 2,
            Dot = 3,
            DashDot = 4
        }
    }
}
```

5.3.2 定义线性数据图形类

线性数据图是在报表展现数据走势的图形，那么我们定义一个线性数据图形类

DataSeries，在这个类里面定义了一个多边形 Polyline 类的属性 LineSeries 来表示绘制线性图形，此外，还有线条颜色属性 LineColor、线条大小属性 LineThickness、线条类型属性 LinePattern 和图形名称属性 SeriesName。DataSeries 类代码如下：

DataSeries.cs 文件代码

```
using Windows.UI;
using Windows.UI.Xaml.Media;
using Windows.UI.Xaml.Shapes;

namespace LineChartReportDemo
{
    ///<summary>
    ///线性数据图形类
    ///</summary>
    public class DataSeries
    {
        //线性图表
        private Polyline lineSeries = new Polyline();
        public Polyline LineSeries
        {
            get { return lineSeries; }
            set { lineSeries = value; }
        }
        //线条颜色
        private Brush lineColor;
        public Brush LineColor
        {
            get { return lineColor; }
            set { lineColor = value; }
        }
        //线条大小
        private double lineThickness = 1;
        public double LineThickness
        {
            get { return lineThickness; }
            set { lineThickness = value; }
        }
        //线条类型
        private LinePatternEnum linePattern;
        public LinePatternEnum LinePattern
        {
            get { return linePattern; }
            set { linePattern = value; }
        }
        //图形名称
        private string seriesName = "Default Name";
        public string SeriesName
```

```
            {
                get { return seriesName; }
                set { seriesName = value; }
            }
            public DataSeries()
            {
                LineColor = new SolidColorBrush(Colors.Black);
            }
            //添加线条的样式
            public void AddLinePattern()
            {
                …省略若干代码
            }
            public enum LinePatternEnum
            {
                Solid = 1,
                Dash = 2,
                Dot = 3,
                DashDot = 4,
                None = 5
            }
        }
    }
```

上面的 DataSeries 类只是封装了单个线性图形的基本属性和形状。下面再定义一个 DataCollection 类表示图形数据集合类，用于实现把线性图形按照定义的坐标体系添加到界面的面板上。DataCollection 类代码如下：

DataCollection.cs 文件主要代码

```
using System.Collections.Generic;
using Windows.UI.Xaml.Controls;
namespace LineChartReportDemo
{
    ///<summary>
    ///图形数据集合类
    ///</summary>
    public class DataCollection
    {
        //线性数据图形类集合
        private List<DataSeries> dataList;
        public List<DataSeries> DataList
        {
            get { return dataList; }
            set { dataList = value; }
        }
        public DataCollection()
        {
            dataList = new List<DataSeries>();
```

```
        }
        //往 Canvas 面板上按照坐标系的坐标来添加线性图形
        public void AddLines(Canvas canvas, ChartStyle cs)
        {
            int j = 0;
            foreach (DataSeries ds in DataList)
            {
                if (ds.SeriesName == "Default Name")
                {
                    ds.SeriesName = "DataSeries" + j.ToString();
                }
                ds.AddLinePattern();
                for (int i = 0; i < ds.LineSeries.Points.Count; i++)
                {
                    ds.LineSeries.Points[i] = cs.NormalizePoint(ds.LineSeries.Points[i]);
                }
                canvas.Children.Add(ds.LineSeries);
                j++;
            }
        }
    }
}
```

5.3.3 实现图例

图例的实现其实就是把整个报表用到的图形用简单的线段画出来并标注名称，那么图例类 Legend 类里面定义了一个 AddLegend 方法，通过使用报表中的 ChartStyleGridlines 对象和 DataCollection 对象作为参数，然后取出报表中图形的样本和名称，添加到 Canvas 面板上，这样就实现了一个图例的模块。Legend 类的 AddLegend 方法代码如下：

Legend.cs 文件主要代码

```
///<summary>
///添加图例
///</summary>
///<param name="cs">报表的网格图形对象</param>
///<param name="dc">报表的图形数据集合对象</param>
public void AddLegend(ChartStyleGridlines cs, DataCollection dc)
{
    TextBlock tb = new TextBlock();
    if (dc.DataList.Count < 1 || !IsLegend)
        return;
    int n = 0;
    //取出每个图形的名称
    string[] legendLabels = new string[dc.DataList.Count];
    foreach (DataSeries ds in dc.DataList)
    {
```

```
            legendLabels[n] = ds.SeriesName;
            n++;
        }
        double legendWidth = 0;
        Size size = new Size(0, 0);
        //创建每个图形名称的 TextBlock 控件
        for (int i = 0; i < legendLabels.Length; i++)
        {
            tb = new TextBlock();
            tb.Text = legendLabels[i];
            tb.Measure(new Size(Double.PositiveInfinity, Double.PositiveInfinity));
            size = tb.DesiredSize;
            if (legendWidth < size.Width)
                legendWidth = size.Width;
        }
        //80 是预留给线条示例的长度位置
        legendWidth + = 80;
        legendCanvas.Width = legendWidth + 5;
        //30 是分配给每个图形示例的高度
        double legendHeight = 30 * dc.DataList.Count;
        double textHeight = size.Height;
        double lineLength = 34;
        //创建图例的边框
        Rectangle legendRect = new Rectangle();
        legendRect.Stroke = new SolidColorBrush(Colors.Black);
        legendRect.Width = legendWidth;
        legendRect.Height = legendHeight;
        if (IsLegend && IsBorder)
            LegendCanvas.Children.Add(legendRect);
        n = 1;
        //创建每个图形的线段
        foreach (DataSeries ds in dc.DataList)
        {
            double xSymbol = sx + lineLength/2;
            double xText = 2 * sx + lineLength;
            double yText = n * sy + (2 * n - 1) * textHeight/2;
            Line line = new Line();
            AddLinePattern(line, ds);
            line.x1 = sx;
            line.y1 = yText;
            line.x2 = sx + lineLength;
            line.y2 = yText;
            LegendCanvas.Children.Add(line);
            tb = new TextBlock();
            tb.FontSize = 15;
            tb.Text = ds.SeriesName;
            LegendCanvas.Children.Add(tb);
            Canvas.SetTop(tb, yText - 15);
            Canvas.SetLeft(tb, xText + 10);
            n++;
        }
    }
```

5.3.4 实现线性报表

上面已经把图形表格、坐标轴、线性数据图形和图例的相关逻辑都封装好了，下面就要利用这些封装好的模块来创建一个线性报表。首先，需要在 XAML 页面上定义三个 Canvas 面板分别表示图例面板、坐标轴面板和线性图形面板。然后在利用上面封装的类来初始化这些面板生成线性报表。代码如下：

MainPage.xaml 文件主要代码

```
<Grid x:Name = "ContentPanel" Grid.Row = "1">
    <Grid.RowDefinitions>
        <RowDefinition Height = "80"/>
        <RowDefinition Height = " * "/>
    </Grid.RowDefinitions>
    <! -- 图例面板 -->
    <Canvas x:Name = "legendCanvas" Grid.Row = "0" Height = "80" Width = "200"/>
    <! -- 坐标轴面板 -->
    <Canvas x:Name = "textCanvas" Width = "300" Height = "300" Grid.Row = "1" >
        <! -- 线性图形面板 -->
        <Canvas x:Name = "chartCanvas" Width = "300" Height = "300"/>
    </Canvas>
</Grid>
```

MainPage.xaml.cs 文件主要代码

```
public partial class MainPage : PhoneApplicationPage
{
    //网格图形
    private ChartStyleGridlines cs;
    //图例
    private Legend lg = new Legend();
    //图形数据集合
    private DataCollection dc = new DataCollection();
    //线性数据图形
    private DataSeries ds = new DataSeries();
    public MainPage()
    {
        InitializeComponent();
        AddChart();
    }
    //添加图表
    private void AddChart()
    {
        //添加报表的网格图形
        cs = new ChartStyleGridlines();
        cs.ChartCanvas = chartCanvas;
```

```
cs.TextCanvas = textCanvas;
cs.Title = "Sine and Cosine Chart";
cs.Xmin = 0;
cs.Xmax = 7;
cs.Ymin = -1.5;
cs.Ymax = 1.5;
cs.YTick = 0.5;
cs.GridlinePattern = ChartStyleGridlines.GridlinePatternEnum.Dot;
cs.GridlineColor = new SolidColorBrush(Colors.Black);
cs.AddChartStyle(tbTitle);
//画 Sine 曲线图形
ds.LineColor = new SolidColorBrush(Colors.Blue);
ds.LineThickness = 1;
ds.SeriesName = "Sine";
//计算出图形中的一系列的点,然后用线段连接起来
for (int i = 0; i < 36; i++)
{
    double x = i/5.0;
    double y = Math.Sin(x);
    ds.LineSeries.Points.Add(new Point(x, y));
}
dc.DataList.Add(ds);
//画 cosine 曲线图形
ds = new DataSeries();
ds.LineColor = new SolidColorBrush(Colors.Red);
ds.SeriesName = "Cosine";
ds.LinePattern = DataSeries.LinePatternEnum.DashDot;
ds.LineThickness = 2;
for (int i = 0; i < 36; i++)
{
    double x = i/5.0;
    double y = Math.Cos(x);
    ds.LineSeries.Points.Add(new Point(x, y));
}
dc.DataList.Add(ds);
//画 sine^2 曲线图形
ds = new DataSeries();
ds.LineColor = new SolidColorBrush(Colors.Green);
ds.SeriesName = "Sine^2";
ds.LinePattern = DataSeries.LinePatternEnum.Dot;
ds.LineThickness = 2;
for (int i = 0; i < 36; i++)
{
    double x = i/5.0;
    double y = Math.Sin(x) * Math.Sin(x);
    ds.LineSeries.Points.Add(new Point(x, y));
}
dc.DataList.Add(ds);
dc.AddLines(chartCanvas, cs);
//添加图例
```

```
            lg.LegendCanvas = legendCanvas;
            lg.IsLegend = true;
            lg.IsBorder = true;
            lg.AddLegend(cs, dc);
        }
    }
```

应用程序的运行效果如图 5.7 所示。

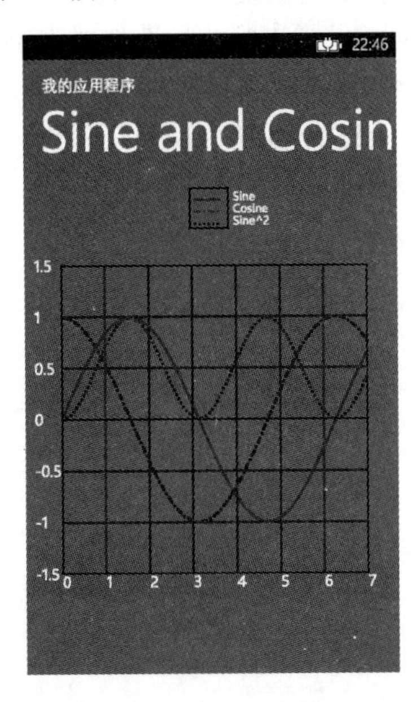

图 5.7　线性报表

5.4 QuickCharts 图表控件库

QuickCharts 图表控件是 Amcharts 公司提供的一个开源的图表控件库，这个控件库支持 WPF、Silverlight 和 Windows Phone 等平台，源代码可以从 Github 网站上下载(https://github.com/ailon/amCharts-Quick-Charts)。目前，从 Github 上下载到的 QuickCharts 图表控件的源代码是基于 Windows Phone 7 上创建的，在 Windows Phone 8.1 上使用需要升级到 Windows Phone 8.1 的项目工程才能使用，手动升级的时候需要对部分的代码进行调整和重新编写，那么本书源代码里面已经包含了使用 Windows Phone 8.1 SDK 重新编写的 QuickCharts 图表控件的源码，详细代码请参考源代码目录第 5 章\Examples_5_4。QuickCharts 图表控件封装了一些常用的图表控件如饼图、柱形图、折线图、区域图等，可以直接在项目中进行其提供的图表控件来创建图表。使用 QuickCharts 图表控件来创建图表控件是比较简单的，通过设置相关的属性就可以实现一个完整的图表，那么本节主要是根据 QuickCharts 的源码来介绍 QuickCharts 项目的结构和图表控件实现的原理，同时这也是一种实现图表的很好的思路，可以给我们实现其他的图表控件作为一个参考。

5.4.1 QuickCharts项目结构分析

打开QuickCharts的项目可以看到QuickCharts的项目结构如图5.8所示。Themes文件夹下面存放的是图表控件和控件相关模块的XAML样式文件，Generic.xaml文件是控件的样式入口文件，所有的控件都是默认从这里来读取样式的，所以在Generic.xaml里面会通过资源字典(ResourceDictionary)的方式把其他的样式文件都加载进来。在QuickCharts项目中每个样式文件都与一个相关的控件对应起来，如PieChart.xaml样式文件对应了饼图PieChart类。控件初始化时会自动到Themes/Generic.xaml这个路径下去搜索控件关联的样式，这是一种典型的自定义控件的方式。

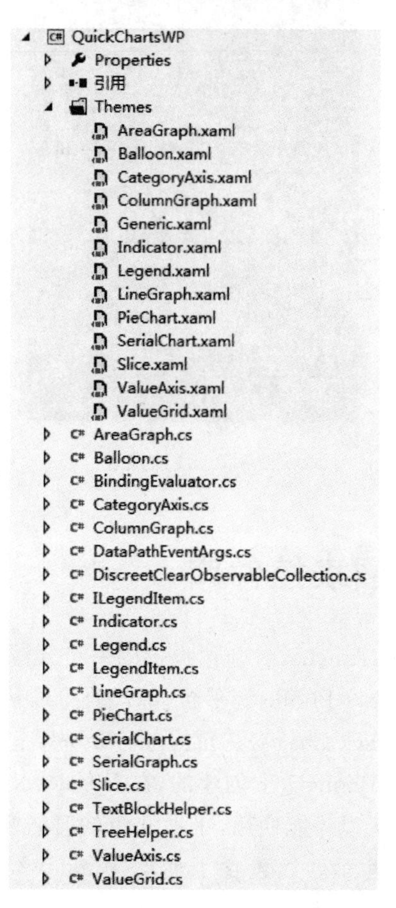

图5.8 QuickCharts的项目结构图

QuickCharts控件库里面包含了两类图表，一种是饼图图表PieChart；另一种是连续图表SerialChart。连续图表包含了线形、柱形、区域图这些图形，因为这些图形有很多共同的特点如坐标轴，网格等，所以QuickCharts控件库把这些图形进行了统一的封装处理。

QuickCharts 项目类图如图 5.9 和图 5.10 所示，主要的类和接口的说明如下：

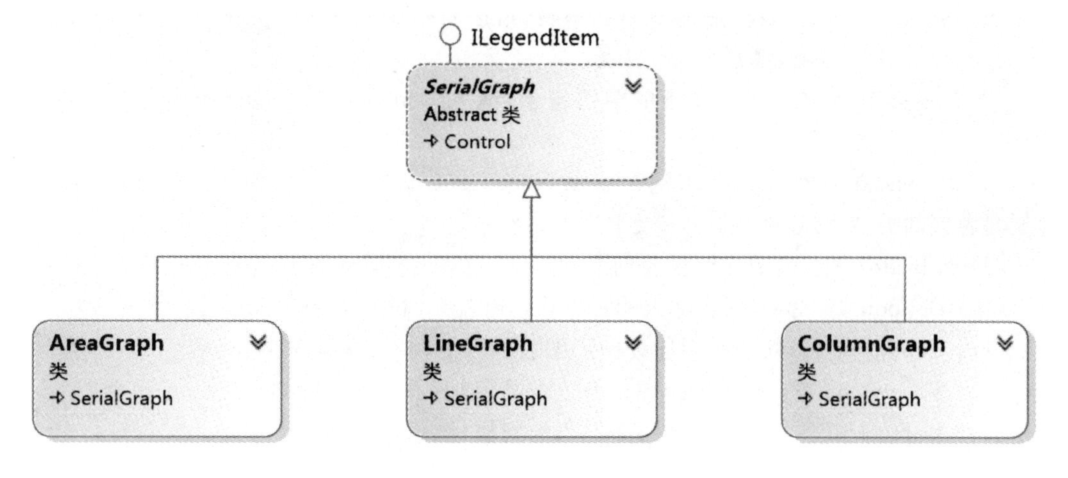

图 5.9　主要的图形类

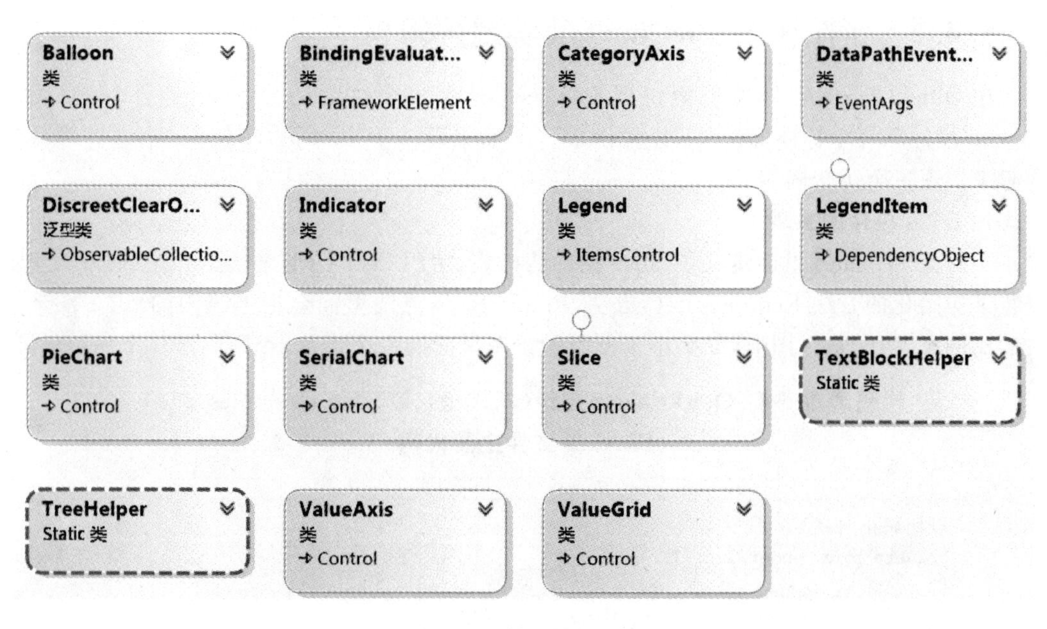

图 5.10　辅助的图形类

(1) ILegendItem 接口：定义了图例基本属性。

(2) SerialGraph 抽象类：定义了连续图表图形的基本方法和属性，继承 Control 控件和 ILegendItem 接口。

(3) AreaGraph 类：实现了区域图的逻辑，继承 SerialGraph 类。

(4) LineGraph 类：实现了线性图的逻辑，继承 SerialGraph 类。

(5) ColumnGraph 类：实现了柱形图的逻辑，继承 SerialGraph 类。

(6) SerialChart 类：表示是连续图形图表，可以看作是 AreaGraph 类、LineGraph 类和 ColumnGraph 类的容器，继承 Control 类。

(7) LegendItem 类：表示单条的图例记录，继承 DependencyObject 类和 ILegendItem 接口。

(8) Legend 类：表示图表的图例，继承 ItemsControl 类，是一个列表控件，LegendItem 为其列表项的类型。

(9) Indicator 类：表示连续图表图形的标示，继承 Control 类。

(10) Balloon 类：表示图表弹出的数据指示框提示，继承 Control 类。

(11) CategoryAxis 类：表示连续图形图表的分类轴，通常为 x 轴，继承 Control 类。

(12) ValueAxis 类：表示连续图形图表的数值轴，通常为 y 轴，继承 Control 类。

(13) ValueGrid 类：表示连续图形图表的网格，继承 Control 类。

(14) Slice 类：表示一块片形饼图，继承 Control 控件和 ILegendItem 接口。

(15) PieChart 类：表示饼图图表，继承 Control 类。

5.4.2 饼图图表 PieChart 的实现逻辑

在 QuickCharts 控件库里面饼图 PieChart 是由多个饼图切片 Slice 控件，一个图例 Legend 控件和一个标注 Balloon 控件组成。下面来看一下 PieChart 是怎么把这些模块组合起来实现一个饼图图表的。

1. Slice 控件的实现

文件 Slice.xaml 里面定义了 Slice 控件的样式，使用 Path 图形来绘图。在 Slice 类里面封装了初始化的方法 RenderSlice()方法，RenderSlice 方法里面会根据当前的 Slice 图形所占的比例来实现 Slice 图形，如果小于 1 则是饼图里面的一个切片，否则则是一个完整的圆。

代码清单 5-4：QuickCharts 控件（源代码：第 5 章\Examples_5_4）

Slice.cs 文件主要代码

```
//初始化图形
private void RenderSlice()
{
    if (_sliceVisual != null)
    {
        _sliceVisual.Fill = Brush;
        if (_percentage < 1)
        {
            RenderRegularSlice();
        }
        else
        {
            RenderSingleSlice();
        }
```

```
        }
    }
    //只有一个数据的情况,直接创建一个圆形
    private void RenderSingleSlice()
    {
        EllipseGeometry ellipse = new EllipseGeometry()
        {
            Center = new Point(0, 0),
            RadiusX = _radius,
            RadiusY = _radius
        };
        _sliceVisual.Data = ellipse;
    }
    //创建扇形图形
    private void RenderRegularSlice()
    {
        PathGeometry geometry = new PathGeometry();
        PathFigure figure = new PathFigure();
        geometry.Figures.Add(figure);
        _sliceVisual.Data = geometry;
        //根据比例计算角度
        double endAngleRad = _percentage * 360 * Math.PI/180;
        Point endPoint = new Point (_radius * Math.Cos (endAngleRad), _radius * Math.Sin
(endAngleRad));
        //添加直线
        figure.Segments.Add(new LineSegment() { Point = new Point(_radius, 0) });
        //添加弧线
        figure.Segments.Add(new ArcSegment()
        {
            Size = new Size(_radius, _radius),
            Point = endPoint,
            SweepDirection = SweepDirection.Clockwise,
            IsLargeArc = _percentage > 0.5
        });
        //添加直线
        figure.Segments.Add(new LineSegment() { Point = new Point(0, 0) });
    }
```

2. 图例 Legend 控件的实现

图例 Legend 控件是通过继承 ItemsControl 类实现了一个列表控件，列表项是由 LegendItem 类组成的，在样式文件 Legend.xaml 上可以找到这个列表控件所实现的绑定的逻辑。LegendItem 类有两个属性一个是 Brush 表示图形的颜色画刷；另一个是 Title 表示图形的标题，它们跟 Legend 控件绑定的 ItemTemplate 的 XAML 代码如下：

Legend.xaml 文件主要代码

```
<DataTemplate>
    <StackPanel Orientation = "Horizontal">
```

```
            <Rectangle Fill="{Binding Brush}" Height="10" Width="10" Margin="5"/>
            <TextBlock Text="{Binding Title}" VerticalAlignment="Center"/>
        </StackPanel>
    </DataTemplate>
```

3. 标注 Balloon 控件的实现

Balloon 控件是由 Border 控件和 TextBlock 控件组成的，用来显示图形的标注，Balloon 类的 Text 属性则是表示标示的文本内容，XAML 的语法如下：

Balloon.xaml 文件主要代码

```
------------------------------------------------------------------------
    <ControlTemplate TargetType="amq:Balloon">
        <Border Background="#20000000"
                BorderBrush="{TemplateBinding BorderBrush}"
                BorderThickness="{TemplateBinding BorderThickness}"
                CornerRadius="5"
                Padding="5">
            <TextBlock Text="{TemplateBinding Text}"/>
        </Border>
    </ControlTemplate>
```

4. PieChart 控件把 Slice 控件、Legend 控件和 Balloon 控件组成饼图图表

前面已经讲解了 Slice 控件、Legend 控件和 Balloon 控件的实现方式，可以把这三个控件看作是饼图图表的三大模块，接下来 PieChart 控件要做的事情就是把这三者结合起来形成一个完整的饼图图表。我们先来看一下 PieChart 控件的 XAML 样式，分析它的 UI 布局。打开 PieChart.xaml 样式文件，可以看到如下的代码：

PieChart.xaml 文件主要代码

```
------------------------------------------------------------------------
    <ControlTemplate TargetType="amq:PieChart">
        <Border Background="{TemplateBinding Background}"
                BorderBrush="{TemplateBinding BorderBrush}"
                BorderThickness="{TemplateBinding BorderThickness}"
                Padding="{TemplateBinding Padding}">
            <Grid>
                <Grid.ColumnDefinitions>
                    <ColumnDefinition/>
                </Grid.ColumnDefinitions>
                <Border x:Name="PART_SliceCanvasDecorator" Background="Transparent">
                    <Canvas x:Name="PART_SliceCanvas"/>
                </Border>
                <amq:Legend x:Name="PART_Legend" HorizontalAlignment="Right"
VerticalAlignment="Top" Margin="10,0,0,0" Visibility="{TemplateBinding LegendVisibility}"/>
                <Canvas>
                    <amq:Balloon x:Name="PART_Balloon"
                                 BorderBrush="{TemplateBinding Foreground}"
```

```
                                BorderThickness = "2" Visibility = "Collapsed"/>
            </Canvas>
         </Grid>
      </Border>
   </ControlTemplate>
```

命名为 PART_SliceCanvas 的 Canvas 对象是饼图的图形面板，在该面板上会添加多个饼图切片 Slice 控件形成一个完成的圆形，组成一个饼图，当然如果只有一个数据的时候就只有一个 Slice 控件，这时候 Slice 控件是一个完整的圆。PieChart 类里面定义的 Legend 对象对应样式里面的命名为 PART_Legend 的 Legend 控件，表示饼图的图例，显示在饼图图表的右上角。PieChart 类里面定义的 Balloon 对象对应样式里面的命名为 PART_Balloon 的 Balloon 控件，表示饼图的标示，那么这个 Balloon 控件是在一个 Canvas 面板的里面的，它的位置会根据用户单击的 Slice 控件的位置而进行改变，改变的原理是通过设置 Balloon 控件的 Canvas. LeftProperty 和 Canvas. TopProperty 属性来实现。

在 PieChart 控件里面最核心的逻辑就是对 Slice 控件初始化的过程了，这个过程是通过调用 ProcessData()方法来初始化饼图里面所有的 Slice 控件，在 ProcessData()方法里面先后调用了三个封装好的方法——SetData()方法、ReallocateSlices()方法和 RenderSlices()方法。SetData()方法设置饼图数据属性的绑定，饼图的数据包含了标题和数值两个属性，标题是用于表示 Slice 控件的含义，数值是用来计算 Slice 控件的大小。ReallocateSlices()方法创建和初始化饼图图表里面所有的 Slice 控件，把 Slice 控件添加到 PART_SliceCanvas 面板上。RenderSlices()方法用于设置 Slice 控件在 PART_SliceCanvas 面板上的位置和隐藏 Balloon 控件，因为 Balloon 控件要单击 Slice 控件才能显示出来。

5. 使用 PieChart 控件

PieChart 控件把相关的图形创建初始化等逻辑都封装好了，使用 PieChart 控件创建饼图图表只需要设置好 TitleMemberPath 属性、ValueMemberPath 属性和数据源数据属性的对应关系，就可以把饼图图表显示出来。

XAML 代码如下：

PieChart. xaml 文件主要代码

```
----------------------------------------------------------------------
   <amq:PieChart x:Name = "pie1" TitleMemberPath = "title" ValueMemberPath = "value"></amq:
PieChart>
```

后台 CS 代码如下：

PieChart. xaml. cs 文件主要代码

```
----------------------------------------------------------------------
   public ObservableCollection<PData> Data = new ObservableCollection<PData>()
   {
       new PData() { title = "slice #1", value = 30 },
       new PData() { title = "slice #2", value = 60 },
```

```
        new PData() { title = "slice #3", value = 40 },
        new PData() { title = "slice #4", value = 10 },
    };
    private void PhoneApplicationPage_Loaded(object sender, RoutedEventArgs e)
    {
        //通过 DataSource 属性把数据集合传递给饼图图表
        pie1.DataSource = Data;
    }
    …省略若干代码
    //饼图绑定的数据集合的数据类型表示饼图的一块

    public class PData
    {
        public string title { get; set; }
        public double value { get; set; }
    }
```

应用程序的运行效果如图 5.11 所示。

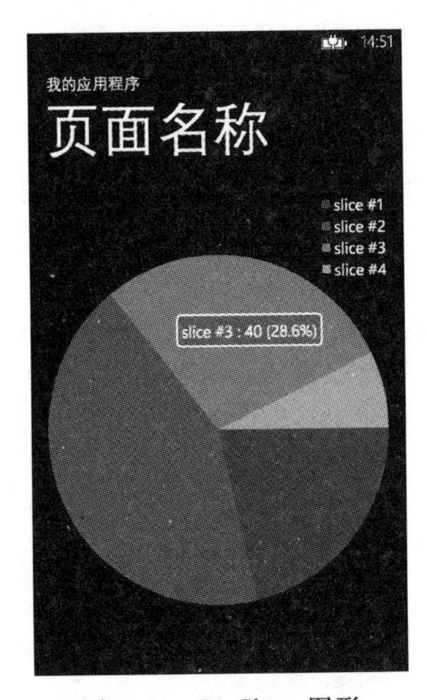

图 5.11 PieChart 图形

5.4.3 连续图形图表 SerialChart 的实现逻辑

在 QuickCharts 控件库里面连续图形图表 SerialChart 实现了三种图形——线性图 LineGraph、柱形图 ColumnGraph 和区域图 AreaGraph。可以在 SerialChart 图表里面显示其中一种或多种图形，因为这三种图形实现的原理是类似，都是在坐标轴上连续性地展示相关的数据，只是图形的形状不一样，所以在 QuickCharts 控件库里面这三种图形统一使用 SerialChart 控件来封装起来。我们先打开 SerialChart 控件的样式文件，分析 SerialChart 控件的样式结构，SerialChart 控件的样式文件 SerialChart. xaml 的主要代码如下：

SerialChart.xaml 文件主要代码

```
<ControlTemplate TargetType = "amq:SerialChart">
    <Border Background = "{TemplateBinding Background}"
            BorderBrush = "{TemplateBinding BorderBrush}"
            BorderThickness = "{TemplateBinding BorderThickness}"
            Padding = "{TemplateBinding Padding}">
        <Grid>
            <Grid.RowDefinitions>
                <RowDefinition/>
                <RowDefinition Height = "Auto"/>
            </Grid.RowDefinitions>
            <!-- 轴线 x 轴 y 轴 -->
            <amq:ValueAxis x:Name = "PART_ValueAxis" Grid.Row = "0" Margin = "0,0,0,-2"
                        Canvas.ZIndex = "100"
                        Foreground = "{TemplateBinding AxisForeground}"
                        HorizontalAlignment = "Right"
                        />
            <!-- 轴线上的类别 -->
            <amq:CategoryAxis x:Name = "PART_CategoryAxis" Grid.Row = "1"
                        Foreground = "{TemplateBinding AxisForeground}"
                        />
            <!-- 图表网格 -->
            <Border Grid.Row = "0" Background = "{TemplateBinding PlotAreaBackground}">
                <amq:ValueGrid x:Name = "PART_ValueGrid" Foreground = "{TemplateBinding
GridStroke}"/>
            </Border>
            <!-- 图形面板 -->
            <Border x:Name = "PART_GraphCanvasDecorator" Grid.Row = "0">
                <Canvas x:Name = "PART_GraphCanvas" Background = "Transparent"/>
            </Border>
            <!-- 图例 -->
            <amq:Legend x:Name = "PART_Legend" Grid.Row = "0"
                    Margin = "10,0,0,0"
                    Visibility = "{TemplateBinding LegendVisibility}"
                    VerticalAlignment = "Top" HorizontalAlignment = "Left"
                    />
            <!-- 标注 -->
            <Canvas Grid.Row = "0">
                <amq:Balloon x:Name = "PART_Balloon"
                        BorderBrush = "{TemplateBinding AxisForeground}"
                        BorderThickness = "2"
                        Visibility = "Collapsed"
                        />
            </Canvas>
        </Grid>
    </Border>
</ControlTemplate>
```

从 SerialChart 控件的样式里可以看到 SerialChart 控件是由数值轴控件/y 轴控件(ValueAxis)、类别轴控件/x 轴控件(CategoryAxis)、图表网格控件(ValueGrid)、图形面板

(Canvas 面板上添加 LineGraph、ColumnGraph 和 AreaGraph 控件)、图例控件(Legend)和标注控件(Balloon)组成的。其中图例和标注控件在 5.4.2 节已经介绍了。下面看一下其他的控件的实现原理以及如何使用 SerialChart 控件。

1. 数值轴控件/y 轴控件(ValueAxis)和类别轴控件/x 轴控件(CategoryAxis)

ValueAxis 和 CategoryAxis 控件的实现原理是基本一样的,打开它们的样式文件可以看到,轴控件是由两个 Canvas 面板和一个 Rectangle 控件组成的,命名为 PART_ValuesPanel 的 Canvas 面板是用于显示轴上的数字,命名为 PART_TickPanel 的 Canvas 面板是用于显示轴上的刻度(数值和轴之间的小线段),Rectangle 控件则是用于表示轴线。y 轴(ValueAxis)采用 Grid 面板的 ColumnDefinitions 来排列,x 轴(CategoryAxis)则是采用 RowDefinition。

2. 图表网格控件(ValueGrid)

ValueGrid 控件是由一个 Canvas 面板组成,在使用 ValueGrid 控件的时候需要通过 SetLocations 方法来把图表的坐标数值传递进来,然后 ValueGrid 控件再根据坐标的数值在 Canvas 面板上来创建 Line 线段绘制成网格。

3. LineGraph、ColumnGraph 和 AreaGraph 控件

LineGraph、ColumnGraph 和 AreaGraph 控件是 SerialChart 图表里面最核心的图形,这三个控件的 XAML 样式文件都是只有一个 Canvas 面板,三个控件类都继承 SerialGraph 抽象类,SerialGraph 类封装了三个控件共性的一些属性,如 Locations(图表数据的点集合)、XStep(x 轴的两个值的间距)等。LineGraph 控件表示线性图,实现的原理是通过图表的数据点集合来创建一个 Polyline 图形添加到 Canvas 面板上。ColumnGraph 控件则是使用 Path 来绘制柱形的形状。AreaGraph 控件使用 Polygon 图形来绘制区域图。

4. SerialChart 控件

SerialChart 控件把各大模块组成连续图形图表的原理和 PieChart 控件是一样的流程,只是在 PieChart 控件里面初始化的是 Slice 控件,而在 SerialChart 控件里面初始化的是 LineGraph、ColumnGraph 和 AreaGraph 控件。

5. 使用 SerialChart 控件

因为 SerialChart 控件是可以加载 LineGraph、ColumnGraph 和 AreaGraph 三种控件的,所以提供了一个 Graphs 属性,可以通过 Graphs 属性来添加多个图形。代码如下:

SerialChart.xaml 文件主要代码

```
----------------------------------------------------------------------
    <amq:SerialChart x:Name = "chart1" DataSource = "{Binding Data}" CategoryValueMemberPath =
"cat1" AxisForeground = "White" PlotAreaBackground = "Black" GridStroke = "DarkGray">
        <amq:SerialChart.Graphs>
            <amq:LineGraph ValueMemberPath = "val1" Title = "Line #1" Brush = "Blue"/>
            <amq: ColumnGraph ValueMemberPath = "val2" Title = "Column # 2" Brush =
"#8000FF00" ColumnWidthAllocation = "0.4"/>
            <amq:AreaGraph ValueMemberPath = "val3" Title = "Area #1" Brush = "#80FF0000"/>
        </amq:SerialChart.Graphs>
    </amq:SerialChart>
```

SerialChart. xaml. cs 文件主要代码

```
//图表数据实体类
public class TestDataItem
{
    //cat1 表示 X 轴的分类
    public string cat1 { get; set; }
    //用来作为 LineGraph 图形的展示数据
    public double val1 { get; set; }
    //用来作为 ColumnGraph 图形的展示数据
    public double val2 { get; set; }
    //用来作为 AreaGraph 图形的展示数据
    public decimal val3 { get; set; }
}
private ObservableCollection<TestDataItem> _data = new ObservableCollection<TestDataItem>()
{
    new TestDataItem() { cat1 = "cat1", val1 = 5, val2 = 15, val3 = 12},
    new TestDataItem() { cat1 = "cat2", val1 = 15.2, val2 = 1.5, val3 = 2.1M},
    new TestDataItem() { cat1 = "cat3", val1 = 25, val2 = 5, val3 = 2},
    new TestDataItem() { cat1 = "cat4", val1 = 8.1, val2 = 1, val3 = 8},
    new TestDataItem() { cat1 = "cat5", val1 = 8.1, val2 = 1, val3 = 4},
    new TestDataItem() { cat1 = "cat6", val1 = 8.1, val2 = 1, val3 = 10},
};
//绑定的数据集合属性
public ObservableCollection<TestDataItem> Data { get { return _data; } }
private void PhoneApplicationPage_Loaded(object sender, RoutedEventArgs e)
{
    this.DataContext = this;
}
```

应用程序的运行效果如图 5.12 所示。

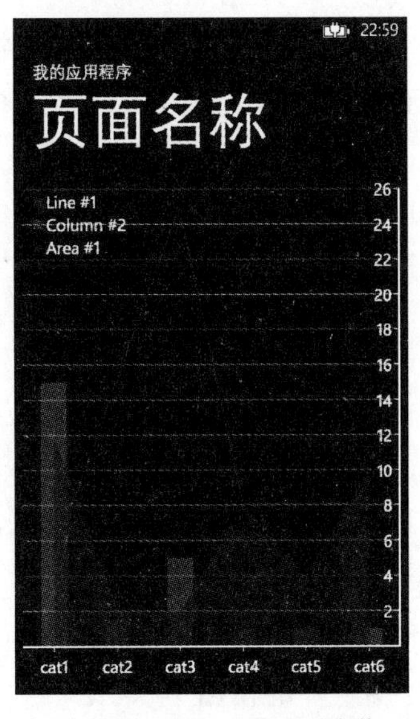

图 5.12 SerialChart 图形

第6章 变换特效和三维特效

变换特效和三维特效是指对 Windows Phone 的 UI 元素进行的特效的处理，变换效果相当于平面的特效效果，三维效果则是基于三维空间对 UI 元素所作的特效效果。如果我们要实现一个 UI 上的特效，让程序的界面看起来更加绚丽，那么往往需要用到变换效果或者三维效果。变换效果和三维效果在动画编程里面也是应用非常广泛的，可以通过动画的方式来改变 UI 的特效效果从而产生特效的动画，这部分内容会在动画编程的章节里面讲解。所以数量地掌握 Windows Phone 里面的变换特效和三维特效的编程方式是做好 Windows Phone 的 UI 编程非常重要的一部分，本章将详细地讲解这部分的知识。

6.1 变换特效

当使用 Canvas 布局时，可以使用 Canvas. Left 和 Canvas. Top 属性来改变一个对象相对 Canvas 的位置，当使用 Grid 或使用 StackPanel 布局时可以使用 Margin 属性来声明元素的各方向间距，然而，在这些属性中并不包括直接去改变某个 Windows Phone UI 对象的形状的方法，比如缩放、旋转一个元素。变换就是为了达到这个目的设计的，变换的实现会依赖于 RenderTransform 类，RenderTransform 包含的变换属性成员就是专门用来改变 Windows Phone UI 对象形状的，它可以实现对元素拉伸，旋转，扭曲等效果，同时变形特效也常用于辅助产生各种动画效果。

6.1.1 变换的原理二维变换矩阵

变换定义如何将一个坐标空间中的点映射或变换到另一个坐标空间，在 Windows Phone 里面会通过仿射变换来实现。仿射变换可以理解为对坐标进行放缩，旋转，平移后取得新坐标的值。经过对坐标轴的放缩，旋转，平移后原坐标在新坐标领域中的值。仿射变换它可以让 UI 元素产生视觉的旋转。它的原理并不是真正让 UI 元素的位置变化，而是变化平面 x，y 的坐标系，间接地让 UI 元素的坐标发生转变，而如何让坐标系的旋转精确地控制 UI 元素的旋转，这个就是仿射变换矩阵的作用了。

Windows Phone 的变换映射是由变换 Matrix 来描述，Matrix 是表示用于二维空间中的变换的 3×3 仿射变换矩阵。3×3 矩阵用于在二维 x-y 平面中进行变换。通过让仿射变换矩阵相乘可形成任意数目的线性变换，例如先旋转扭曲（切变），再平移。仿射矩阵变换用于操作二维平面中的对象或坐标系。由于仿射变换时，平行的边依然平行，所以，我们无法对一个矩形的位图进行随意变换，比如我们无法拉伸一个角，也无法进行把它变成梯形等。仿射变换矩阵的最后一列等于（0，0，1），因此只需指定前两列的成员。注意，矢量用行矢量（而不是列矢量）表示。如表 6.1 显示了 Windows Phone 二维变换矩阵的结构。

表 6.1 二维变换矩阵

M11 默认值：1.0	M12 默认值：0.0	0.0
M21 默认值：0.0	M22 默认值：1.0	0.0
OffsetX 默认值：0.0	OffsetY 默认值：0.0	1.0

原理如下：

原坐标（x0，y0）通过 3 * 3 矩阵 $\begin{bmatrix} M_{11} & M_{12} & 0 \\ M_{21} & M_{22} & 0 \\ OffsetX & OffsetY & 1 \end{bmatrix}$ 得到变换之后的新坐标（x1，y1）的过程如下：

$[x0, y0] * \begin{bmatrix} M_{11} & M_{12} \\ M_{21} & M_{22} \end{bmatrix}$，通过矩阵乘法可得到坐标（x0 * M11＋x0 * M21，y0 * M12＋y0 * M22）之后，再加上（OffsetX，OffsetY）即可得到新坐标（x1，y1）。也就是说最终坐标（x1，y1）：x1＝x0 * M11＋x0 * M21＋OffsetX，y1＝y0 * M12＋y0 * M22＋OffsetY。

通过处理矩阵值，你可以旋转、按比例缩放、扭曲和移动（平移）对象。例如，如果将第三行第一列中的值（OffsetX 值）更改为 100，则可以使用它将对象沿 x 轴移动 100 个单位。如果将第二行第二列中的值更改为 3，您可以使用它将对象拉伸为其当前高度的三倍。如果同时更改两个值，则可将对象沿 x 轴移动 100 个单位并将其高度拉伸 3 倍。由于 Windows Phone 仅支持仿射变换，因此右边列中的值始终为 0、0、1。

尽管 Windows Phone 使你能够直接处理矩阵值，但它还提供了许多 Transform 类，你可以使用这些类来变换对象，而无须了解基础矩阵结构的配置方式。例如，利用 ScaleTransform 类，你可以通过设置对象的 Scalex 和 Scaley 属性来按比例缩放对象，而不用处理变换矩阵。同样，利用 RotateTransform 类，你只需通过设置对象的 Angle 属性即可旋转对象。若要将变换应用于 UI 元素上，那么需要创建 Transform 并将其应用于 UIElement 类提供的 RenderTransform 属性，在布局处理过程完成之后应用变换修改元素的外观。变换（RenderTransform）类就是为了达到这个目的设计的，RenderTransform 包含的变形属性成员就是专门用来改变 Windows Phone UI 对象形状的，它可以实现对元素拉伸，旋转，扭曲等效果，同时变换特效也常用于辅助产生各种动画效果，下面列出 RenderTransform 类的成员。

(1) TranslateTransform：能够让某对象的位置发生平移变化。

(2) RotateTransform：能够让某对象产生旋转变化，根据中心点进行顺时针旋转或逆时针旋转。

(3) ScaleTransform：能够让某对象产生缩放变化。

(4) SkewTransform：能够让某对象产生扭曲变化。

(5) TransformGroup：能够让某对象的缩放、旋转、扭曲等变化效果合并起来使用。

(6) MatrixTransform：能够让某对象通过矩阵算法实现更为复杂的变形。

变换元素包括平移变换、旋转变换、缩放变换、扭曲变换、矩阵变换和组合变换元素，变换特效常用于在不改变对象本身构成的情况下，使对象产生变形效果，所以变换元素常辅助产生 Windows Phone 中的各种动画效果，其中平移变换、旋转变换、缩放变换和扭曲变换的变换原理也是采用矩阵算法来实现的，但应用起来要比使用矩阵变换简单，在实际应用中根据需求选择适合的变换对象是很重要的。接下来看一下各种变换特效的使用。

6.1.2 平移变换(TranslateTransform)

TranslateTransform：能够让某对象的位置发生平移变化，按指定的 x 和 y 量移动(平移)元素。TranslateTransform 类对移动不支持绝对定位的面板内的元素特别有用。例如，通过将 TranslateTransform 应用到元素的 RenderTransform 属性，可以移动 StackPanel 内的元素。使用 TranslateTransform 的 x 属性指定将元素沿 x 轴移动的量(以像素为单位)。使用 y 属性指定将元素沿 y 轴移动的量(以像素为单位)。最后，将 TranslateTransform 应用于元素的 RenderTransform 属性。

下面的示例使用 TranslateTransform 将元素向右移动 50 个像素并向下移动 50 个像素。

```
<Rectangle Height = "50" Width = "50"
          Fill = "#CCCCCCFF" Stroke = "Blue" StrokeThickness = "2"
          Canvas.Left = "100" Canvas.Top = "100">
    <Rectangle.RenderTransform>
        <TranslateTransform X = "50" Y = "50"/>
    </Rectangle.RenderTransform>
</Rectangle>
```

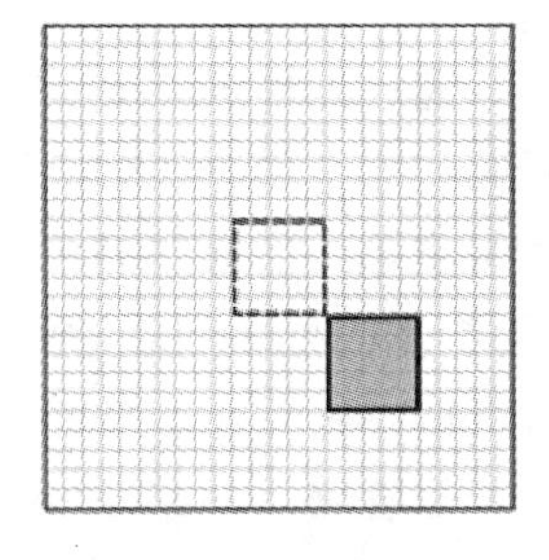

图 6.1 平移效果

变换的效果如图 6.1 所示。

6.1.3 旋转变换(RotateTransform)

RotateTransform：能够让某对象产生旋转变化，根据中心点进行顺时针旋转或逆时针旋转，按指定的 Angle 旋转元素。RotateTransform 围绕点 Centerx 和 Centery 将对象旋转指定的 Angle。在使用 RotateTransform 时,请注意变换将围绕点 (0, 0) 旋转某个特定对象的坐标系。因此,根据对象的位置,对象可能不会就地(围绕其中心)旋转。例如,如果对象位于 x 轴上距 0 为 200 个单位的位置,旋转 30°可以让该对象沿着以原点为圆心、以 200 为半径所画的圆摆动 30°。若要就地旋转某个对象,请将 RotateTransform 的 Centerx 和 Centery 设置为该对象的旋转中心。

下面的示例以 Polyline 对象的左上角为旋转点将其旋转了 45°。

```
<Canvas Height = "200" Width = "200">
  <! -- 以 Polyline 对象的左上角(0,0)为旋转点将其旋转了 45° -->
     <Polyline Points = "25,25 0,50 25,75 50,50 25,25 25,0"
               Stroke = "Blue" StrokeThickness = "10"
               Canvas.Left = "75" Canvas.Top = "50">
          <Polyline.RenderTransform>
               <RotateTransform CenterX = "0" CenterY = "0" Angle = "45"/>
          </Polyline.RenderTransform>
     </Polyline>
</Canvas>
```

变换的效果如图 6.2 所示。

下一个示例围绕点 (25,50) 沿顺时针方向将 Polyline 对象旋转了 45°。

```
<Canvas Height = "200" Width = "200">
  <Polyline Points = "25,25 0,50 25,75 50,50 25,25 25,0"
    Stroke = "Blue" StrokeThickness = "10"
    Canvas.Left = "75" Canvas.Top = "50">
    <Polyline.RenderTransform>
      <RotateTransform CenterX = "25" CenterY = "50" Angle = "45"/>
    </Polyline.RenderTransform>
  </Polyline>
</Canvas>
```

变换的效果如图 6.3 所示。

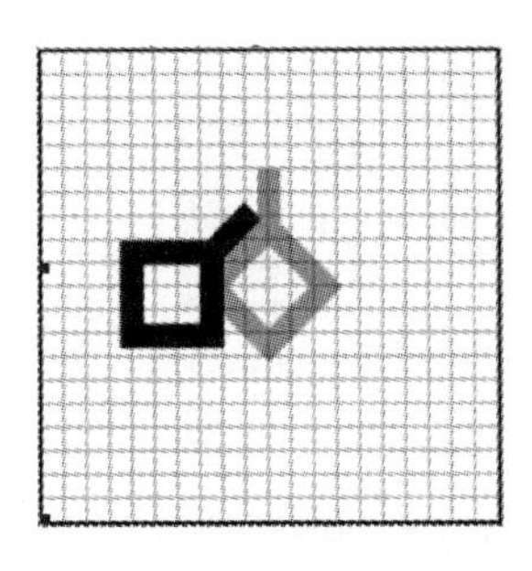

图 6.2 沿左上角旋转效果

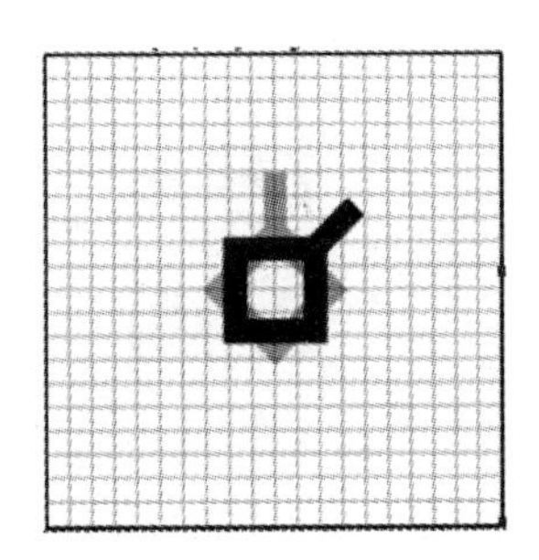

图 6.3 沿中心点旋转效果

6.1.4 缩放变换(ScaleTransform)

ScaleTransform:能够让某对象产生缩放变化,按指定的 Scalex 和 Scaley 量按比例缩放元素。使用 Scalex 和 Scaley 属性可以按照指定的系数调整元素的大小。例如，Scalex 值为 1.5 时，会将元素拉伸到其原始宽度的 150%。Scaley 值为 0.5 时，会将元素的高度缩小 50%。使用 Centerx 和 Centery 属性可以指定缩放操作的中心点。默认情况下，ScaleTransform 的中心点是 (0,0)，该点与矩形的左上角相对应。这会导致该元素移动并使其看上去更大，原因是，当你应用 Transform 时，对象所在的坐标空间会改变。

下面的示例使用 ScaleTransform 将长和宽均为 50 的 Rectangle 的尺寸放大一倍。对于 Centerx 和 Centery 来说，ScaleTransform 的值均为 0(默认值)。

```
<Rectangle Height = "50" Width = "50" Fill = "#CCCCCCFF"
   Stroke = "Blue" StrokeThickness = "2"
   Canvas.Left = "100" Canvas.Top = "100">
   <Rectangle.RenderTransform>
      <ScaleTransform Centerx = "0" Centery = "0" Scalex = "2" Scaley = "2"/>
   </Rectangle.RenderTransform>
</Rectangle>
```

变换的效果如图 6.4 所示。

通常，可以将 Centerx 和 Centery 设置为缩放的对象的中心 (Width/2, Height/2)。下面的示例演示了另一个尺寸放大一倍的 Rectangle；但是，对于 Centerx 和 Centery 来说，这个 ScaleTransform 的值均为 25(与矩形的中心相对应)。

```
<Rectangle Height = "50" Width = "50" Fill = "#CCCCCCFF"
   Canvas.Left = "100" Canvas.Top = "100" Stroke = "Blue" StrokeThickness = "2">
   <Rectangle.RenderTransform>
      <ScaleTransform Centerx = "25" Centery = "25" Scalex = "2" Scaley = "2"/>
   </Rectangle.RenderTransform>
</Rectangle>
```

变换的效果如图 6.5 所示。

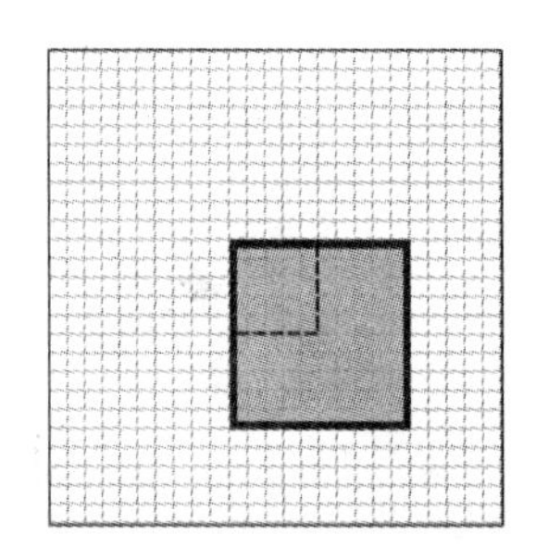

图 6.4 沿左上角放大效果

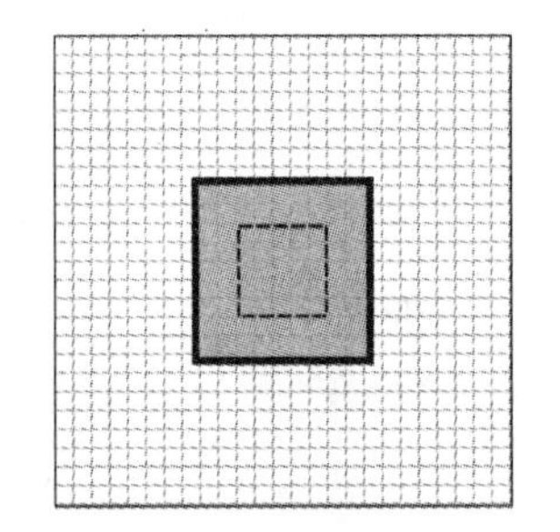

图 6.5 沿中心点放大效果

6.1.5 扭曲变换(SkewTransform)

SkewTransform：能够让某对象产生扭曲变化，按指定的 Anglex 和 Angley 量扭曲元素。扭曲(也称为修剪)是一种以非均匀方式拉伸坐标空间的变换。SkewTransform 的一个典型用法是在二维对象中模拟三维深度。使用 Centerx 和 Centery 属性可指定 SkewTransform 的中心点。使用 Anglex 和 Angley 属性可指定 x 轴和 y 轴的扭曲角度，使当前坐标系沿着这些轴扭曲。若要预测扭曲变换的效果，请考虑 Anglex 相对于原始坐标系扭曲 x 轴的值。因此，如果 Anglex 为 30，则 y 轴绕原点旋转 30°，将 x 轴的值从该原点扭曲 30°。同样，如果 Angley 为 30，则会将该形状的 y 轴值从原点扭曲 30°。请注意，在 x 或 y 轴中将坐标系变换(移动)30°的效果不相同。

下面的示例向 Rectangle 应用自中心点 (0,0) 的 45°水平扭曲。

```
<Rectangle Height = "50" Width = "50" Fill = "#CCCCCCFF"
  Stroke = "Blue" StrokeThickness = "2"
  Canvas.Left = "100" Canvas.Top = "100">
  <Rectangle.RenderTransform>
    <SkewTransform Centerx = "0" Centery = "0" Anglex = "45" Angley = "0"/>
  </Rectangle.RenderTransform>
</Rectangle>
```

变换的效果如图 6.6 所示。

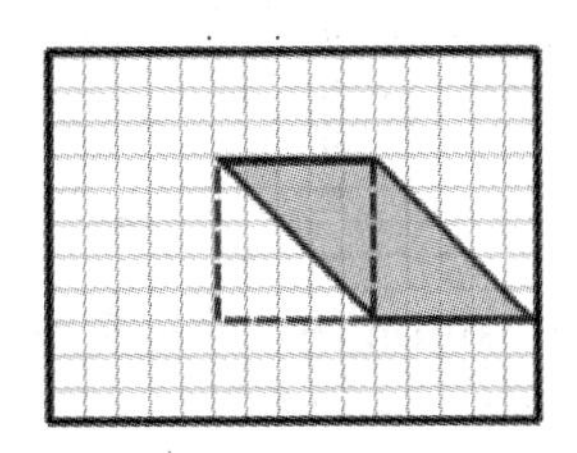

图 6.6　扭曲效果

6.1.6　组合变换(TransformGroup)

TransformGroup：能够让某对象的缩放、旋转、扭曲等变化效果合并起来使用，将多个 TransformGroup 对象组合为可以随后应用于变换属性的单一 Transform。在复合变换中，单个变换的顺序非常重要。例如，依次旋转、缩放和平移与依次平移、旋转和缩放得到的结果不同。造成顺序很重要的一个原因就是，像旋转和缩放这样的变换是针对坐标系的原点进行的。缩放以原点为中心的对象与缩放已离开原点的对象所得到的结果不同。同样，旋转以原点为中心的对象与旋转已离开原点的对象所得到的结果也不同。

下面的示例使用 TransformGroup 将 ScaleTransform 和 RotateTransform 应用于 Button。

```
<Button RenderTransformOrigin = "0.5,0.5" HorizontalAlignment = "Center">Click
    <Button.RenderTransform>
        <TransformGroup>
            <ScaleTransform ScaleY = "3"/>
            <RotateTransform Angle = "45"/>
        </TransformGroup>
```

```
    </Button.RenderTransform>
</Button>
```

变换的效果由原图 6.7 变为图 6.8 所示。

图 6.7 按钮原图

图 6.8 按钮变换后

6.1.7 矩阵变换(MatrixTransform)

MatrixTransform 是通过矩阵预算的方式来计算变换后的坐标，MatrixTransform 在 Windows Phone 中对应的 XAML 代码如下：

```
<MatrixTransform Matrix="M11, M12, M21, M22, OffsetX, OffsetY"/>
```

从矩阵运算的角度，MatrixTransform 的矩阵运算如下所示：

$$[X \quad Y \quad 1] * \begin{bmatrix} M_{11} & M_{12} & 0 \\ M_{21} & M_{22} & 0 \\ OffsetX & OffsetY & 1 \end{bmatrix} = [X^1 \quad Y^1 \quad 1]$$

MatrixTransform 能够让某对象通过矩阵算法实现更为复杂的变形，创建其他 Transform 类未提供的自定义变换，在使用 MatrixTransform 时，将直接处理矩阵。如果用矩阵[2　1　1]代表点(2,1)，用 3×3 变换矩阵记录两个变换，可用一个矩阵乘法代替以上的两个矩阵运算，如图 6.9 所示。注意运算结果的矩阵[2　6　1]代表点(2,6)，即点(2,1)映射到了点(2,6)。这个 3×3 矩阵叫作仿射矩阵，它和前边的两个 2×2 矩阵的关系如图 6.10 所示，其中第三列固定为 0、0、1。Windows Phone 使用 System.Windows.Media.Matrix 结构封装表示 3 行 3 列仿射矩阵，用来记录图形的复杂变换。Matrix 结构用属性 M11、M12、M21、M22、OffsetX 和 OffsetY 表示 3×3 变换矩阵的各个项，其结构构造函数如下：public Matrix(double m11,double m12,double m21,double m22,double offsetX,double offsetY)。

$$[2 \quad 1 \quad 1]\begin{bmatrix} 0 & 1 & 0 \\ -1 & 0 & 0 \\ 3 & 4 & 1 \end{bmatrix} = [2 \quad 6 \quad 1]$$

图 6.9 矩阵运算例子

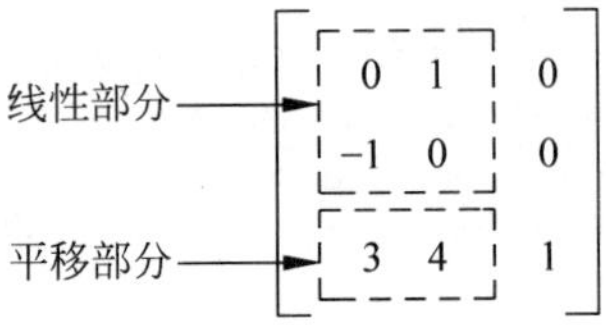

$$\begin{bmatrix} 0 & 1 & 0 \\ -1 & 0 & 0 \\ 3 & 4 & 1 \end{bmatrix}$$

线性部分

平移部分

图 6.10 矩阵关系

下面的代码示例使用 Offsetx 和 Offsety 定义按钮的位置，使用 M11 拉伸按钮，使用 M12 弯曲按钮。

```
<Button MinWidth = "100"> Click
    <Button.RenderTransform>
        <MatrixTransform x:Name = "myMatrixTransform">
            <MatrixTransform.Matrix>
                <Matrix Offsetx = "10" Offsety = "100" M11 = "3" M12 = "2"/>
            </MatrixTransform.Matrix>
        </MatrixTransform>
    </Button.RenderTransform>
</Button>
```

变换的效果由原图 6.11 变为图 6.12 所示。

下面我们使用 MatrixTransform 来模拟实现一个 3D 盒子，实现的原理是对三个 Rectangle 控件进行三次的矩阵变换，分别实现 3D 盒子的在视角中的三个面。要进行矩阵变化的 Rectangle 控件的代码如下所示，显示效果如图 6.13 所示。

```
<Canvas Background = "Black">
    <Rectangle Width = "200" Height = "200" Fill = "Red">
    </Rectangle>
</Canvas>
```

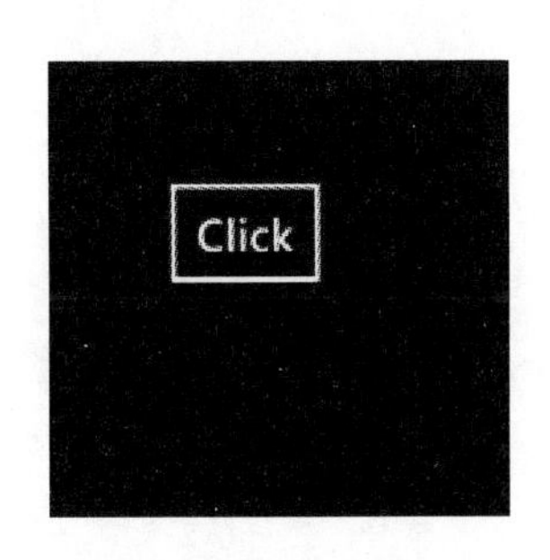

图 6.11　按钮原图

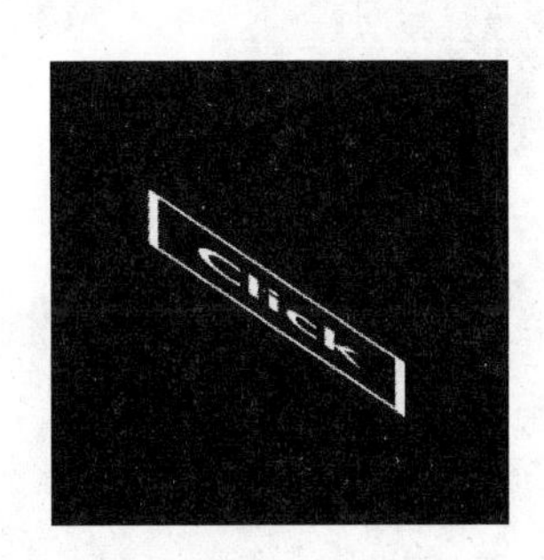

图 6.12　按钮变换后

图 6.13　3D 盒子的原始形状

下面通过矩阵变换来实现平移拉伸扭曲的效果，把原始的 Rectangle 变形成为 3D 盒子的三个面，代码如下：

代码清单 6-1：3D 盒子（源代码：第 6 章\Examples_6_1）

MainPage. xaml 文件主要代码

```
<Canvas Background = "Black">
    <Rectangle Width = "200" Height = "200" Fill = "Red">
        <Rectangle.RenderTransform>
            <MatrixTransform Matrix = "1, - 0.5,0,1.0,60,100"/>
        </Rectangle.RenderTransform>
    </Rectangle>
    <Rectangle Width = "200" Height = "200" Fill = "FloralWhite">
        <Rectangle.RenderTransform>
            <MatrixTransform Matrix = "1.0,0.5,0,1.0,260,0"/>
        </Rectangle.RenderTransform>
    </Rectangle>
    <Rectangle Width = "200" Height = "200" Fill = "Green">
        <Rectangle.RenderTransform>
            <MatrixTransform Matrix = "1,0.5, - 1,0.5,260,200"/>
        </Rectangle.RenderTransform>
    </Rectangle>
</Canvas>
```

应用程序的运行效果如图 6.14 所示。

图 6.14　3D 盒子

6.2 三维特效

变换特效是针对于二维空间的特效的效果，那么三维特效则是针对三维空间的特效效果，三维特效的原理其实和变换特效的原理是类似的，变换特效的坐标是基于 x 轴和 y 轴，三维特效则多了一个 z 轴，用来表示立体的坐标位置。变换特效是通过 3×3 的矩阵来计算运用特效后的坐标，那么三维特效则是通过 4×4 的矩阵来计算。Windows Phone 的 UI 元素的三维的特效效果是通过 UIElement 的 PlaneProjection 属性来进行设置的，下面我们来详细地看一下三维特效的运用。

6.2.1 三维坐标体系

Windows Phone UI 元素的三维特效的 x 轴和 y 轴与在二维空间中一样，x 轴表示水平轴，y 轴表示垂直轴。在三维空间中，z 轴表示深度。当对象向右移动时，x 轴的值会增大。当对象向下移动时，y 轴的值会增大。当对象靠近视点时，z 轴的值会增大。如图 6.15 所示，+y 方向往下，+x 方向往右，+z 方向往指向你的方向。三维特效里面的平移，旋转等特效将会基于这样的一个三维坐标体系来应用的。

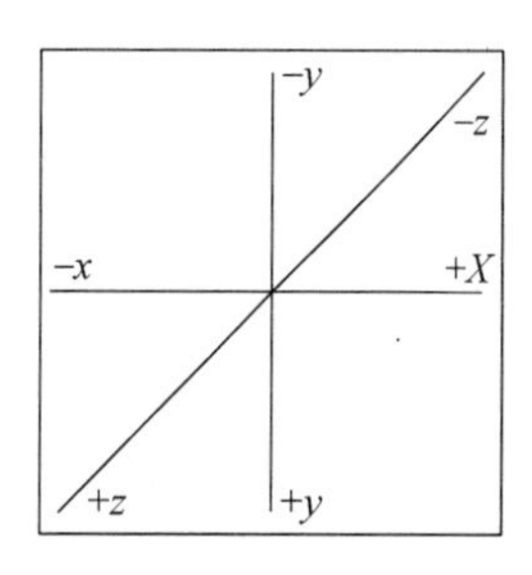

图 6.15 三维坐标体系

6.2.2 三维旋转

在变换特效里面可以通过 RotateTransform 来在二维的空间里面旋转 UI 元素，那么在三维特效里面一样可以实现变换特效的效果，并且功能更加强大，可以把 UI 元素看作是在一个立体的空间里面进行旋转。

下面来看一下 PlaneProjection 的三维旋转相关的属性。

1) CenterOfRotationx/CenterOfRotationy/CenterOfRotationz 表示旋转中心 x 轴/y 轴/z 轴坐标

可以通过使用 CenterOfRotationx、CenterOfRotationy 和 CenterOfRotationz 属性，设置三维旋转的旋转中心。默认情况下，旋转轴直接穿过对象的中心，这表示对象围绕其中心旋转；但是，如果将旋转的中心移到对象的外边缘，对象将围绕该外边缘旋转。CenterOfRotationx 和 CenterOfRotationy 的默认值为 0.5，而 CenterOfRotationz 的默认值为 0。CenterOfRotationx 的取值含义是 0 表示是 UI 元素最左边的边缘，1 表示是 UI 元素最右边的边缘。CenterOfRotationy 的取值含义是 0 表示是 UI 元素最上边的边缘，1 表示是 UI 元素最下边的边缘。因为旋转中心的 z 轴是穿过对象的平面绘制的，所以 CenterOfRotationz 的取值含义是取值负数表示将旋转中心移到该对象后面，取值正数表示将旋转中心移到该对象上方。

2）Rotationx/Rotationy/Rotationz 表示沿着 x 轴/y 轴/z 轴旋转的角度

Rotationx、Rotationy 和 Rotationz 属性指定 UI 元素在空间中旋转对象的角度。Rotationx 属性指定围绕对象的水平轴旋转。Rotationy 属性围绕沿对象垂直绘制的线（旋转的 y 轴）进行旋转。Rotationz 属性围绕与对象垂直的线（直接穿过对象平面的线）进行旋转。这些旋转属性可以指定负值，这会以反方向将对象旋转某一度数。此外，绝对数可以大于 360，这会使对象旋转的度数超过一个完整旋转（即 360 度）。Rotationx、Rotationy 和 Rotationz 属性的默认值都是 0。

下面的示例，把 TextBlock 控件作为三维旋转的对象，通过 Slider 控件来控制改 TextBlock 控件相对于屏幕沿 x 轴/y 轴/z 轴旋转的角度以及中心点。

代码清单 6-2：三维旋转（源代码：第 6 章\Examples_6_2）

MainPage.xaml 文件主要代码

```
------------------------------------------------------------------------
    <Grid x:Name = "ContentPanel" Grid.Row = "1" Margin = "12,0,12,0">
        <Grid.RowDefinitions>
            <RowDefinition Height = " * "/>
            <RowDefinition Height = "Auto"/>
        </Grid.RowDefinitions>
        <! -- 旋转的对象 -->
        <TextBlock Grid.Row = "0"
                    Text = "WP 3D"
                    FontSize = "120"
                    Foreground = "{StaticResource PhoneAccentBrush}"
                    HorizontalAlignment = "Center"
                    VerticalAlignment = "Center">
            <TextBlock.Projection>
                <PlaneProjection x:Name = "planeProjection"/>
            </TextBlock.Projection>
        </TextBlock>
        <StackPanel Grid.Row = "1">
            <StackPanel Orientation = "Horizontal">
                <! -- 通过 RadioButton 来控制 Slider 滑块的作用 -->
                <RadioButton x:Name = "rotationRadioButton" Content = "Rotation" Checked =
"rotationRadioButton_Checked"></RadioButton>
                <RadioButton x:Name = "centerOfRotationRadioButton" Content = "CenterOfRotation"
Checked = "centerOfRotationRadioButton_Checked"></RadioButton>
            </StackPanel>
            <TextBlock x:Name = "infoTextBlock" TextWrapping = "Wrap"></TextBlock>
            <TextBlock x:Name = "xTextBlock" Text = "沿着 X 轴旋转"></TextBlock>
            <Slider x:Name = "xSlider" Minimum = "0" Maximum = "100" ValueChanged = "xSlider_
ValueChanged" ></Slider>
            <TextBlock x:Name = "yTextBlock" Text = "沿着 Y 轴旋转"></TextBlock>
            <Slider x:Name = "ySlider" Minimum = "0" Maximum = "100" ValueChanged = "ySlider_
ValueChanged"></Slider>
            <TextBlock x:Name = "zTextBlock" Text = "沿着 Z 轴旋转"></TextBlock>
```

```
            <Slider x:Name = "zSlider" Minimum = "0" Maximum = "100" ValueChanged = "zSlider_
ValueChanged"></Slider>
        </StackPanel>
    </Grid>
```

MainPage. xaml. cs 文件主要代码

```
//X 滑块的滑动事件
private void xSlider_ValueChanged(object sender, RangeBaseValueChangedEventArgs e)
{
    if (centerOfRotationRadioButton.IsChecked == false)
    {
        //Slider 控制的值范围是 0~100,所以旋转的角度控制在 0~360
        double xValue = e.NewValue * 360/100;
        planeProjection.RotationX = xValue;
    }
    else
    {
        //中心点的坐标控制在 0~1 的值范围中变动
        planeProjection.CenterOfRotationX = e.NewValue/100;
        ShowCenterOfRotationValue();
    }
}
//Y 滑块的滑动事件
private void ySlider_ValueChanged(object sender, RangeBaseValueChangedEventArgs e)
{
    if (centerOfRotationRadioButton.IsChecked == false)
    {
        double yValue = e.NewValue * 360/100;
        planeProjection.RotationY = yValue;
    }
    else
    {
        planeProjection.CenterOfRotationY = e.NewValue/100;
        ShowCenterOfRotationValue();
    }
}
//Z 滑块的滑动事件
private void zSlider_ValueChanged(object sender, RangeBaseValueChangedEventArgs e)
{
    if (centerOfRotationRadioButton.IsChecked == false)
    {
        double zValue = e.NewValue * 360/100;
        planeProjection.RotationZ = zValue;
    }
    else
    {
        planeProjection.CenterOfRotationZ = e.NewValue/100;
        ShowCenterOfRotationValue();
    }
}
```

应用程序的运行效果如图 6.16 所示。

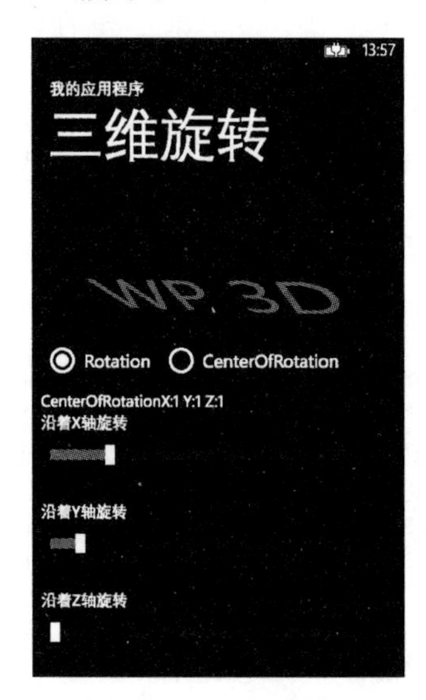

图 6.16　三维旋转

6.2.3　三维平移

在变换特效里面可以通过平移变换 TranslateTransform 来实现 UI 元素沿着 x 轴或者 y 轴进行移动，在三维平移里面一样也可以实现这样的效果，并且三维平移还多了一个可以沿着 z 轴移动。设置 UI 元素平移的距离的属性分为两种类型，一种是以屏幕为参考对象来定义坐标轴；另一种类型是以 UI 对象本身作为参考对象来定义坐标轴。如果这个 UI 对象本身并没有做旋转相关的特效的时候，那么这两种类型的属性所显示的效果是一样的，当然当 UI 对象应用了一些旋转的特效，那么这时候这两种类型是有较大的区别的。

GlobalOffsetX/GlobalOffsetY/GlobalOffsetZ 表示相对于屏幕沿 x 轴/y 轴/z 轴平移对象（绝对的位置）；LocalOffsetX/LocalOffsetY/LocalOffsetZ 表示沿对象旋转后对象平面的 x 轴/y 轴/z 轴平移对象（相对位置）。

下面的示例，把 TextBlock 控件沿着 x 轴旋转 45°，然后通过 Slider 控件来控制改 TextBlock 控件相对于屏幕沿 x 轴/y 轴/z 轴平移的特效效果以及沿对象旋转后对象平面的 x 轴/y 轴/z 轴平移的效果。

代码清单 6-3：三维平移（源代码：第 6 章\Examples_6_3）

MainPage.xaml 文件主要代码

```
<Grid x:Name = "ContentPanel" Grid.Row = "1" Margin = "12,0,12,0">
    <Grid.RowDefinitions>
        <RowDefinition Height = " * "/>
        <RowDefinition Height = "Auto"/>
    </Grid.RowDefinitions>
```

```
        <!-- 平移的对象 -->
        <TextBlock Grid.Row="0"
                   Text="WP 3D"
                   FontSize="120"
                   Foreground="{StaticResource PhoneAccentBrush}"
                   HorizontalAlignment="Center"
                   VerticalAlignment="Center">
            <TextBlock.Projection>
                <PlaneProjection x:Name="planeProjection" RotationX="45"/>
            </TextBlock.Projection>
        </TextBlock>
        <StackPanel Grid.Row="1">
            <StackPanel Orientation="Horizontal">
                <!-- 平移的类型的选择 -->
                <RadioButton x:Name="globalRadioButton" Content="GlobalOffset" IsChecked=
"true"></RadioButton>
                <RadioButton x:Name="localRadioButton" Content="LocalOffset"></RadioButton>
            </StackPanel>
            <TextBlock x:Name="infoTextBlock" TextWrapping="Wrap"></TextBlock>
            <!-- 用 Slider 控件来控制沿着三个坐标轴的平移的距离 -->
            <TextBlock x:Name="xTextBlock" Text="x 轴偏移"></TextBlock>
            <Slider x:Name="xSlider" Minimum="0" Maximum="100" ValueChanged="xSlider_
ValueChanged" ></Slider>
            <TextBlock x:Name="yTextBlock" Text="y 轴偏移"></TextBlock>
            <Slider x:Name="ySlider" Minimum="0" Maximum="100" ValueChanged="ySlider_
ValueChanged"></Slider>
            <TextBlock x:Name="zTextBlock" Text="z 轴偏移"></TextBlock>
            <Slider x:Name="zSlider" Minimum="0" Maximum="100" ValueChanged="zSlider_
ValueChanged"></Slider>
        </StackPanel>
    </Grid>
```

MainPage.xaml.cs 文件主要代码

```
    //设置 x 轴平移的距离
    private void xSlider_ValueChanged(object sender, RangeBaseValueChangedEventArgs e)
    {
        if (globalRadioButton.IsChecked == true)
        {
            planeProjection.GlobalOffsetx = e.NewValue;
        }
        else
        {
            planeProjection.LocalOffsetx = e.NewValue;
        }
        ShowCenterOfRotationValue();
    }
    //设置 y 轴平移的距离
    private void ySlider_ValueChanged(object sender, RangeBaseValueChangedEventArgs e)
    {
        if (globalRadioButton.IsChecked == true)
```

```
    {
        planeProjection.GlobalOffsety = e.NewValue;
    }
    else
    {
        planeProjection.LocalOffsety = e.NewValue;
    }
    ShowCenterOfRotationValue();
}
//设置 z 轴平移的距离
private void zSlider_ValueChanged(object sender, RangeBaseValueChangedEventArgs e)
{
    if (globalRadioButton.IsChecked == true)
    {
        planeProjection.GlobalOffsetz = e.NewValue;
    }
    else
    {
        planeProjection.LocalOffsetz = e.NewValue;
    }
    ShowCenterOfRotationValue();
}
//展示 TextBlock 控件当前各个位置平移的值
private void ShowCenterOfRotationValue()
{
    infoTextBlock.Text = "GlobalOffsetx:" + planeProjection.GlobalOffsex +
        " y:" + planeProjection.GlobalOffsety +
        " z:" + planeProjection.GlobalOffsetz +
    " LocalOffsetx:" + planeProjection.LocalOffsetx +
        " y:" + planeProjection.LocalOffsety +
        " z:" + planeProjection.LocalOffsetz;
}
```

应用程序的运行效果如图 6.17 所示。

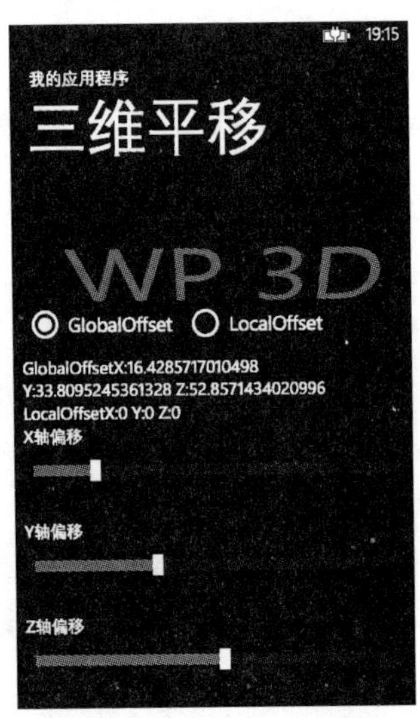

图 6.17　三维平移

6.2.4　用矩阵实现三维特效

三维特效的效果其实是用矩阵来计算 UI 元素应用特效后的坐标的，上面所讲的三维平移和三维旋转是已经封装好的常用的三维特效矩阵，如果你还想要实现更加复杂的三维特效，那么就需要用到矩阵的方式去实现。用矩阵实现三维特效主要是要依赖 Matrix3DProjection 和 Matrix3D 类型来实现，Matrix3DProjection 是 Matrix3D 周围的包装类。

Matrix3D 类表示一个转换矩阵，该矩阵确定三维（3D）显示对象的位置和方向。该矩阵可以执行转换功能，包括平移（沿 x、y 和 z 轴重新定位）、旋转和缩放（调整大小）。Matrix3D 类还可以执行透视投影，这会将 3D 坐标空间中的点映射到二维（2D）视图。

Matrix3D 类使用一个 4×4 正方形矩阵，即一个由四行和四列数字构成的表，其中容纳了用于转换的数据。矩阵的前三行容纳每个 3D 轴（x,y,z）的数据。平移信息位于最后一列中。方向和缩放数据位于前三个列中。缩放因子是位于前三个列中的对角数字。Matrix3D 元素的表示形式如表 6.2 所示。单一矩阵可以将多个转换组合在一起，并一次性对 3D 显示对象应用这些转换。例如，可以将一个矩阵应用于 3D 坐标，以便依次执行旋转和平移。如果三维特效之前的点坐标为（x，y，z），那么实现矩阵三维特效后的点坐标（x′，y′，z′）的计算公式如下：

$$x' = M11 \cdot x + M21 \cdot y + M31 \cdot z + Offsetx$$

$$y' = M12 \cdot x + M22 \cdot y + M32 \cdot z + Offsety$$

$$z' = M13 \cdot x + M23 \cdot y + M33 \cdot z + Offsetz$$

表 6.2　Matrix3D 的行向量语法

M11	M12	M13	M14
M21	M22	M23	M24
M31	M32	M33	M34
Offsetx	Offsety	Offsetz	M44

为了更好地理解矩阵，让我们看一看到底如何进行矩阵变换。有五种不同类型的矩阵：4×4 的矩阵结构，单位矩阵，平移矩阵，缩放矩阵和旋转矩阵。

单位矩阵（如表 6.3 所示）表示三维物体在世界空间内的初始位置。如果你将一个矩阵乘以单位矩阵，那么你还会得到原来的矩阵，没有变化。

表 6.3　单位矩阵

1	0	0	0
0	1	0	0
0	0	1	0
0	0	0	1

缩放矩阵(如表 6.4 所示)表示用来对物体进行缩放变换,只需将三维物体乘以缩放矩阵就可实现缩放的效果。在表中的 Sx、Sy 和 Sz 分别表示沿着不同的方向进行缩放的比例。

表 6.4 缩放矩阵

Sx	0	0	0
0	Sy	0	0
0	0	Sz	0
0	0	0	1

创建缩放矩阵的代码如下所示:

```
//向 x,y,z 轴缩放
private Matrix3D CreateScaleTransform(double sx, double sy, double sz)
{
    Matrix3D m = new Matrix3D();
    m.M11 = sx; m.M12 = 0.0; m.M13 = 0.0; m.M14 = 0.0;
    m.M21 = 0.0; m.M22 = sy; m.M23 = 0.0; m.M24 = 0.0;
    m.M31 = 0.0; m.M32 = 0.0; m.M33 = sz; m.M34 = 0.0;
    m.OffsetX = 0.0; m.OffsetY = 0.0; m.OffsetZ = 0.0; m.M44 = 1.0;
    return m;
}
```

平移矩阵(如表 6.5 所示)表示用来对物体进行评议变换,只需将三维物体乘以平移矩阵就可以实现平移的效果。在表中的 Tx、Ty 和 Tz 分别表示沿着不同的方向进行缩放的比例。

表 6.5 平移矩阵

1	0	0	0
0	1	0	0
0	0	1	0
Tx	Ty	Tz	1

创建平移矩阵的代码如下所示:

```
//向 x,y,z 轴移动
private Matrix3D TranslationTransform(double tx, double ty, double tz)
{
    Matrix3D m = new Matrix3D();
    m.M11 = 1.0; m.M12 = 0.0; m.M13 = 0.0; m.M14 = 0.0;
    m.M21 = 0.0; m.M22 = 1.0; m.M23 = 0.0; m.M24 = 0.0;
    m.M31 = 0.0; m.M32 = 0.0; m.M33 = 1.0; m.M34 = 0.0;
    m.Offsetx = tx; m.Offsety = ty; m.Offsetz = tz; m.M44 = 1.0;
    return m;
}
```

那么沿着 x 轴、y 轴、z 轴旋转的矩阵分别如表 6.6~表 6.8 所示,θ 表示旋转的角度。

表 6.6 x 轴旋转矩阵

1	0	0	0
0	Cosθ	Sinθ	0
0	−Sinθ	Cosθ	0
0	0	0	1
Rotation x			

表 6.7 y 轴旋转矩阵

Cosθ	0	Sinθ	0
0	1	0	0
−Sinθ	0	Cosθ	0
0	0	0	1
Rotation y			

表 6.8 z 轴旋转矩阵

Cosθ	Sinθ	0	0
−Sinθ	Cosθ	0	0
0	0	1	0
0	0	0	1
Rotation z			

创建旋转矩阵的代码如下所示：

```
//沿 x 轴转动
private Matrix3D RotateYTransform(double theta)
{
    double sin = Math.Sin(theta);
    double cos = Math.Cos(theta);
    Matrix3D m = new Matrix3D();
    m.M11 = 1.0; m.M12 = 0.0; m.M13 = 0.0; m.M14 = 0.0;
    m.M21 = 0.0; m.M22 = cos; m.M23 = sin; m.M24 = 0.0;
    m.M31 = 0.0; m.M32 = - sin; m.M33 = cos; m.M34 = 0.0;
    m.Offsetx = 0.0; m.Offsety = 0.0; m.Offsetz = 0.0; m.M44 = 1.0;
    return m;
}
//沿 y 轴转动
private Matrix3D RotateYTransform(double theta)
{
    double sin = Math.Sin(theta);
    double cos = Math.Cos(theta);
    Matrix3D m = new Matrix3D();
    m.M11 = cos; m.M12 = 0.0; m.M13 = - sin; m.M14 = 0.0;
    m.M21 = 0.0; m.M22 = 1.0; m.M23 = 0.0; m.M24 = 0.0;
    m.M31 = sin; m.M32 = 0.0; m.M33 = cos; m.M34 = 0.0;
    m.Offsetx = 0.0; m.Offsety = 0.0; m.Offsetz = 0.0; m.M44 = 1.0;
```

```
    return m;
}
//沿 z 轴转动
private Matrix3D RotateZTransform(double theta)
{
    double cos = Math.Cos(theta);
    double sin = Math.Sin(theta);
    Matrix3D m = new Matrix3D();
    m.M11 = cos; m.M12 = sin; m.M13 = 0.0; m.M14 = 0.0;
    m.M21 = - sin; m.M22 = cos; m.M23 = 0.0; m.M24 = 0.0;
    m.M31 = 0.0; m.M32 = 0.0; m.M33 = 1.0; m.M34 = 0.0;
    m.Offsetx = 0.0; m.Offsety = 0.0; m.Offsetz = 0.0; m.M44 = 1.0;
    return m;
}
```

第7章

动　　画

Windows Phone 提供了一组强大的图形和布局功能，通过应用这些功能，可以创建漂亮的用户界面。动画不仅可以使漂亮的用户界面更加引人注目，还可以使其更加便于使用。通过动画可以创建真正的动态用户界面。动画通常被用于应用效果，比如，当单击磁贴的时候磁贴会向单击的地方倾斜一下等。对动画的使用不可以太过于为了追求绚丽的效果而做，一定要符合用户的习惯或者符合 Windows Phone 的交互风格。若能正确地使用动画，可以通过许多方式增强应用程序的体验，可以使应用程序更好地进行响应、看起来更加自然、更加直观。动画还能够将用户的注意力吸引到重要的元素上，并且引导用户转移到新内容。动画编程是 Windows Phone 编程的核心部分，本章将全面地讲解 Windows Phone 动画编程的相关知识。

7.1　动画原理

动画是通过快速播放一系列图像（其中每幅图像均与前一幅图像稍有不同）而产生的错觉。人脑将这一系列图像看作是一个不断变化的场景。在电影中，摄影机通过每秒记录大量照片（帧）来产生这种错觉。当放映机播放这些帧时，观众看到的是运动的图片。计算机动画与此类似，差别在于计算机动画可以在时间上进一步拆分记录的帧，因为计算机将内插并动态显示各帧之间的变化。

7.1.1　理解动画

实现一个动画的原始办法是配置一个定时器，然后根据定时器的频率循环地调用它的回调方法。在回调方法中，你可以手工地更新目标属性，根据时间的变化用数学计算来决定当前值，直到它达到最终值。在这时，就可以停止定时器，并且移除事件处理程序。

动画可以简单地理解成是界面上的某个可视化的元素随着时间在改变着它的位置或者形状，形成了视觉上的运动变化的效果。那么我们设想一下如果要让 Windows Phone 上面的一个 Button 控件在 3 秒钟之后宽度渐渐地变成原来的两倍，用最传统的解决方法应该会使用以下的步骤来解决：

(1) 创建一个周期性触发器的计时器（例如每隔 50 毫秒触发一次）。

（2）当触发计时器时，使用事件处理程序计算一些与动画相关的细节，如 Button 控件宽度，增加一定的长度，当距离等于原来两倍的时候停止触发器，动画停止。

从这个动画实现的步骤来看，实现这个 Button 控件的动画很简单，但是这种解决方法却存在很多问题，下面我们来分析一下存在哪些问题。

（1）可扩展性很差。如果决定希望同时运行两个动画，那么需要再创建一个触发器，就需要重新编写动画代码，并且会变得更加复杂。

（2）动画帧速率是固定的。计时器设置完全决定了帧速率。如果改变时间间隔，可能需要改变动画代码，因为 Button 每次移动的大小需要重新计算。

（3）复杂的动画需要增加更加复杂的代码。如果沿着一条不规则的路径移动 Button，那么处理的逻辑就会变得非常复杂。

（4）达不到最佳的性能。这个方法产生的动画会一直占用了 UI 线程，把 UI 线程独占了。

所以这种基于计时器自定义绘图的动画存在很大的缺点：它使代码显得不是很灵活，这对于复杂的效果会变得非常混乱，并且不能得到最佳性能。那么 Windows Phone 则提供了一个更加高级的模型，可以只关注动画的定义，而不必担心它们的渲染方式。通常，动画被看作是一系列帧。为了执行动画，就要逐帧地显示这些帧，就像延时的视频。Windows Phone 的动画模型是在一段时间间隔内修改依赖项属性值的一种简单方式。例如，为了增大或者缩小一个按钮，可以使用动画方式修改按钮的宽度。为了使按钮闪烁，可以改变用于按钮背景的 LinearGradientBrush 画刷的属性。创建正确动画的技巧在于决定需要修改什么属性。

如果希望进行其他一些不能通过修改一个属性能够实现的变化，那么上述方法很可能行不通。例如，不能将添加或者删除一个元素作为动画的一部分。同样，不能要求 Windows Phone 在开始场景和结束场景之间执行过渡。另外，只能为依赖项属性应用动画，因为只有依赖项属性使用动态的属性识别系统，而正是该系统实现了动画。

乍一看，Windows Phone 动画集中于属性的性质看起来有很大的局限。然而，当使用 Windows Phone 进行工作时，就会发现它的功能非常强大。实际上，使用每个元素都支持的普通属性可以实现非常多的动画效果。基于属性的动画系统是为普通 Windows Phone 应用程序添加动态效果的非常好的方式，但在某些情况下，基于属性的动画系统是不能工作。例如，如果正在创建一个模拟烟花爆炸开来的效果使用复杂的物理计算，就需要更好地控制动画。对于这些情况，必须通过 Windows Phone 低级的基于帧的渲染支持，自己完成大部分工作。这些动画的编程知识在后面的小节都会进行详细的讲解。

7.1.2 动画的目标属性

普通的 Windows Phone 动画一定是需要一个动画的目标属性的，通过改变这个属性的值从而实现动画的效果，我们可以把动画的目标属性分为下面三种类型。

（1）普通的 UI 控件属性，如宽度、高度等，这些属性是和布局系统相关的，当这些属性改变的时候会从新触发布局系统的工作。把这些属性设置为动画的目标，是可以实现 UI 元素从初始的状态到最终的状态的转变的过程，可以解决了大部分的动画效果的实现要求。

（2）变换特效属性，第 6 章所讲的变换特效在动画上的运用也是非常广泛的，变换特效的属性都可以作为动画的目标属性，可以实现从一个变换的状态转化到另外的一个变换状态，如实现控件旋转的动画，就需要把动画的目标属性设置为 RotateTransform 对象来进行动画处理。需要注意的是有时候通过变换特效属性实现的动画效果用普通的 UI 控件属性也一样可以实现，这时候我们应该首选用变换特效属性来实现，因为变换特效是不会重新出发 UI 的布局系统的，这样的动画实现的效率就更加高了。比如我们要实现一个动画把矩形的高度慢慢地放大到两倍，你可以对 Width 属性进行动画处理，也可以对 ScaleTransform 对象的属性进行处理，这时候就应该选择用变换特效属性来实现动画，除非变换特效属性无法满足动画的实现效果，那么就只能选择对普通的 UI 控件属性进行动画处理。

（3）三维特效属性，如果要实现一些三维的动画那么就可以利用三维特效的相关的属性来实现动画，三维特效和变换特效一样，相关属性的值的改变也是不会触发 UI 的布局系统的。

7.1.3 动画的类型

Windows Phone 主要提供两大类动画类型，线性插值动画（也称为 From/To/By 动画）和关键帧动画，线性插值动画，也称 From/To/By 动画，用来反映某个对象在指定时间范围内持续渐变的过程。关键帧动画，比线性插值动画功能更强大，可以指定任意数量的目标值，并可以控制它们之间的内插方法。除了这两种主要的动画之外，还有一种比较少用的动画叫做基于帧动画。在 Windows Phone 应用程序里面大部分的动画都是采用了线性插值动画和关键帧动画，这两种动画也是 Windows Phone 里面的首选动画，因为其效率高性能高实现方便简洁，除此之外，在还有部分的动画无法使用线性插值动画和关键帧动画来实现那么就需要考虑使用基于帧动画来实现。通常都是需要实现一些计算比较复杂的动画才会使用基于帧动画，比如模拟雪花飘落，碰撞爆炸等这类型动画。三种动画的一些说明和区别如表 7.1 所示，关于三种动画更加详细的实现，下文会继续讲解。

表 7.1 Windows Phone 的三种动画

类别	说明	命名约定
线性插值动画	在起始值和结束值之间进行动画处理： 若要指定起始值，请设置动画的 From 属性。 若要指定结束值，请设置动画的 To 属性。 若要指定相对于起始值的结束值，请设置动画的 By 属性（而不是 To 属性）	typeAnimation
关键帧动画	在使用关键帧对象指定的一系列值之间播放动画。关键帧动画的功能比线性插值动画的功能更强大，因为我们可以指定任意多个目标值，甚至可以控制它们的插值方法	typeAnimationUsingKeyFrames
基于帧动画	需要做的全部工作是响应静态的 CompositionTarget. Rendering 事件，触发该事件是为了为每帧获取内容	

线性插值动画和关键帧动画是要对 UI 元素的某个属性或者某种变换进行动画处理的，也就是动态地在时间轴上改变 UI 元素的某个属性或者某种变换，所以我们也可以根据动画所要改变的对象来分为针对属性的动画和针对变换的动画。Storyboard 类提供 TargetName 和 TargetProperty 附加属性，通过在动画上设置这些属性，你将告诉动画对哪些内容进行动画处理。不过，在动画以对象作为处理目标之前，必须使用 x:Name 属性为该对象提供一个名称，否则必须间接以属性作为目标。针对属性的动画需要将 TargetName 和 TargetProperty 附加属性赋值为元素的名称和元素的属性名称，针对变换的动画则需要将 TargetName 和 TargetProperty 附加属性赋值为变换的名称和变换的属性名称。基于帧动画则比较特殊，这是一种低级的动画处理方式，相当于是每一帧的动画都需要通过事件来进行重绘界面。

7.2 线性插值动画

所谓线性插值实际上就是通过给定的两个关键帧图形线性地求出两帧之间的中间帧图形。这里的线性插值动画是把两个对应的开始值和结束值之间等间隔划分，然后根据实现线性地实现等量递增或者递减的效果。在 Windows Phone 中线性插值动画表现为，界面上某个元素的某个属性，在开始值和结束值之间逐步增加或者递减，是一种线性插值的过程。在 Windows Phone 应用开发里面大部分均匀变化的动画都可以使用线性插值动画来实现，比如控件淡出淡入的效果，时钟转动等。那么本小节将会详细地讲解 Windows Phone 里面的线性插值的动画的原理和实现。

7.2.1 动画的基本语法

Windows Phone 动画类位于 Windows.UI.Xaml.Media.Animation 命名空间下，Windows Phone 的线性插值动画和关键帧动画都是基于 Timeline（时间线）的动画，所有的动画都是继承于 Timeline 类，Timeline 用来表示动画的某一时刻或某段时间范围，它用来记录动画的状态、行为、顺序及起始位置和结束位置，可以声明一个动画在某段时间范围的起始和结束状态及动画的持续时间。

Storyboard（故事板）是 Windows Phone 动画的基本单元，派生于 Timeline 类，它用来分配动画时间，可以使用同一个故事板对象产生一种或多种动画效果，并且允许控制动画的播放、暂停、停止以及在何时何地播放。使用故事板时，必须指定 TargetProperty（目标属性）和 TargetName（目标名称）属性，这两个属性把故事板和所有产生的动画效果衔接起来，起到了桥梁的作用，下面是一个完整的 Storyboard 动画代码：

```
<Storyboard x:Name = "storyboard1">
        <!-- 在 Storyboard 里面可以定义线性插值动画或者关键帧动画 -->
        <!-- 下面是一个 DoubleAnimation 类型的线性插值动画 -->
        <DoubleAnimation
                EnableDependentAnimation = "True"
```

```
            Storyboard.TargetName = "ellipse1"
            Storyboard.TargetProperty = "Width"
            From = "150" To = "300" Duration = "0:0:3"/>
</Storyboard>
```

上面示例的动画效果是产生一个变形的椭圆，代码声明了一个故事板和一个DoubleAnimation类型的线性插值动画对象。DoubleAnimation动画元素指定的TargetName(作用目标)和TargetProperty(作用属性)，其中TargetProperty的值为ellipse1，TargetProperty值为Width。当完成一个故事板定义并声明了动画类型之后，这个动画并不能在XAML页面加载后自动播放，因为并没有指定动画播放的开始事件，此时需要调用Storyboard类的Begin方法才能播放动画如storyboard1.Begin()。在这里我们还要注意一下EnableDependentAnimation属性，这个属性默认值是False，它表示动画是否需要依赖UI线程来运行，如果在上面的动画中不设置EnableDependentAnimation="True"，那么该动画是无法运行的。Windows Phone的Animation动画本身并不需要依赖UI线程运行的，它是在构图线程上运行的，那么这里为什么还要依赖UI线程呢？原因就是动画所改变的属性是UI元素的Width属性，修改Width属性会重新调用UI的布局系统这些操作都必须要依赖UI线程的。如果动画修改的目标属性是第6章所讲的变换效果和三维效果的相关属性，那就不需要把EnableDependentAnimation属性设置为True，因为这时候动画将不会依赖UI线程进行运行。

7.2.2　线性动画的基本语法

线性插值动画的Animation类是指专门的创建线性动画的类，这些类都具有From(获取或设置动画的起始值)，To(获取或设置动画的结束值)，By(获取或设置动画更改其起始值时所依据的总量)这三个属性，通过这三个值来设置线性插值的开始和结束值。在Windows Phone里面线性插值动画的Animation类都在Windows.UI.Xaml Media.Animation命名空间中，并且都以Animation结尾，这些类主要有DoubleAnimation类、ColorAnimation类和PointAnimation类，这三个类分别对Double、Color和Point的属性进行动画处理。

要理解线性动画的基本语法，其实就是对线性动画相关的Animation类相关属性的理解。那么我们通过一个小例子来看一下线性插值动画的From、To、By、Duration、AutoReverse和RepeatBehavior这些属性的理解和运用。下面我们来看一下一个简单的线性动画的代码示例：

代码清单7-1：简单的线性动画(源代码：第7章\Examples_7_1)

MainPage.xaml文件主要代码

```
------------------------------------------------------------------
<StackPanel x:Name = "ContentPanel" Grid.Row = "1" Margin = "12,0,12,0">
    <StackPanel.Resources>
        <Storyboard x:Name = "myStoryboard">
```

```
                <DoubleAnimation From = "0" To = "300" AutoReverse = "True" RepeatBehavior =
"Forever" Duration = "0:0:3" Storyboard.TargetName = "rect" Storyboard.TargetProperty =
"Width" EnableDependentAnimation = "True"/>
            </Storyboard>
        </StackPanel.Resources>
        <Rectangle x:Name = "rect" Width = "0" Fill = "Red" Height = "100"/>
        <Button Content = "启动动画" Click = "Button_Click_1"/>
    </StackPanel>
```

MainPage.xaml.cs 文件主要代码

```
//播放动画
private void Button_Click_1(object sender, RoutedEventArgs e)
{
    myStoryboard.Begin();
}
```

应用程序的运行效果如图 7.1 所示。

在线性插值的动画里面使用最多的三个属性是：开始值（From）、结束值（To）和整个动画执行的时间（Duration）。上面的示例中，我们为这一个故事板添加了一个 DoubleAnimation 类型的动画，并指定它的动画是矩形的宽度，动画的目标对象是一个矩形，目标属性是矩形的 width 并且指定他的目标属性是从 0～300。下面我们通过这个简单的示例来讲解动画中的一些重要的属性。

图 7.1 简单的线性动画

1. From 属性

From 值是 Width 属性的开始数值。如果多次单击按钮，每次单击时都会将 Width 属性重新设置为 0，并且重新开始动画。即使当动画正在运行时也是如此。这个示例提供了另外一个 Windows Phone 动画细节，即每个依赖项属性每次只能响应一个动画。如果开始第二个动画，第一个动画就会自动放弃。在许多情况下，可能不希望动画从最初的 From 值开始。这有如下两个常见的原因：

第一个原因是动画多次重复启动的时候需要在上次的基础上延续下去，需要创建一个能够被触发多次，并且逐次累加效果的动画。例如，可能希望创建一个每次单击时都增大一点的按钮。

第二个原因是创建可能相互重叠的动画。例如，可以使用 PointerEntered 事件触发一个扩展按钮的动画，并使用 PointerExited 事件触发一个将按钮缩小为原尺寸的互补动画（这通常被称为“鱼眼”效果）。如果快速连续地将鼠标多次移动到这种按钮上并移开，每个新动画就会打断上一个动画，导致按钮“跳”回到由 From 属性设置的值。

当前示例属于第一种情况。如果当矩形正在增大时单击按钮，矩形的宽度就会被重新设置为 0 个像素。为了改正这个问题，只需要删除设置 Form 属性的代码即可，例如：

```
<Storyboard x:Name = "myStoryboard">
    <DoubleAnimation To = "300" EnableDependentAnimation = "True"
                     AutoReverse = "True" RepeatBehavior = "Forever"
                     Duration = "0:0:3" Storyboard.TargetName = "rect"
                     Storyboard.TargetProperty = "Width"/>
</Storyboard>
```

2. To 属性

就像可以省略 From 属性一样，也可以省略 To 属性。实际上，可以同时省略 From 属性和 To 属性，如把上面的动画示例改成：

```
<Storyboard x:Name = "myStoryboard">
    <DoubleAnimation AutoReverse = "True" RepeatBehavior = "Forever"
                     Duration = "0:0:3" Storyboard.TargetName = "rect"
                     Storyboard.TargetProperty = "Width"
                     EnableDependentAnimation = "True"/>
</Storyboard>
```

乍一看，这个动画好像根本没有执行任何操作。这样认为是符合逻辑的，因为 To 属性和 From 属性都被忽略了，它们将使用相同的值。但是它们之间存在一点微妙且重要的区别。当省略 From 值时，动画使用考虑动画的当前值。例如，如果按钮通过一个增长操作位于中间，From 值会使用扩展后的宽度。然而，当忽略了 To 值时，动画使用不考虑动画的当前值。本质上，这意味着 To 值是原来的数值。

3. By 属性

若不使用 To 属性，也可以使用 By 属性。By 属性用于创建通过设置变化的数量改变数值的动画，而不是通过设置达到的目标改变数值。如可以把示例的动画改成增大矩形的宽度使其比原来的宽度大 100 个像素，如下所示：

```
<Storyboard x:Name = "myStoryboard">
    <DoubleAnimation From = "0" By = "100" EnableDependentAnimation = "True"
                     AutoReverse = "True" RepeatBehavior = "Forever"
                     Duration = "0:0:3" Storyboard.TargetName = "rect"
                     Storyboard.TargetProperty = "Width"/>
</Storyboard>
```

大部分使用插值的动画通常都提供了 By 属性，但也并不总是如此。例如，对于非数字的数据类型，By 属性是没有意义的，例如，ColorAnimation 类使用的 Color 结构。

4. Duration 属性

Duration 属性很简单，它是在动画开始时和结束时之间的时间间隔。动画是一个时间线，它代表着一个时间段的变化效果。在动画的指定时间段内运行动画时，动画还会计算输出值。在运行或“播放”动画时，动画将更新与其关联的属性。该时间段的长度由时间线的 Duration（通常用 TimeSpan 值来指定）来决定。当时间线达到其持续时间的终点时，表示时间线完成了一次重复。动画使用其 Duration 属性来确定动画一次重复所需要的时间。如果没有为动画指定 Duration 值,它将使用默认值 1 秒。

Duration 属性的 XAML 语法格式为“小时：分钟：秒”,比如动画一次重复要运行 0 小时 40 分钟 6.5 秒,那么 Duration 值就要设置为“0：40：6.5”。在 XAML 中设置的动画的持续时间是使用一个 TimeSpan 对象设置的,但在 C#代码里面设置 Duration 属性实际上需要的是一个 Duration 对象。幸运的是 Duration 类型和 TimeSpan 类型非常类似,并且 Duration 结构定义了一个隐式转换,能够将 TimeSpan 类型转换为所需要的 Duration 类型。

那么,为什么要使用一个全新的数据类型呢？因为 Duration 类型还提供了两个特殊的不能通过 TimeSpan 对象表示的数值：Duration. Automatic 和 Duration. Forever。在当前的示例中,这两个值都没有用处,当创建更加复杂的动画时,这些值就有用处了。

5. AutoReverse 属性

AutoReverse 属性指定时间线在到达其 Duration 的终点后是否倒退。如果将此动画属性设置为 true,则动画在到达其 Duration 的终点后将倒退,即从其终止值向其起始值反向播放。默认情况下,该属性为 false。

6. RepeatBehavior 属性

RepeatBehavior 属性指定时间线的播放次数。默认情况下,时间线的重复次数为 1.0,即播放一次时间线,不进行重复播放。RepeatBehavior 属性的设置有三种语法,第一种是设置为"Forever"和上面的示例一样,表示动画一直重复地运行下去。第二种是设置重复运行的次数,叫做迭代形式,迭代形式占位符是一个整数,用于指定动画应重复的次数。迭代次数后总是跟一个小写的原义字符 x。我们可以将它想象为一个乘法字符,即“3x”表示 3 倍。如果让上面的示例改成重复运行三次就停止动画,可以改成如下的写法：

```
<Storyboard x:Name = "myStoryboard">
    <DoubleAnimation From = "0" To = "300" EnableDependentAnimation = "True"
                     AutoReverse = "True" RepeatBehavior = "3x"
                     Duration = "0:0:3" Storyboard.TargetName = "rect"
                     Storyboard.TargetProperty = "Width"/>
</Storyboard>
```

第三种是设置动画运行的时间跨度,注意这个时间跨度和 Duration 属性是有很大区别的,这个时间表示的是动画从运行到停止的时间,Duration 属性的时间表示的时动画重复一次的时间。时间跨度的语法格式是“[天.]小时：分钟：秒[.秒的小数部分]”,方括号([])表示可选值,如重复 15 秒可以设置 RepeatBehavior="0：0：15"。小时、分钟和秒值可以是从 0 到 59 中的任意整数。天的值可以很大,但其具有未指定的上限。秒的小数部分(包含小数点)的小数值必须介于 0 和 1 之间。

7.2.3 DoubleAnimation 实现变换动画

DoubleAnimation 类是用于属性为 Double 类型的 UI 元素的线性插值动画的类型，可以对普通数值属性(如 Width 等)、变换特效属性和三维特效实现线性插值动画。它是最常用的线性插值动画，凡是属于 Double 类型的属性都可以使用 DoubleAnimation 类来实现线性插值动画的效果。其实 Windows Phone 的 UI 元素大部分的属性都是 Double 类型，比如我们常见的 With 宽度属性，Heigh 高度属性，Opacity 透明度属性等。也就是说，当我们要实现 UI 元素变大变小或者淡入淡出这些线性插值动画的时候就需要用到 DoubleAnimation 类来实现。

在 Windows Phone 动画里面除了对相关的 UI 元素属性进行动画处理之外，我们还可以对 UI 元素的变换进行动画处理。通过对 Transform 对象的属性进行动画处理可以实现一些更有趣的动画，如旋转、扭曲和重新缩放对象等。把 TranslateTransform 运用在动画里面我们可以实现偏移动画，实现 UI 元素往后个方向或者路径移动的动画效果。把 RotateTransform 运用在动画里面我们可以实现旋转动画，实现 UI 元素以某个中心点旋转动画效果。把 ScaleTransform 运用在动画里面我们可以实现缩放动画，实现 UI 元素形状变大变小的动画效果。把 SkewTransform 运用在动画里面我们可以实现倾斜动画或者扭曲动画，实现 UI 元素形状改变的动画效果。

下面的示例将 Storyboard 和 DoubleAnimation 与 ScaleTransform 一起使用，以便在动画运行的时候，Rectangle 的高度慢慢地向下伸长至原来的两倍。

代码清单 7-2：DoubleAnimation 动画(源代码：第 7 章\Examples_7_2)

MainPage.xaml 文件主要代码

```
--------------------------------------------------------------------------
    <Canvas>
        <Canvas.Resources>
            <Storyboard x:Name = "storyBoard">
                <!-- 对 ScaleTransform 对象的 ScaleY 属性应用动画，表示沿着 Y 轴缩放倍数变
化的动画 -->
                <DoubleAnimation Storyboard.TargetName = "scaleTransform"
                            Storyboard.TargetProperty = "ScaleY"
                            From = "1" To = "2"
                            Duration = "0:0:3"
                            RepeatBehavior = "Forever"
                            AutoReverse = "True">
                </DoubleAnimation>
            </Storyboard>
        </Canvas.Resources>
        <Rectangle x:Name = "rectangle" Height = "50" Width = "50" Canvas.Left = "75" Canvas.
Top = "75" Fill = "Blue">
            <Rectangle.RenderTransform>
                <!-- 注意需要对 ScaleTransform 命名，否则无法定义动画的目标对象 -->
                <ScaleTransform x:Name = "scaleTransform"></ScaleTransform>
```

```
            </Rectangle.RenderTransform>
        </Rectangle>
    </Canvas>
```

MainPage.xaml.cs 文件主要代码

```
//在页面加载的事件里面播放动画
private void PhoneApplicationPage_Loaded_1(object sender, RoutedEventArgs e)
{
    storyBoard.Begin();
}
```

应用程序的运行效果如图 7.2 所示。

图 7.2 DoubleAnimation 动画

7.2.4 ColorAnimation 实现颜色渐变动画

ColorAnimation 类是用于属性为 Color 类型的 UI 元素的线性插值动画的类型，与色调相关的渐变动画可以使用 DoubleAnimation 类来实现，通过会用于 UI 元素的 Fill 属性，Background 属性等，来实现对象的填充色调的变化效果。为什么颜色也可以向 Double 类型一样做线性的动画，其实 Windows Phone 使用的是 RGB 颜色模型或红绿蓝颜色模型，是一种加色模型，将红(Red)、绿(Green)、蓝(Blue)三原色的色光以不同的比例相加，以产生多种多样的色光。三原色的色值范围是 0～255，Color 类型做线性的动画处理其实就是三原色的色值的线性处理。

下面我们通过一个例子演示对 Button 控件的 Background 属性进行 ColorAnimation

颜色动画的处理，从红色(Red)渐变到黄色(Yellow)。Button控件的Background属性是Brush类型，颜色是Color类型，所以在动画的目标属性需要设置为(Button.Background).(SolidColorBrush.Color)，表示动画的目标属性是针对Button.Background属性为SolidColorBrush类型的Color属性，SolidColorBrush类的Color属性则是Color类型符合ColorAnimation动画的定义。

代码清单7-3：ColorAnimation动画(源代码：第7章\Examples_7_3)
MainPage.xaml文件主要代码

```
<Page.Resources>
    <Storyboard x:Name="storybord1">
        <ColorAnimation From="Red" To="Yellow"
                        Storyboard.TargetName="button"
                        Storyboard.TargetProperty="(Button.Background).(SolidColorBrush.
Color)"
                        Duration="0:0:5">
        </ColorAnimation>
    </Storyboard>
</Page.Resources>
//…省略若干代码
<StackPanel>
    <Button Content="开始动画" Click="Button_Click_1"></Button>
    <Button Content="Test" x:Name="button"></Button>
</StackPanel>
```

应用程序的运行效果如图7.3所示。

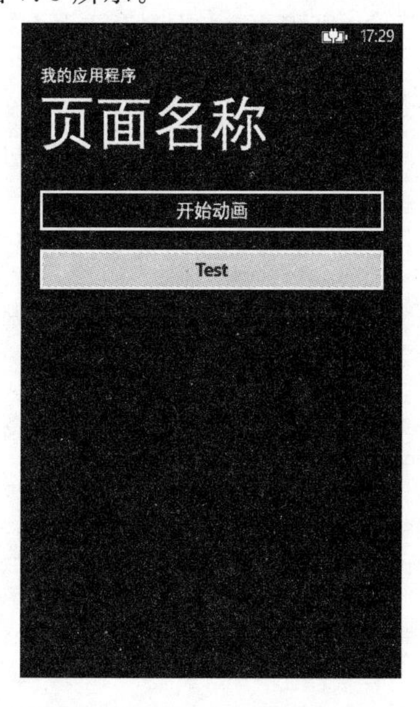

图7.3　ColorAnimation动画

7.2.5 PointAnimation 实现 Path 图形动画

PointAnimation 类是用于属性为 Point 类型的 UI 元素的线性插值动画的类型，在两个 Point 值之间做线性内插动画处理，用于改变某些 UI 元素对象的 x，y 值，如元素的 Center 属性。在上一章我们讲解了 Path 图形的语法，从 Path 图形的语法上看，可以发现 Path 图形的构造语法里面是由很多点组成的，所以当使用动画动态地改变 Path 图形中间的某些点可以实现一些很有趣的动画。如果我们要对 Path 图形应用动画，动态地改变 Path 图形上的点，那么需求用 PathGeometry 的方式来创建 Path 图形。

我们用一个例子来演示如何实现 Path 图形的动画，这个动画的运行效果是一个四分之三的圆通过线性动画慢慢地变成一个完整的圆，不断地重复这样的动画效果，看起来很像是一个圆形的小精灵不停地张开嘴巴合起嘴巴的动作。这个 Path 圆形的构造原理是从圆最右边的点出发，使用 BezierSegment 画 4 条曲线和一条直线连接到中心点形成一个闭合的图形。对第 4 条曲线 BezierSegment 的终点 Point3 进行动画处理，让其从圆的最上边的点坐标运动到最右边的点坐标，从而实现了嘴巴一张一合的动画效果。下面我们来看一下示例的代码：

代码清单 7-4：PointAnimation 动画（源代码：第 7 章\Examples_7_4）

MainPage. xaml 文件主要代码

```
--------------------------------------------------------------------
    <Grid.Resources>
        <Storyboard x:Name="storyboard1">
            <PointAnimation From = "50,0" To = "100,50" Duration = "0:0:3" Storyboard.
TargetName = "bezierSegment" Storyboard.TargetProperty = "Point3" RepeatBehavior = "5"
EnableDependentAnimation="True"></PointAnimation>
        </Storyboard>
    </Grid.Resources>
    //…省略若干代码
    <StackPanel>
        <Button Content="运行动画" Click="Button_Click_1"></Button>
        <!--Data 属性由 4 个 BezierSegment 曲线和 1 条直线 LineSegment 组成-->
        <Path Fill="#FF4080FF" HorizontalAlignment="Left" Height="100" Margin="162,
164,0,0" Stretch="Fill" VerticalAlignment="Top" Width="100">
            <Path.Data>
                <PathGeometry>
                    <PathFigure StartPoint="100,50">
                        <BezierSegment Point1 = "100,77.6142" Point2 = "77.6142,100"
Point3="50,100"></BezierSegment>
                        <BezierSegment Point1="22.3858,100" Point2="0,77.6142" Point3=
"0,50"></BezierSegment>
                        <BezierSegment Point1="0,22.3858" Point2="22.3858,0" Point3=
"50,0"></BezierSegment>
                        <!--bezierSegment 表示是圆右上的弧线,对其终点 Point3 进行动画处
```

```
理 -->
                        <BezierSegment x:Name = "bezierSegment" Point1 = "77.6142,0" Point2 =
"100,22.3858" Point3 = "100,50"></BezierSegment>
                        <LineSegment Point = "50,50"></LineSegment>
                    </PathFigure>
                </PathGeometry>
            </Path.Data>
        </Path>
    </StackPanel>
```

应用程序的运行效果如图 7.4 所示。

图 7.4 PointAnimation 动画

7.3 关键帧动画

关键帧的概念来源于传统的卡通片制作。在早期 Walt Disney 的制作室,熟练的动画师设计卡通片中的关键画面,也即所谓的关键帧,然后由一般的动画师设计中间帧。帧就是动画中最小单位的单幅影像画面,相当于电影胶片上的每一格镜头。在计算机动画中,中间帧的生成由计算机来完成,插值代替了设计中间帧的动画师。所有影响画面图像的参数都可成为关键帧的参数,如位置、旋转角、纹理的参数等。关键帧技术是计算机动画中最基本并且运用最广泛的方法。关键帧动画是软件编程里面非常常用的一种动画编程方式,那么本节将详细地讲解 Windows Phone 上关键帧动画编程的相关技术。

7.3.1 关键帧动画概述

到目前为止上面介绍的动画都是使用线性插值从开始点移动到结束点。但是如果需要创建具有多个分段的动画或者不规则移动的动画，该怎么办呢？例如，你可能希望创建一个动画，快速地将一个元素滑入到视图中，然后慢慢地将它移动到正确的位置。可以通过创建两个连续的动画，并使用 BeginTime 属性在第一个动画之后开始第二个动画实现这种效果。然而，还有更简单的方法就是使用关键帧动画。

1. 关键帧动画的概念

Windows Phone 中有定义关键帧类，它组成关键帧动画最基本的元素。一个动画轨迹里有多个关键帧，每个关键帧具有自己的相关信息，如长度或者颜色等，同时每个关键帧还保存有自己在整个动画轨迹里所处的时间点。在实际运行时，根据当前时间，通过对两个关键帧的插值可以得到当前帧。动画运行时，随着时间的变化，插值得到的当前帧也是变化的，从而产生了动画的效果。由于关键帧包括长度、颜色、位置等的信息，所以可以实现运动动画、缩放动画、渐变动画和旋转动画以及混合动画等。

2. 关键帧动画与线性插值动画的区别

与线性插值(From/To/By)动画类似，关键帧动画以动画形式显示了目标属性的值。它通过其 Duration 创建其目标值之间的过渡。线性插值动画可以创建两个值之间的过渡，而关键帧动画则可以创建任意数量的目标值之间的过渡。关键帧动画允许沿动画时间线到达一个点的多个目标值。换句话说，每个关键帧可以指定多个个不同的中间值，并且到达的最后一个关键帧为最终动画值。与线性插值动画不同的是，关键帧动画没有设置其目标值所需的 From、To 或 By 属性。关键帧动画的目标值是使用关键帧对象进行描述的，因此称作“关键帧动画”。通过指定多个值来创建关键帧动画，可以做出更复杂的动画。关键帧动画还会启用不同的插入逻辑，每个插入逻辑根据动画类型作为不同的 "KeyFrame" 子类实现。确切地说，每个关键帧动画类型具有其 KeyFrame 类的 Discrete、Linear、Spline 和 Easing 变体，用于指定其关键帧。例如，若要指定以 Double 为目标并使用关键帧的动画，则可声明具有 DiscreteDoubleKeyFrame、LinearDoubleKeyFram、SplineDoubleKeyFrame 和 EasingDoubleKeyFrame 的关键帧。你可以在一个 KeyFrames 集合中使用任一和所有这些类型，用以更改每次新关键帧到达的插入。

3. 关键帧动画需要注意的属性

对于插入行为，每个关键帧控制该插入，直至到达其 KeyTime 时间。其 Value 也会在该时间到达。如果有更多关键帧超出范围，则该值将成为序列中下一个关键帧的起始值。在动画的开始处，如果“0:0:0”没有任何具有 KeyTime 的关键帧，则起始值为该属性的任意非动画值。这种情况下的行为与线性插值动画在没有 From 的情况下的行为类似。

关键帧动画的持续时间为隐式持续时间，它等于其任一关键帧中设置的最高 KeyTime 值。如果需要，你可以设置一个显式 Duration，但应注意该值不应小于你自己的关键帧中的 KeyTime，否则将会截断部分动画。除了 Duration，你还可以在关键帧动画上设置基于

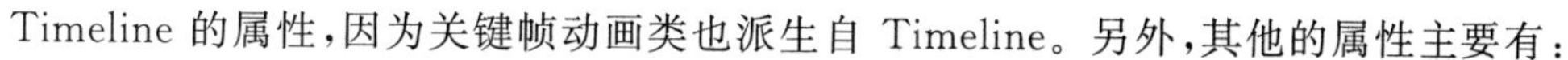

Timeline 的属性,因为关键帧动画类也派生自 Timeline。另外,其他的属性主要有:

(1) AutoReverse:在到达最后一个关键帧后,从结束位置开始反向重复帧。这使得动画的显示持续时间加倍。

(2) BeginTime:延迟动画的起始部分。帧内 KeyTime 值的时间线在 BeginTime 到达前不开始计数,因此不存在截断帧的风险。

(3) FillBehavior:控制当到达最后一帧时发生的操作。FillBehavior 不会对任何中间关键帧产生任何影响。

4. 关键帧动画的类别

关键帧动画分为线性关键帧、样条关键帧和离散关键帧三种类型。关键帧动画类属于 Windows. UI. Xaml. Media. Animation 命名空间,并遵守下列命名约定:＜类型＞ AnimationUsingKeyFrames。其中 ＜类型＞ 是该类进行动画处理的值的类型。Windows Phone 提供了 4 个关键帧动画类,分别是 ColorAnimationUsingKeyFrames、DoubleAnimationUsingKeyFrames、PointAnimationUsingKeyFrames 和 ObjectAnimationUsingKeyFrames。不同的属性类型对应不同的动画类型。关键帧动画的类别和线性插值动画的类别是类似的,如表 7.2 是关键帧对应的分类。

表 7.2　关键帧的分类

属性类型	对应的关键帧动画类	支持的动画过渡方法
Color	ColorAnimationUsingKeyFrames	离散、线性、样条
Double	DoubleAnimationUsingKeyFrames	离散、线性、样条
Point	PointAnimationUsingKeyFrames	离散、线性、样条
Object	ObjectAnimationUsingKeyFrames	离散

由于动画生成属性值,因此对于不同的属性类型,会有不同的动画类型。若要对采用 Double 的属性(例如元素的 Width 属性)进行动画处理,请使用生成 Double 值的动画。若要对采用 Point 的属性进行动画处理,请使用生成 Point 值的动画,依此类推。

线性关键帧通过使用线性内插,可以在前一个关键帧的值及其自己的 Value 之间进行动画处理。离散关键帧,在值之间产生突然“跳跃”(无内插算法)。换言之,已经过动画处理的属性在到达此关键帧的关键时间后才会更改,此时已经过动画处理的属性会突然转到目标值。样条关键帧通过贝塞尔曲线方式来定义动画变化节奏。接下来的小节会对这三种关键帧动画作更加详细的讲解。

7.3.2　线性关键帧

线性关键帧是最常用到的关键帧种类,也就是我们最多接触的关键帧种类。这种关键帧的最大特点就是两个关键帧之间的数值是线性变化的,也就像我们小学学的一次函数那样,数值变化的斜率是一致的,在图形编辑器中显示就是一条直线。

线性关键帧动画是由许多比较短的段构成的动画。每段表示动画中的初始值、最终值或中间值。当运行动画时，它光滑地从一个值移动到另外一个值。使用线性过度，指定时间段内，动画的播放速度将是固定的。比如，如果关键帧段在5秒内，从0过渡到10，则该动画会在指定的时间产生如表7.3所示的值。

表7.3 关键帧值示例

时　间	输出值
0	0
1	2
2	4
3	6
4	8
4.25	8.5
4.5	9
5	10

例如，下面分析将LinearGradientBrush画刷的开始点，从一个位置移动到另外一个位置的Point动画：

```
<PointAnimation Storyboard.TargetName = "myradialgradientbrush "
                Storyboard.TargetProperty = "StartPoint"
                From = "0.1,0.7" To = "0.3,0.7" Duration = "0:0:10"
                AutoReverse = "True"
                RepeatBehavior = "Forever">
</PointAnimation>
```

可以使用一个效果相同的PointAnimationUsingKeyFrames对象代替上面的PointAnimation对象，如下所示：

```
<PointAnimationUsingKeyFrames Storyboard.TargetName = "myradialgradientbrush "
            Storyboard.TargetProperty = "StartPoint"
            AutoReverse = "True" RepeatBehavior = "Forever" >
    <LinearPointKeyFrame Value = "0.1,0.7" KeyTime = "0:0:0"/>
    <LinearPointKeyFrame Value = "0.3,0.7" KeyTime = "0:0:10"/>
</PointAnimationUsingKeyFrames>
```

这个动画包含两个关键帧。当动画开始时第一个关键帧设置Point值(如果希望使用在LinearGradientBrush画刷中设置的当前值，可以省略这个关键帧)。第二个关键帧定义结束值，这是10秒之后达到的数值。PointAnimationUsingKeyFrames对象执行线性插值，这样，第一个关键帧平滑移动到第二个关键帧，就像PointAnimation对象使用From值和To值一样。

每个关键帧动画都使用自己的关键帧对象(如LinearPointKeyFrame)。对于大部分内容，这些类是相同的，它们包含一个保存目标值的Value属性和一个指示帧何时到达目标值的KeyTime属性。唯一的区别是Value属性的数据类型。在LinearPointKeyFrame类中是 Point 类型，在 DoubleKeyFrame 类中是 double 类型等。

像其他动画一样，关键帧动画具有 Duration 属性。除了指定动画的 Duration 外，你还需要指定向每个关键帧分配持续时间内的多长一段时间。你可以为动画的每个关键帧描述其 KeyTime 来实现此目的。每个关键帧的 KeyTime 都指定了该关键帧的结束时间。KeyTime 属性并不指定关键时间播放的长度。关键帧播放时间长度由关键帧的结束时间、前一个关键帧的结束时间以及动画的持续时间来确定。可以以时间值、百分比的形式来指定关键时间，或者将其指定为特殊值 Uniform 或 Paced。

7.3.3 样条关键帧

在关键帧动画中，计算机的主要作用是进行插值，为了使若干个关键帧间的动画连续流畅，经常采用样条关键帧插值法。这样得到动画中的运动具有二阶连续性，即 C^2 连续性。在 Windows Phone 中每个支持线性关键帧的类也支持样条关键帧，并且它们使用"Spline＋数据类型＋KeyFrame"的形式进行命名。和线性关键帧一样，样条关键帧使用插值平滑地从一个值移动到另外一个值。区别是每个样条关键帧都有一个 KeySpline 属性。可以使用该属性定义一个影响插值方式的三次贝塞尔样条。尽管为了得到希望的效果这样做有些烦琐，但是这种技术提供了创建更加无缝的加速和减速，以及更加逼真的动画效果。

样条关键帧使用的是三次方贝塞尔曲线来计算动画运动的轨迹。贝赛尔曲线的每一个顶点都有两个控制点，用于控制在该顶点两侧的曲线的弧度。它是应用于二维图形应用程序的数学曲线。曲线的定义有四个点：起始点、终止点（也称锚点）以及两个相互分离的中间点。滑动两个中间点，贝塞尔曲线的形状会发生变化。三次贝塞尔曲线，则需要一个起点，一个终点，两个控制点来控制曲线的形状。下面来看一下三次方贝塞尔曲线的计算方法。

P_0、P_1、P_2、P_3 四个点在平面或在三维空间中定义了三次方贝塞尔曲线。曲线起始于 P_0 走向 P_1，并从 P_2 的方向来到 P_3。一般不会经过 P_1 或 P_2；这两个点只是在那里提供方向资讯。P_0 和 P_1 之间的间距，决定了曲线在转而趋进 P_3 之前，走向 P_2 方向的“长度有多长”。曲线的参数形式为

$$B(t) = P_0(1-t)^3 + 3P_1t(1-t)^2 + 3P_2t^2(1-t) + P_3t^3, \quad t \in [0,1]$$

样条关键帧可用于达到更现实的计时效果。由于动画通常用于模拟现实世界中发生的效果，因此开发人员可能需要精确地控制对象的加速和减速，并需要严格地对计时段进行操作。通过样条关键帧，你可以使用样条内插进行动画处理。使用其他关键帧，你可以指定一个 Value 和 KeyTime。使用样条关键帧，你还需要指定一个 KeySpline。下面的示例演示 DoubleAnimationUsingKeyFrames 的单个样条关键帧，请注意 KeySpline 属性，它正是样条关键帧与其他类型的关键帧的不同之处。

```
<SplineDoubleKeyFrame Value = "500" KeyTime = "0:0:7" KeySpline = "0.0,1.0 1.0,0.0"/>
```

样条关键帧根据 KeySpline 属性的值在值之间创建可变的过渡。KeySpline 属性是从

(0,0) 延伸到 (1,1) 的贝塞尔曲线的两个控制点,用于控制在该顶点两侧的曲线的弧度,描述了动画的加速。第一个控制点控制贝塞尔曲线前半部分的曲线因子,第二个控制点控制贝塞尔线段后半部分的曲线因子。此属性基本上定义了一个时间关系间的函数,其中函数-时间图形采用贝塞尔曲线的形状。所得到的曲线是对该样条关键帧的更改速率所进行的描述。曲线陡度越大,关键帧更改其值的速度越快。曲线趋于平缓时,关键帧更改其值的速度也趋于缓慢。

在 XAML 属性字符串中指定一个 KeySpline 值,该字符串具有四个以空格或逗号分隔的 Double 值,如 KeySpline="0.0,1.0 1.0,0.0"。这些值是用作贝塞尔曲线的两个控制点的 "X,Y" 对。"X" 是时间,而 "Y" 是对值的函数修饰符。每个值应始终介于 0~1 之间。控制点更改该曲线的形状,并因此会更改样条动画的函数随时间变化的行为。每个控制点会影响控制样条动画速率的概念曲线的形状,同时更改 0,0 和 1,1 之间的线性进度。keySplines 的语法必须指定且仅指定两个控制点,如果曲线只需要一个控制点,可以重复同一个控制点。如果不将控制点修改为 KeySpline,则从 0,0 到 1,1 的直线是线性插入的时间函数的表示形式。

你可以使用 KeySpline 来模拟下落的水滴或跳动的球等的物理轨迹,或者应用动画的其他“潜入”和“潜出”效果。对于用户交互效果,例如背景淡入/淡出或控制按钮弹跳等,可以应用样条关键帧,以便以特定方式提高或降低动画的更改速率。

将 KeySpline 指定为 0、1、1、0,可产生如图 7.5 所示的贝塞尔曲线,表示控制点为(0.0,1.0)和(1.0,0.0)的关键样条。此关键帧将在开始时快速运动,减速,然后再次加速,直到结束。

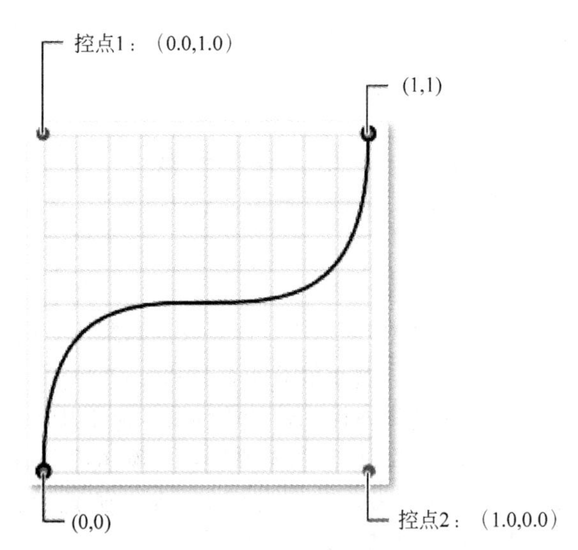

图 7.5 控制点为(0,1)和(1,0)的贝塞尔曲线

将 KeySpline 指定为 0.5、0.25、0.75、1.0，可产生如图 7.6 所示贝塞尔曲线，表示控制点为 (0.25，0.5) 和 (0.75，1.0) 的关键样条。由于贝塞尔曲线的曲度变化幅度很小，此关键帧的运动速率几乎固定不变；只在接近结束时才开始减速。

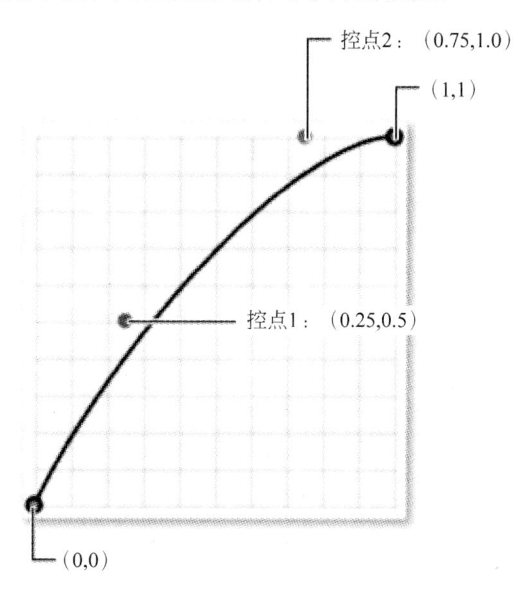

图 7.6　控制点为(0.25，0.5)和 (0.75，1.0)的贝塞尔曲线

下面的示例，通过对比在 Canvas 控件上移动的两个矩形，演示了一个样条关键帧动画的运动轨迹和一个线性关键帧动画运行轨迹的对比。第一个矩形使用一个具有一个 SplineDoubleKeyFrame 对象的 DoubleAnimationUsingKeyFrames 动画来控制 Canvas. Top 属性使它从 400 到 0 按照样条关键帧的轨迹变化和使用一个具有一个 LinearDoubleKeyFrame 对象的 DoubleAnimationUsingKeyFrames 动画来控制 Canvas. Left 属性使它从 0 到 400 按照线性关键帧的轨迹变化。第二个矩形使用了两个具有 DoubleAnimationUsingKeyFrames 对象的 DoubleAnimationUsingKeyFrames 动画来控制 Canvas. Top 和 Canvas. Left 属性使其匀速地从左下角向右上角运动。两个矩形同时到达目标位置(10 秒之后)，但是第一个矩形在其运动过程中会有明显的加速和减速，加速时会超过第二个矩形，而减速时又会落后于第二个矩形。

代码清单 7-5：样条关键帧动画(源代码：第 7 章\Examples_7_5)

MainPage. xaml 文件主要代码

```
<Grid x:Name = "LayoutRoot" Background = "Transparent">
    <Grid.Resources>
        <Storyboard x:Name = "SplineKeyStoryBoard">
            <! -- 对第一个矩形的 Canvas.Top 属性使用样条关键帧动画 -->
            <DoubleAnimationUsingKeyFrames
```

```
                                            Storyboard.TargetName = "rect"
                                            Storyboard.TargetProperty = "(Canvas.Top)"
                                            Duration = "0:0:10"
                                            RepeatBehavior = "Forever">
                    <SplineDoubleKeyFrame Value = "0" KeyTime = "0:0:10" KeySpline = "0.0,
1.0 1.0,0.0"/>
                </DoubleAnimationUsingKeyFrames>
                <!-- 对第一个矩形的 Canvas.Left 属性使用线性关键帧动画 -->
                <DoubleAnimationUsingKeyFrames
                                            Storyboard.TargetName = "rect"
                                            Storyboard.TargetProperty = "(Canvas.Left)"
                                            Duration = "0:0:10"
                                            RepeatBehavior = "Forever">
                    <LinearDoubleKeyFrame Value = "400" KeyTime = "0:0:10"/>
                </DoubleAnimationUsingKeyFrames>
                <!-- 对第二个矩形的 Canvas.Top 属性使用线性关键帧动画 -->
                <DoubleAnimationUsingKeyFrames
                                            Storyboard.TargetName = "rect2"
                                            Storyboard.TargetProperty = "(Canvas.Top)"
                                            Duration = "0:0:10"
                                            RepeatBehavior = "Forever">
                    <LinearDoubleKeyFrame Value = "0" KeyTime = "0:0:10"/>
                </DoubleAnimationUsingKeyFrames>
                <!-- 对第二个矩形的 Canvas.Left 属性使用线性关键帧动画 -->
                <DoubleAnimationUsingKeyFrames
                                            Storyboard.TargetName = "rect2"
                                            Storyboard.TargetProperty = "(Canvas.Left)"
                                            Duration = "0:0:10"
                                            RepeatBehavior = "Forever">
                    <LinearDoubleKeyFrame Value = "400" KeyTime = "0:0:10"/>
                </DoubleAnimationUsingKeyFrames>
            </Storyboard>
        </Grid.Resources>
        …//此处省略部分代码
        <Canvas x:Name = "ContentPanel" Grid.Row = "1" Margin = "12,0,12,0" >
            <!-- 第一个矩形的运动轨迹是采用样条关键帧的方式向从左下角向右上角用变化的
加速度运动 -->
            <Rectangle x:Name = "rect" Width = "50" Height = "50" Fill = "Purple" Canvas.Top =
"400" Canvas.Left = "0"/>
            <!-- 第二个矩形的运动轨迹是采用线性关键帧的方式向从左下角向右上角匀速运动 -->
            <Rectangle x:Name = "rect2" Width = "50" Height = "50" Fill = "Red" Canvas.Top =
"400" Canvas.Left = "0"/>
            <Button Content = "运行动画" Canvas.Top = "500" Click = "Button_Click_1"></Button>
        </Canvas>
    </Grid>
```

应用程序的运行效果如图 7.7 所示。

图 7.7　线性关键帧动画

7.3.4　离散关键帧

线性关键帧和样条关键帧动画会在关键帧数值之间平滑地过渡。那么离散关键帧就不会进行平滑地过渡，而是当到达关键时间时，属性突然改变到新的数值。离散式关键帧根本不使用任何插入。使用离散关键帧，动画函数将从一个值跳到下一个没有内插的值。如果关键帧段在 5 秒内从 0 过渡到 10，则该动画会在指定的时间产生如表 7.4 所示的值。动画在持续期间恰好结束之前不会更改其输出值，一直到到了时间点，才会修改。也就是说在 KeyTime 到达后，只是简单地应用新的 Value。离散关键帧的方式常常会产生动画仿佛在"跳"的感觉。当然你可以通过增加声明的关键帧的数目来最大程度地减少明显的跳跃感，但如果你需要流畅的动画效果，则请转而使用线性或样条关键帧。不过对于离散关键帧，它最大的作用和意义是，离散关键帧可以比线性关键帧和样条关键帧支持更多的类型属性进行动画处理。属性不是 Double、Point 和 Color 值的时候，我们是无法使用线性关键帧和样条关键帧来进行动画处理的，但是在离散关键帧中则可以处理这些属性。有很多属性没有可以递增的特性在线性关键帧和样条关键帧的概念里面当然是无法处理的，那么离散关键帧则可以弥补了这一种缺陷。所以常常会在同一个关键帧动画中组合使用多种类型的关键帧，把可以线性变化的属性使用了线性关键帧或者样条关键帧，而无法线性变化的属性使用了离散关键帧。

线性关键帧类使用"Linear＋数据类型＋KeyFrame"的形式进行命名。离散关键帧类使用"Discrete＋数据类型＋KeyFrame"的形式进行命名。下面是使用离散关键帧动画来修改 LinearGradientBrush 画刷示，当运行这个动画时，中心点会在合适的时间从一个位置跳到下一个位置，这是不平稳的动画效果。下面我们来看一个针对于 Point 属性的离散关键帧动画，通过改变椭圆填充 LinearGradientBrush 画刷的开始点的值从而实现了椭圆的颜色渐变的变化效果。

表 7.4 离散关键帧数值示例

时 间	输出值
0	0
1	0
2	0
3	0
4	0
4.25	0
4.5	0
5	10

代码清单 7-6：Point 离散关键帧动画（源代码：第 7 章\Examples_7_6）

MainPage.xaml 文件主要代码

```
------------------------------------------------------------------------------
<Grid.Resources>
    <Storyboard x:Name="storyboard">
        <PointAnimationUsingKeyFrames
Storyboard.TargetName="myLinearGradientBrush" Storyboard.TargetProperty="StartPoint"
EnableDependentAnimation="True" RepeatBehavior="Forever" > <DiscretePointKeyFrame Value=
"0.1,0.3" KeyTime="0:0:0"/>
            <DiscretePointKeyFrame Value="0.2,0.4" KeyTime="0:0:1"/>
            <DiscretePointKeyFrame Value="0.3,0.5" KeyTime="0:0:2"/>
            <DiscretePointKeyFrame Value="0.4,0.6" KeyTime="0:0:3"/>
            <DiscretePointKeyFrame Value="0.5,0.7" KeyTime="0:0:4"/>
            <DiscretePointKeyFrame Value="0.6,0.8" KeyTime="0:0:5"/>
            <DiscretePointKeyFrame Value="0.7,0.9" KeyTime="0:0:6"/>
        </PointAnimationUsingKeyFrames>
    </Storyboard>
</Grid.Resources>
…//此处省略部分代码
<Grid x:Name="ContentPanel" Grid.Row="1" Margin="12,0,12,0">
    <Ellipse x:Name="ellipse" >
        <Ellipse.Fill>
            <LinearGradientBrush x:Name="myLinearGradientBrush"
                                StartPoint="0,0" EndPoint="1,0">
                <LinearGradientBrush.GradientStops>
                    <GradientStop Color="White" Offset="0.001"></GradientStop>
                    <GradientStop Color="Blue" Offset="1"></GradientStop>
```

```
                    </LinearGradientBrush.GradientStops>
                </LinearGradientBrush>
            </Ellipse.Fill>
        </Ellipse>
        <Button Content = "启动动画" Height = "100" Click = "Button_Click_1"></Button>
    </Grid>
```

应用程序的运行效果如图 7.8 所示。

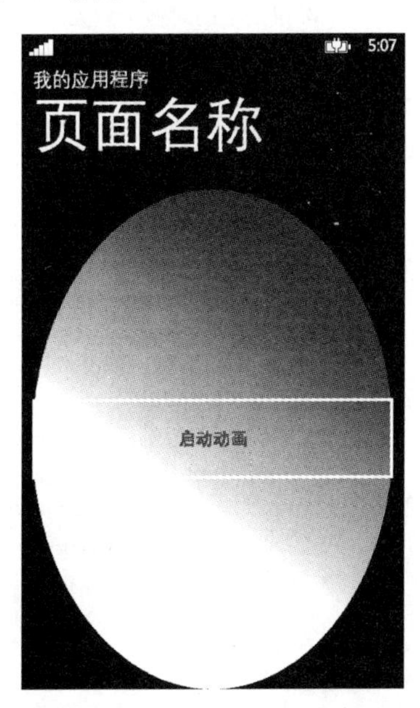

图 7.8　Point 离散关键帧动画

有一种类型的动画值得特别提出，因为它是可以将动画化的值应用于其类型不是 Double、Point 或 Color 的属性的唯一方法。它就是关键帧动画 ObjectAnimationUsingKeyFrames。使用 Object 值的动画非常不同，因为不可能在帧之间插入值。当帧的 KeyTime 到达时，动画化的值将立即设置为关键帧的 Value 中指定的值。由于没有任何插入，因此只有一种关键帧用于 ObjectAnimationUsingKeyFrames 关键帧集合：DiscreteObjectKeyFrame。DiscreteObjectKeyFrame 的 Value 通常使用属性元素语法设置，因为你尝试设置的对象值通常不可表示为字符串以采用属性语法填充 Value。如果你使用引用，例如 StaticResource，则仍可以使用属性语法。

在我们使用的 Button 控件的默认样式里面可以发现，按钮的单击状态和不可用状态都使用了 ObjectAnimationUsingKeyFrames 的离散关键帧动画来改变按钮的背景画刷颜色。因为系统的背景资源是 SolidColorBrush 对象，而不仅仅是 Color 值。但由于 SolidColorBrush 不是 Double、Point 或 Color，因此你必须使用 ObjectAnimationUsingKeyFrames 才能使用该资源。下面我们可以看下，Button 按钮默认资源的对象离散关键帧动画。

```
<Style x:Key = "ButtonStyle1" TargetType = "Button">
    <Setter Property = "Template">
        <Setter.Value>
            <ControlTemplate TargetType = "Button">
                <Grid Background = "Transparent">
                    <VisualStateManager.VisualStateGroups>
                        <VisualStateGroup x:Name = "CommonStates">
                            <VisualState x:Name = "Normal"/>
                            <VisualState x:Name = "MouseOver"/>
                            <!--按钮按下的时候会触发该关键帧动画来改变按钮相关的属性-->
                            <VisualState x:Name = "Pressed">
                                <Storyboard>
                                    <ObjectAnimationUsingKeyFrames
Storyboard.TargetProperty = "Foreground" Storyboard.TargetName = "ContentContainer">
                                        <DiscreteObjectKeyFrame KeyTime = "0"
Value = "{StaticResource PhoneBackgroundBrush}"/>
                                    </ObjectAnimationUsingKeyFrames>
                                    <ObjectAnimationUsingKeyFrames
Storyboard.TargetProperty = "Background" Storyboard.TargetName = "ButtonBackground">
                                        <DiscreteObjectKeyFrame KeyTime = "0"
Value = "{StaticResource PhoneForegroundBrush}"/>
                                    </ObjectAnimationUsingKeyFrames>
                                    <ObjectAnimationUsingKeyFrames
Storyboard.TargetProperty = "BorderBrush" Storyboard.TargetName = "ButtonBackground">
                                        <DiscreteObjectKeyFrame KeyTime = "0"
Value = "{StaticResource PhoneForegroundBrush}"/>
                                    </ObjectAnimationUsingKeyFrames>
                                </Storyboard>
                            </VisualState>
                            <VisualState x:Name = "Disabled">
                                …//此处删略部分代码
                            </VisualState>
                        </VisualStateGroup>
                    </VisualStateManager.VisualStateGroups>
                    …//此处删略部分代码
                </Grid>
            </ControlTemplate>
        </Setter.Value>
    </Setter>
</Style>
```

另外,我们还可以使用 ObjectAnimationUsingKeyFrames 来设置使用枚举值的属性的动画。如果我们把按钮的 Disabled 状态改成要隐藏按钮,那么我们可以获取 Visibility 枚举常量的 Visibility 属性。在这种情况下,可以使用属性语法设置该值,使用枚举值设置属性,例如 "Collapsed"。下面我们把按钮的 Disabled 状态的离散关键帧动画改成如下的代码就可以实现了。

```
<VisualState x:Name = "Disabled">
```

```
    <Storyboard>
        <ObjectAnimationUsingKeyFrames Storyboard.TargetName = " ContentContainer " Storyboard.
TargetProperty = "Visibility">
            <DiscreteObjectKeyFrame KeyTime = "0" Value = "Collapsed"/>
        </ObjectAnimationUsingKeyFrames>
    </Storyboard>
</VisualState>
```

下面我们用一个改变背景的对象离散关键帧动画来演示 ObjectAnimationUsingKeyFrames 的用法。

代码清单 7-7：改变背景的对象离散关键帧动画（源代码：第 7 章\Examples_7_7）

MainPage.xaml 文件主要代码

```
    <Grid x:Name = "LayoutRoot" Background = "Transparent">
        <Grid.Resources>
            <Storyboard x:Name = "storyboard">
                <ObjectAnimationUsingKeyFrames Storyboard.TargetName = " LayoutRoot "
Storyboard.TargetProperty = "Background" Duration = "0:0:4" RepeatBehavior = "Forever">
                <ObjectAnimationUsingKeyFrames.KeyFrames>
                    <!-- 在 1 秒钟的时间点上设置背景的画刷为 LinearGradientBrush -->
                    <DiscreteObjectKeyFrame KeyTime = "0:0:1">
                        <DiscreteObjectKeyFrame.Value>
                            <LinearGradientBrush>
                                <LinearGradientBrush.GradientStops>
                                    <GradientStop Color = "Yellow" Offset = "0.0"/>
                                    <GradientStop Color = "Orange" Offset = "0.5"/>
                                    <GradientStop Color = "Red" Offset = "1.0"/>
                                </LinearGradientBrush.GradientStops>
                            </LinearGradientBrush>
                        </DiscreteObjectKeyFrame.Value>
                    </DiscreteObjectKeyFrame>
                        <!-- 在 2 秒钟的时间点上设置背景的画刷为另外一个
LinearGradientBrush -->
                    <DiscreteObjectKeyFrame KeyTime = "0:0:2">
                        <DiscreteObjectKeyFrame.Value>
                            <LinearGradientBrush StartPoint = "0,0" EndPoint = "1,0">
                                <LinearGradientBrush.GradientStops>
                                    <GradientStop Color = "White" Offset = "0.0"/>
                                    <GradientStop Color = "MediumBlue" Offset = "0.5"/>
                                    <GradientStop Color = "Black" Offset = "1.0"/>
                                </LinearGradientBrush.GradientStops>
                            </LinearGradientBrush>
                        </DiscreteObjectKeyFrame.Value>
                    </DiscreteObjectKeyFrame>
                </ObjectAnimationUsingKeyFrames.KeyFrames>
```

```
                </ObjectAnimationUsingKeyFrames>
            </Storyboard>
        </Grid.Resources>
        …//此处省略部分代码
        <Grid x:Name = "ContentPanel" Grid.Row = "1" Margin = "12,0,12,0">
            <Button Content = "启动动画" Height = "100" Click = "Button_Click_1"></Button>
        </Grid>
    </Grid>
```

应用程序的运行效果如图 7.9 所示。

图 7.9 对象动画

7.4 缓动函数动画

前面介绍了很多关于如何使用线性插值和关键帧的只是去做一个动画，我们如果仅仅使用这些知识做一个模拟现实的自然运动的动画，仍然是比较复杂的，比如：我们要精确地实现一个足球重量加速度地掉下再弹起，再掉下，再弹起的动画，那么所需要的数学计算和动画的实现是相当的复杂的，它需要我们去研究物理学，数学的知识。那么在 Windows Phone 里面实现这些常用的自然界的物理运动或者自然的动画我们并不需要做这些复杂的数学计算的，在 Windows Phone 里面内置了常用的缓动函数动画，利用缓动函数可将自定义数学公式应用于动画，就可以很轻松地实现上面描述的足球掉落反弹的动画。当然，你也可以使用关键帧动画甚至线性插值动画来大致模拟这些效果，但可能需要执行大量的工作，并且与使用数学公式相比动画的精确性将降低。

7.4.1 缓动函数动画概述

在 Windows Phone 里面内置了 11 种缓动函数动画：BackEase、BounceEase、CircleEase、CubicEase、ElasticEase、ExponentialEase、PowerEase、QuadraticEase、QuarticEase、QuinticEase 和 SineEase。除了内置的缓动函数动画之外，我们还可以自定义缓动函数动画。

有些缓动函数具有其自己的属性。例如，BounceEase 具有两个属性（Bounces 和 Bounciness），用于修改该特定 BounceEase 的随时间变化的函数的行为。其他缓动函数（例如 CubicEase）不具有除所有缓动函数共享的 EasingMode 属性之外的任何属性，并且始终产生相同的随时间变化的函数的行为。根据你在具有多个属性的缓动函数上设置的属性，这些缓动函数中的某些函数会有些重叠。例如，QuadraticEase 与其 Power 等于 2 的 PowerEase 完全相同。并且，基本上 CircleEase 就是具有默认值的 ExponentialEase。

BackEase 缓动函数是唯一的，因为它可以更改正常范围之外的值（在由 From/To 设置时）或关键帧的值。它通过更改相反方向的值启动动画，按照预期从正常的 From/To 行为开始，再次返回至 From 或起始值，然后按正常行为运行动画。

缓动函数可以以三种方式应用于动画：

（1）通过在关键帧动画中使用缓动关键，使用 EasingColorKeyFrame. EasingFunction、EasingDoubleKeyFrame. EasingFunction 或 EasingPointKeyFrame. EasingFunction。

（2）通过在线性插值动画类型上设置 EasingFunction 属性，使用 ColorAnimation. EasingFunction、DoubleAnimation. EasingFunction 或 PointAnimation. EasingFunction。

（3）通过将 GeneratedEasingFunction 设置为 VisualTransition 的一部分。这种方式专用于定义控件的视觉状态。

接下来将更加详细地介绍着 11 中缓动函数动画和自定义缓动函数的原理和用法。

7.4.2 BackEase 动画

BackEase：在某一动画开始沿指示的路径进行动画处理前稍稍收回该动画的移动通过指定动画的 EasingMode 属性值，你可以控制动画中"Back"行为发生的时间。如图 7.10 显示了 EasingMode 的各个值的动画曲线，其中 $f(t)$ 表示动画进度，而 t 表示时间。

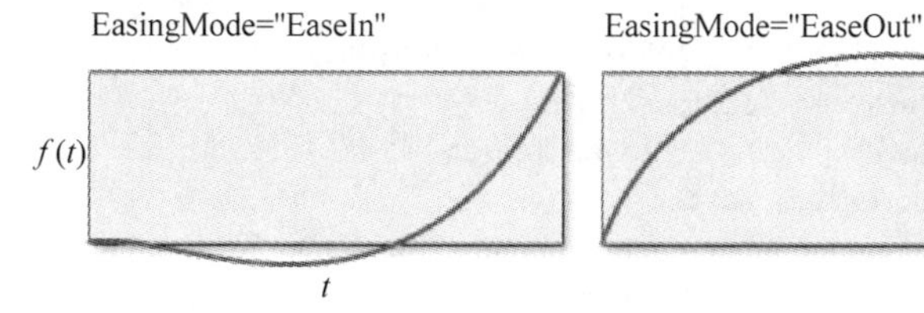

图 7.10 BackEase 的动画曲线

用于此动画的函数公式如下所示：

$$f(t) = t^3 - t * a * \mathrm{Sin}(t * \pi)$$

a：**Amplitude**

因为此动画导致值在前进前收回，所以动画可能会意外插入到负数中。当对不支持负数的属性进行动画处理时，这可能会引发错误。例如，如果你将此动画应用到对象的Height(例如，对于 EaseIn 的 EasingMode，为从 0 到 200)，则该动画将尝试对 Height 插入负数，从而引发错误。

下面用一个示例来演示一下 BackEase 的 EaseInOut 的动画效果，注意动画快要结束的时候可以发现第一个椭圆是先变大了再变小，第二个椭圆的运动轨迹与上面的图形是相似的。

代码清单 7-8：BackEase 动画(源代码：第 7 章\Examples_7_8)

MainPage. xaml 文件主要代码

```
<Grid x:Name="LayoutRoot" Background="Transparent">
    <Grid.Resources>
        <Storyboard x:Name="storyboard">
            <!--第一个椭圆的动画-->
            <DoubleAnimation From="1" To="2" Duration="00:00:3"
                 Storyboard.TargetName="ellipse1ScaleTransform"
                 Storyboard.TargetProperty="ScaleX">
                <DoubleAnimation.EasingFunction>
                    <BackEase Amplitude="0.3" EasingMode="EaseInOut"/>
                </DoubleAnimation.EasingFunction>
            </DoubleAnimation>
            <DoubleAnimation From="1" To="2" Duration="00:00:3"
                 Storyboard.TargetName="ellipse1ScaleTransform"
                 Storyboard.TargetProperty="ScaleY">
                <DoubleAnimation.EasingFunction>
                    <BackEase Amplitude="0.3" EasingMode="EaseInOut"/>
                </DoubleAnimation.EasingFunction>
            </DoubleAnimation>
            <!--第二个椭圆的动画-->
            <DoubleAnimation From="0" To="400" Duration="00:00:3"
                 Storyboard.TargetName="ellipse2"
                 Storyboard.TargetProperty="(Canvas.Left)">
            </DoubleAnimation>
            <DoubleAnimation From="400" To="0" Duration="00:00:3"
                 Storyboard.TargetName="ellipse2"
                 Storyboard.TargetProperty="(Canvas.Top)">
                <DoubleAnimation.EasingFunction>
                    <BackEase Amplitude="0.3" EasingMode="EaseInOut"/>
                </DoubleAnimation.EasingFunction>
            </DoubleAnimation>
        </Storyboard>
    </Grid.Resources>
    …//此处省略部分代码
    <Canvas x:Name="ContentPanel" Grid.Row="1" Margin="12,0,12,0">
        <!--第一个椭圆展示了 BackEase 的放大动画效果-->
```

```
            <Ellipse Name = " ellipse1" Width = "80" Height = "80" Fill = "Blue">
                <Ellipse.RenderTransform>
                    <ScaleTransform x:Name = "ellipse1ScaleTransform"/>
                </Ellipse.RenderTransform>
            </Ellipse>
            <! -- 第二个椭圆展示了 BackEase 的运动轨迹 -->
            <Ellipse x:Name = "ellipse2" Fill = "Red" Width = "80" Height = "80" Canvas.Left = "0"
Canvas.Top = "400"/>
            <Button Margin = "0,500,0,0" Content = "启动动画" Height = "80" Click = "Button_
Click_1"></Button>
        </Canvas>
    </Grid>
```

应用程序的运行效果如图 7.11 所示。

图 7.11 BackEase 动画

7.4.3 BounceEase 动画

BounceEase：创建弹跳效果。如图 7.12 演示了使用不同的 EasingMode 值的 BounceEase，其中 $f(t)$ 表示动画进度，t 表示时间。

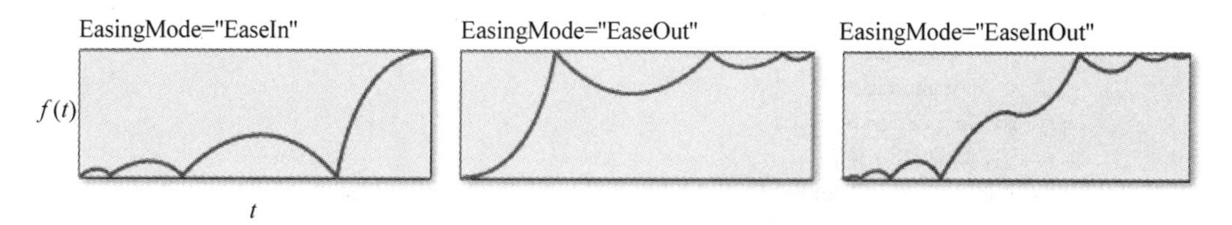

图 7.12 BounceEase 的动画曲线

你可以使用 Bounces 属性指定弹跳次数并使用 Bounciness 属性指定弹跳程度(弹跳的弹性大小)。Bounciness 属性指定下一个反弹的幅度缩放。例如,反弹度值 2 会使渐入中下一个反弹的幅度翻倍,并且会使渐出中下一个反弹的幅度减半。

下面用一个示例来演示一下 BounceEase 的 EaseOut 的动画效果,第一个椭圆会有几次变大变小的效果,第二个椭圆的运动轨迹与上面的图形是相似的。

代码清单 7-9:BounceEase 动画(源代码:第 7 章\Examples_7_9)

MainPage.xaml 文件主要代码

```
------------------------------------------------------------------------
<Grid x:Name = "LayoutRoot" Background = "Transparent">
    <Grid.Resources>
        <Storyboard x:Name = "storyboard">
            <!-- 第一个椭圆的动画 -->
            <DoubleAnimation From = "80" To = "200" Duration = "00:00:3"
                 EnableDependentAnimation = "True"
                 Storyboard.TargetName = "ellipse1"
                 Storyboard.TargetProperty = "Width">
                <DoubleAnimation.EasingFunction>
                    <BounceEase Bounces = "2" EasingMode = "EaseOut" Bounciness = "2"/>
                </DoubleAnimation.EasingFunction>
            </DoubleAnimation>
            <DoubleAnimation From = "80" To = "200" Duration = "00:00:3"
                 EnableDependentAnimation = "True"
                 Storyboard.TargetName = "ellipse1"
                 Storyboard.TargetProperty = "Height">
                <DoubleAnimation.EasingFunction>
                    <BounceEase Bounces = "2" EasingMode = "EaseOut" Bounciness = "2"/>
                </DoubleAnimation.EasingFunction>
            </DoubleAnimation>
            <!-- 第二个椭圆的动画 -->
            <DoubleAnimation From = "0" To = "400" Duration = "00:00:3"
                 Storyboard.TargetName = "ellipse2"
                 Storyboard.TargetProperty = "(Canvas.Left)">
            </DoubleAnimation>
            <DoubleAnimation From = "400" To = "0" Duration = "00:00:3"
                 Storyboard.TargetName = "ellipse2"
                 Storyboard.TargetProperty = "(Canvas.Top)">
                <DoubleAnimation.EasingFunction>
                    <BounceEase Bounces = "2" EasingMode = "EaseOut" Bounciness = "2"/>
                </DoubleAnimation.EasingFunction>
            </DoubleAnimation>
        </Storyboard>
    </Grid.Resources>
    …//此处删略部分代码
    <Canvas x:Name = "ContentPanel" Grid.Row = "1" Margin = "12,0,12,0">
        <!-- 第一个椭圆展示了 BounceEase 的动画效果 -->
        <Ellipse Name = "ellipse1" Width = "80" Height = "80" Fill = "Blue"/>
```

```
            <!--第二个椭圆展示了BounceEase的运动轨迹-->
            <Ellipse x:Name="ellipse2" Fill="Red" Width="80" Height="80" Canvas.Left="0"
Canvas.Top="400"/>
            <Button Margin="0,500,0,0" Content="启动动画" Height="80" Click="Button_
Click_1"></Button>
        </Canvas>
    </Grid>
```

应用程序的运行效果如图 7.13 所示。

图 7.13　BounceEase 动画

7.4.4　CircleEase 动画

CircleEase：创建使用循环函数加速和/或减速的动画。通过指定 EasingMode，你可以控制是使动画加速、减速，还是既加速又减速。如图 7.14 显示了 EasingMode 的各个值，其中 $f(t)$ 表示动画进度，而 t 表示时间。

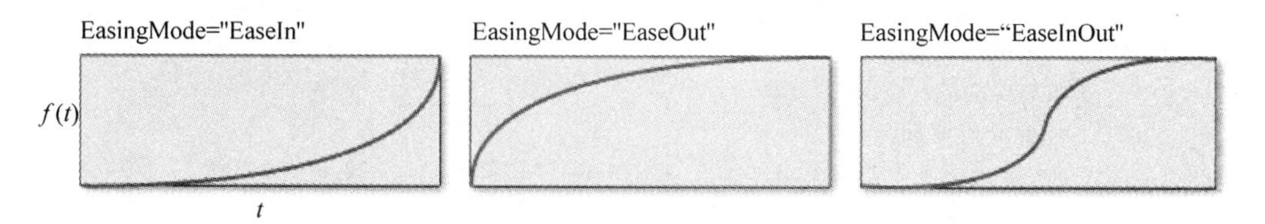

图 7.14　CircleEase 的动画曲线

用于此动画的函数公式如下：

$$f(t) = 1 - \sqrt{(1 - t^2)}$$

t 的有效值为 $-1 \leqslant t \leqslant 1$。大于1的值将被计算为1，而小于-1的值将被计算为-1。这意味着此时间间隔之外的值的动画继续，但缓动函数在其进入无效的域时暂停，并在离开无效的域时恢复。

下面用一个示例来演示一下CircleEase的EaseOut的动画效果，第一个椭圆的宽度会先快速地拉长然后再慢慢地拉长，第二个椭圆的运动轨迹与上面EaseOut的动画轨迹图形是相似的，类似沿着一个四分之一圆的轨迹进行运动。

代码清单7-10：CircleEase动画（源代码：第7章\Examples_7_10）

MainPage.xaml文件主要代码

```
------------------------------------------------------------------------------
<Grid x:Name="LayoutRoot" Background="Transparent">
    <Grid.Resources>
        <Storyboard x:Name="storyboard">
            <!--第一个椭圆的动画-->
            <DoubleAnimation From="80" To="400" Duration="00:00:3"
                 EnableDependentAnimation="True"
                 Storyboard.TargetName="ellipse1"
                 Storyboard.TargetProperty="Width">
              <DoubleAnimation.EasingFunction>
                      <CircleEase EasingMode="EaseOut"/>
              </DoubleAnimation.EasingFunction>
            </DoubleAnimation>
            <!--第二个椭圆的动画-->
            <DoubleAnimation From="0" To="400" Duration="00:00:3"
                 Storyboard.TargetName="ellipse2"
                 Storyboard.TargetProperty="(Canvas.Left)">
            </DoubleAnimation>
            <DoubleAnimation From="400" To="0" Duration="00:00:3"
                 Storyboard.TargetName="ellipse2"
                 Storyboard.TargetProperty="(Canvas.Top)">
              <DoubleAnimation.EasingFunction>
                  <CircleEase EasingMode="EaseOut"/>
              </DoubleAnimation.EasingFunction>
            </DoubleAnimation>
        </Storyboard>
    </Grid.Resources>
    …//此处省略部分代码
    <Canvas x:Name="ContentPanel" Grid.Row="1" Margin="12,0,12,0">
        <!--第一个椭圆展示了CircleEase的动画效果-->
        <Ellipse Name="ellipse1" Width="80" Height="80" Fill="Blue"/>
        <!--第二个椭圆展示了CircleEase的运动轨迹-->
        <Ellipse x:Name="ellipse2" Fill="Red" Width="80" Height="80" Canvas.Left="0"
Canvas.Top="400"/>
        <Button Margin="0,500,0,0" Content="启动动画" Height="80" Click="Button_
```

```
Click_1"></Button>
        </Canvas>
    </Grid>
```

应用程序的运行效果如图 7.15 所示。

图 7.15　CircleEase 动画

7.4.5　CubicEase 动画

CubicEase：创建使用公式 $f(t)=t^3$ 加速和/或减速的动画。通过指定 EasingMode，您可以控制是使动画加速、减速，还是既加速又减速。如图 7.16 显示了 EasingMode 的各个值，其中 $f(t)$ 表示动画进度，而 t 表示时间。

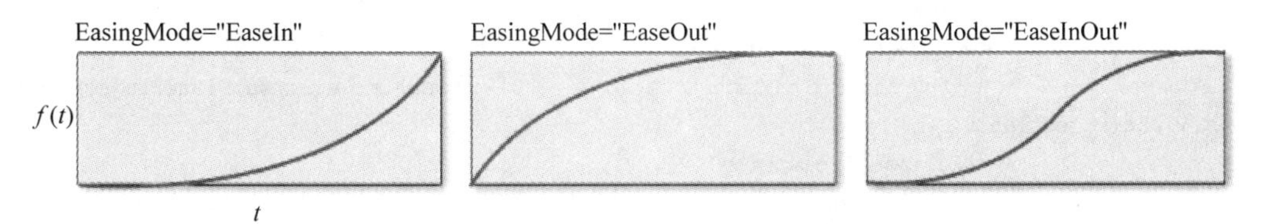

图 7.16　CubicEase 的动画曲线

下面用一个示例来演示一下 CircleEase 的 EaseOut 的动画效果，第一个椭圆的展示出来的是一种很自然的翻转效果，像是上面被推了一下然后突然翻转过来到前端时间比较慢，后半段时间速度就快速增大，第二个椭圆的运动轨迹与上面 EaseInOut 的动画轨迹图形是相似的。

代码清单 7-11：CubicEase 动画（源代码：第 7 章\Examples_7_11）

MainPage.xaml 文件主要代码

```
<Grid x:Name = "LayoutRoot" Background = "Transparent">
    <Grid.Resources>
        <Storyboard x:Name = "storyboard">
            <! -- 第一个椭圆的动画 -->
            <DoubleAnimation From = "0" To = "180" Duration = "00:00:3"
                  Storyboard.TargetName = "ellipse1PlaneProjection"
                  Storyboard.TargetProperty = "RotationX">
                <DoubleAnimation.EasingFunction>
                    <CubicEase EasingMode = "EaseInOut"/>
                </DoubleAnimation.EasingFunction>
            </DoubleAnimation>
            <! -- 第二个椭圆的动画 -->
            <DoubleAnimation From = "0" To = "400" Duration = "00:00:3"
                  Storyboard.TargetName = "ellipse2"
                  Storyboard.TargetProperty = "(Canvas.Left)">
            </DoubleAnimation>
            <DoubleAnimation From = "400" To = "200" Duration = "00:00:3"
                  Storyboard.TargetName = "ellipse2"
                  Storyboard.TargetProperty = "(Canvas.Top)">
                <DoubleAnimation.EasingFunction>
                    <CubicEase EasingMode = "EaseInOut"/>
                </DoubleAnimation.EasingFunction>
            </DoubleAnimation>
        </Storyboard>
    </Grid.Resources>
    …//此处省略部分代码
    <Canvas x:Name = "ContentPanel" Grid.Row = "1" Margin = "12,0,12,0">
        <! -- 第一个椭圆展示了 CubicEase 的动画效果 -->
        <Ellipse Name = "ellipse1" Width = "200" Height = "200" Fill = "Blue">
            <Ellipse.Projection>
                <PlaneProjection RotationX = "0" x:Name = "ellipse1PlaneProjection">
</PlaneProjection>
            </Ellipse.Projection>
                </Ellipse>
        <! -- 第二个椭圆展示了 CubicEase 的运动轨迹 -->
        <Ellipse x:Name = "ellipse2" Fill = "Red" Width = "80" Height = "80" Canvas.Left = "0"
Canvas.Top = "400"/>
        <Button Margin = "0,500,0,0" Content = "启动动画" Height = "80" Click = "Button_
Click_1"></Button>
    </Canvas>
</Grid>
```

应用程序的运行效果如图 7.17 所示。

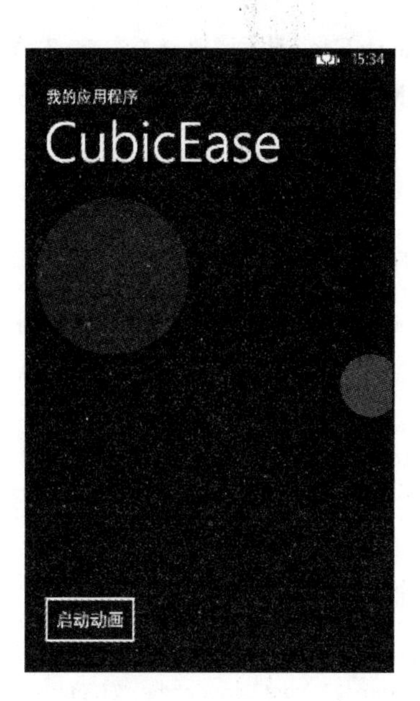

图 7.17　CubicEase 动画

7.4.6　ElasticEase 动画

ElasticEase：创建类似于弹簧在停止前来回振荡的动画。通过指定 EasingMode 属性值，你可以控制动画中“弹簧”行为发生的时间。如图 7.18 显示了 EasingMode 的各个值，其中 $f(t)$ 表示动画进度，而 t 表示时间。

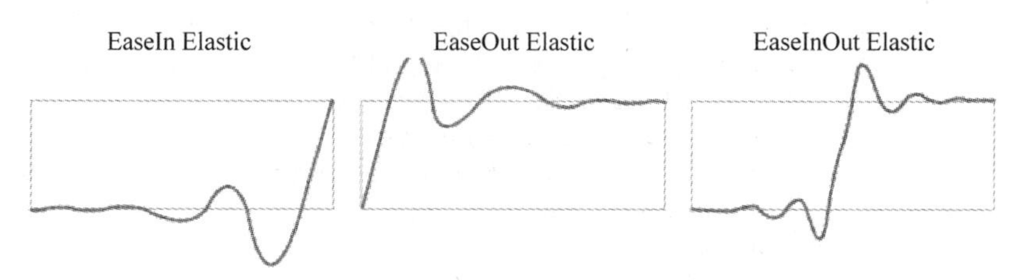

图 7.18　ElasticEase 的动画曲线

你可以使用 Oscillations 属性指定动画来回振动的次数，以及使用 Springiness 属性指定振动弹性的张紧程度。因为此动画导致值来回振动，所以此动画可能会意外插入到负数中。当对不支持负数的属性进行动画处理时，这可能会引发错误。

下面用一个示例来演示一下 ElasticEase 的 EaseOut 的动画效果，第一个椭圆和线条的展示出来的是用有弹性的绳子拴住吊球，然后往下掉落下去的这种自然效果，线条相当于是有弹性的绳子，而第一个椭圆相当于是吊球。第二个椭圆的运动轨迹模拟了上面 EaseOut 的动画轨迹图形。

代码清单 7-12：ElasticEase 动画（源代码：第 7 章\Examples_7_12）

MainPage. xaml 文件主要代码

```
<Grid x:Name = "LayoutRoot" Background = "Transparent">
    <Grid.Resources>
        <Storyboard x:Name = "storyboard">
            <! -- 线条的动画 -->
            <DoubleAnimation From = "0" To = "400" Duration = "00:00:3"
                 EnableDependentAnimation = "True"
                 Storyboard.TargetName = "line1"
                 Storyboard.TargetProperty = "Y2">
                <DoubleAnimation.EasingFunction>
                    <ElasticEase EasingMode = "EaseOut" Oscillations = "7"/>
                </DoubleAnimation.EasingFunction>
            </DoubleAnimation>
            <! -- 第一个椭圆的动画 -->
            <DoubleAnimation From = "0" To = "400" Duration = "00:00:3"
                 Storyboard.TargetName = "ellipse1"
                 Storyboard.TargetProperty = "(Canvas.Top)">
                <DoubleAnimation.EasingFunction>
                    <ElasticEase EasingMode = "EaseOut" Oscillations = "7"/>
                </DoubleAnimation.EasingFunction>
            </DoubleAnimation>
            <! -- 第二个椭圆的动画 -->
            <DoubleAnimation From = "0" To = "400" Duration = "00:00:3"
                 Storyboard.TargetName = "ellipse2"
                 Storyboard.TargetProperty = "(Canvas.Left)">
            </DoubleAnimation>
            <DoubleAnimation From = "400" To = "200" Duration = "00:00:3"
                 Storyboard.TargetName = "ellipse2"
                 Storyboard.TargetProperty = "(Canvas.Top)">
                <DoubleAnimation.EasingFunction>
                    <ElasticEase EasingMode = "EaseOut" Oscillations = "7"/>
                </DoubleAnimation.EasingFunction>
            </DoubleAnimation>
        </Storyboard>
    </Grid.Resources>
    …//此处省略部分代码
    <Canvas x:Name = "ContentPanel" Grid.Row = "1" Margin = "12,0,12,0">
        <! -- 线条展示了 ElasticEase 的动画效果 -->
        <Line x:Name = "line1" X1 = "50" Y1 = "0" X2 = "50" Y2 = "50" Stroke = "Blue"
StrokeThickness = "10" Fill = "Blue"></Line>
        <! -- 第一个椭圆展示了 ElasticEase 的动画效果 -->
        <Ellipse Name = "ellipse1" Width = "100" Height = "100" Fill = "Blue"/>
        <! -- 第二个椭圆展示了 ElasticEase 的运动轨迹 -->
        <Ellipse x:Name = "ellipse2" Fill = "Red" Width = "80" Height = "80" Canvas.Left = "0"
Canvas.Top = "400"/>
        <Button Margin = "0,500,0,0" Content = "启动动画" Height = "80" Click = "Button_
Click_1"></Button>
```

```
        </Canvas>
    </Grid>
```

应用程序的运行效果如图 7.19 所示。

图 7.19 ElasticEase 动画

7.4.7 ExponentialEase 动画

ExponentialEase：创建使用指数公式加速和/或减速的动画。通过指定 EasingMode，你可以控制是使动画加速、减速，还是既加速又减速。如图 7.20 显示了 EasingMode 的各个值，其中 $f(t)$ 表示动画进度，而 t 表示时间。

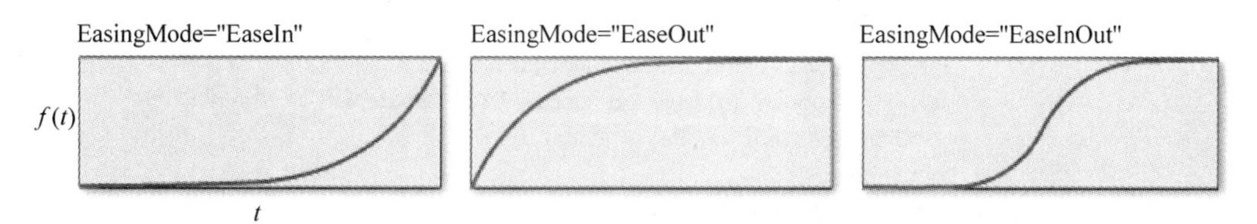

图 7.20 ElasticEase 的动画曲线

用于此动画的函数公式如下所示。

$$f(t) = \frac{e(at) - 1}{e(a) - 1}$$

图 7.21 使用上面的公式演示了 Exponent 属性的几个不同值的效果。

下面用一个示例来演示一下 ExponentialEase 的 EaseIn 的动画效果，第一个椭圆掉落

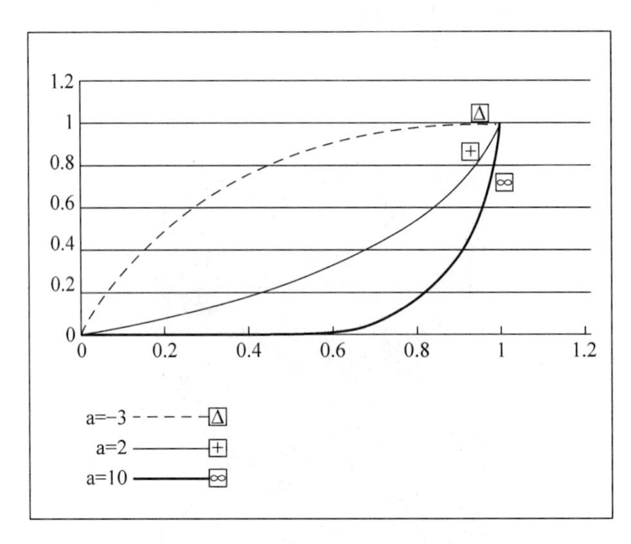

图 7.21　不同 Exponent 属性的效果

的时候刚开始时非常缓慢的，然后突然间加速度冲到最底下。第二个椭圆的运动轨迹模拟了上面 EaseIn 的动画轨迹图形。

代码清单 7-13：ExponentialEase 动画（源代码：第 7 章\Examples_7_13）

MainPage.xaml 文件主要代码

```
<Grid x:Name = "LayoutRoot" Background = "Transparent">
    <Grid.Resources>
        <Storyboard x:Name = "storyboard">
            <!-- 第一个椭圆的动画 -->
             <DoubleAnimation From = "0" To = "400" Duration = "00:00:3"
                   Storyboard.TargetName = "ellipse1"
                   Storyboard.TargetProperty = "(Canvas.Top)">
                <DoubleAnimation.EasingFunction>
                    <ExponentialEase Exponent = "10" EasingMode = "EaseIn"/>
                </DoubleAnimation.EasingFunction>
            </DoubleAnimation>
            <!-- 第二个椭圆的动画 -->
            <DoubleAnimation From = "0" To = "400" Duration = "00:00:3"
                   Storyboard.TargetName = "ellipse2"
                   Storyboard.TargetProperty = "(Canvas.Left)">
            </DoubleAnimation>
            <DoubleAnimation From = "400" To = "200" Duration = "00:00:3"
                   Storyboard.TargetName = "ellipse2"
                   Storyboard.TargetProperty = "(Canvas.Top)">
                <DoubleAnimation.EasingFunction>
                    <ExponentialEase Exponent = "10" EasingMode = "EaseIn"/>
                </DoubleAnimation.EasingFunction>
```

```
                </DoubleAnimation>
            </Storyboard>
        </Grid.Resources>
        …//此处省略部分代码
        <Canvas x:Name = "ContentPanel" Grid.Row = "1" Margin = "12,0,12,0">
            <! -- 第一个椭圆展示了 ExponentialEase 的动画效果 -->
            <Ellipse Name = "ellipse1" Width = "50" Height = "50" Fill = "Blue"/>
            <! -- 第二个椭圆展示了 ExponentialEase 的运动轨迹 -->
            <Ellipse x:Name = "ellipse2" Fill = "Red" Width = "80" Height = "80" Canvas.Left = "0"
Canvas.Top = "400"/>
            <Button Margin = "0,500,0,0" Content = "启动动画" Height = "80" Click = "Button_
Click_1"></Button>
        </Canvas>
    </Grid>
```

应用程序的运行效果如图 7.22 所示。

图 7.22 ExponentialEase 动画

7.4.8 PowerEase/QuadraticEase/QuarticEase/QuinticEase 动画

PowerEase：创建使用公式 $f(t)=t^p$（其中，p 等于 Power 属性）加速和/或减速的动画。通过指定 EasingMode，你可以控制是使动画加速、减速，还是既加速又减速。如图 7.23 显示了 EasingMode 的各个值，其中 $f(t)$ 表示动画进度，而 t 表示时间。

通过使用 PowerEase 函数，可以通过指定 Power 属性来指定加速/减速的发生速度。公式 $f(t)=t^p$，其中 p 等于 Power 属性。因此，PowerEase 函数可由 QuadraticEase（$f(t)=t^2$）、CubicEase（$f(t)=t^3$）、QuarticEase（$f(t)=t^4$）和 QuinticEase（$f(t)=t^5$）替代。例如，如果希望使用 PowerEase 函数来创建与 QuadraticEase 函数（$f(t)=t^2$）所创建的行为相同的

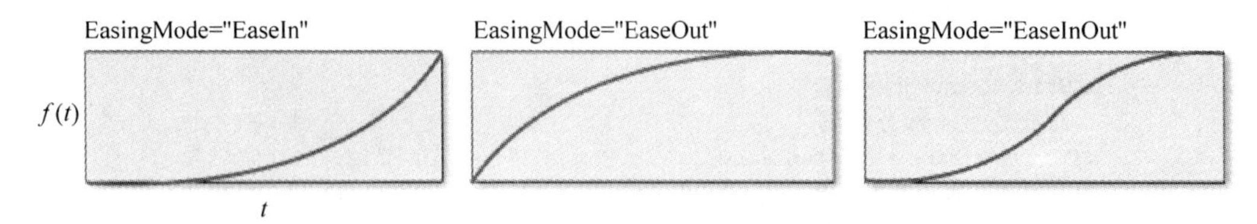

图 7.23 PowerEase 的动画曲线

行为，应将 Power 属性的值指定为 2。QuadraticEase：创建使用公式 $f(t)=t^2$ 加速和/或减速的动画。QuarticEase：创建使用公式 $f(t)=t^4$ 加速和/或减速的动画。QuinticEase：创建使用公式 $f(t)=t^5$ 加速和/或减速的动画。

下面用一个示例来演示一下 PowerEase 的 EaseIn 的动画效果，通过 Slider 控件设置 PowerEase 的 Power 值，Power 值越大第一个椭圆后面掉落的加速度就越大加速的时间也越短。第二个椭圆的运动轨迹模拟了上面 EaseIn 的动画轨迹图形。

代码清单 7-14：PowerEase 动画（源代码：第 7 章\Examples_7_14）

MainPage.xaml 文件主要代码

```
------------------------------------------------------------------------------------
<Grid x:Name = "LayoutRoot" Background = "Transparent">
    <Grid.Resources>
        <Storyboard x:Name = "storyboard">
            <!-- 第一个椭圆的动画 -->
            <DoubleAnimation From = "0" To = "400" Duration = "00:00:3"
                 Storyboard.TargetName = "ellipse1"
                 Storyboard.TargetProperty = "(Canvas.Top)">
                <DoubleAnimation.EasingFunction>
                    <PowerEase EasingMode = "EaseIn" x:Name = "powerEase1"/>
                </DoubleAnimation.EasingFunction>
            </DoubleAnimation>
            <!-- 第二个椭圆的动画 -->
            <DoubleAnimation From = "0" To = "400" Duration = "00:00:3"
                 Storyboard.TargetName = "ellipse2"
                 Storyboard.TargetProperty = "(Canvas.Left)">
            </DoubleAnimation>
            <DoubleAnimation From = "400" To = "200" Duration = "00:00:3"
                 Storyboard.TargetName = "ellipse2"
                 Storyboard.TargetProperty = "(Canvas.Top)">
                <DoubleAnimation.EasingFunction>
                    <PowerEase EasingMode = "EaseIn" x:Name = "powerEase2"/>
                </DoubleAnimation.EasingFunction>
            </DoubleAnimation>
        </Storyboard>
    </Grid.Resources>
    …//此处省略部分代码
    <Canvas x:Name = "ContentPanel" Grid.Row = "1" Margin = "12,0,12,0">
        <!-- 第一个椭圆展示了 PowerEase 的动画效果 -->
```

```
            <Ellipse Name = "ellipse1" Width = "50" Height = "50" Fill = "Blue"/>
            <! -- 第二个椭圆展示了 PowerEase 的运动轨迹 -->
            <Ellipse x:Name = "ellipse2" Fill = "Red" Width = "80" Height = "80" Canvas.Left = "0"
Canvas.Top = "400"/>
            <Button Margin = "0,500,0,0" Content = "启动动画" Height = "80" Click = "Button_
Click_1"></Button>
            <! -- Slider 控件设置 PowerEase 的 Power 值 -->
            <Slider x:Name = "slider" Margin = "200,500,0,0" Width = "200" Background = "Red"
Value = "50" Maximum = "100" Minimum = "0"></Slider>
        </Canvas>
    </Grid>
```

MainPage.xaml.cs 文件主要代码

```
    //改变 Power 指数的值
    private void Button_Click_1(object sender,RoutedEventArgs e)
    {
        powerEase1.Power = slider.Value;
        powerEase2.Power = slider.Value;
        storyboard.Begin();
    }
```

应用程序的运行效果如图 7.24 所示。

图 7.24 PowerEase 动画

7.4.9 SineEase 动画

SineEase：创建使用正弦公式加速和/或减速的动画。通过指定 EasingMode，你可以控制动画何时加速、减速或实现这两种效果。如图 7.25 显示了 EasingMode 的各个值，其

中 $f(t)$ 表示动画进度，而 t 表示时间。

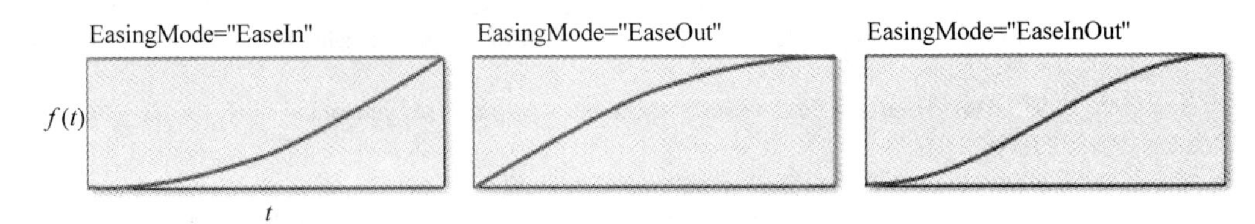

图 7.25 SineEase 的动画曲线

用于此动画的函数公式如下所示：

$$f(t) = 1 - \left[\sin(1-t) * \frac{\pi}{2}\right]$$

下面用一个示例来演示一下 SineEase 的 EaseIn 的动画效果，第一个椭圆掉落的速度相对 PowerEase 平缓了很多。第二个椭圆的运动轨迹模拟了上面 EaseIn 的动画轨迹图形。

代码清单 7-15：SineEase 动画（源代码：第 7 章\Examples_7_15）

MainPage.xaml 文件主要代码

```
------------------------------------------------------------------------
<Grid x:Name = "LayoutRoot" Background = "Transparent">
    <Grid.Resources>
        <Storyboard x:Name = "storyboard">
            <!-- 第一个椭圆的动画 -->
            <DoubleAnimation From = "0" To = "400" Duration = "00:00:3"
                  Storyboard.TargetName = "ellipse1"
                  Storyboard.TargetProperty = "(Canvas.Top)">
                <DoubleAnimation.EasingFunction>
                    <SineEase EasingMode = "EaseIn"/>
                </DoubleAnimation.EasingFunction>
            </DoubleAnimation>
            <!-- 第二个椭圆的动画 -->
            <DoubleAnimation From = "0" To = "400" Duration = "00:00:3"
                  Storyboard.TargetName = "ellipse2"
                  Storyboard.TargetProperty = "(Canvas.Left)">
            </DoubleAnimation>
            <DoubleAnimation From = "400" To = "200" Duration = "00:00:3"
                  Storyboard.TargetName = "ellipse2"
                  Storyboard.TargetProperty = "(Canvas.Top)">
                <DoubleAnimation.EasingFunction>
                    <SineEase EasingMode = "EaseIn"/>
                </DoubleAnimation.EasingFunction>
            </DoubleAnimation>
        </Storyboard>
    </Grid.Resources>
    …//此处省略部分代码
    <Canvas x:Name = "ContentPanel" Grid.Row = "1" Margin = "12,0,12,0">
        <!-- 第一个椭圆展示了 SineEase 的动画效果 -->
```

```
            <Ellipse Name="ellipse1" Width="50" Height="50" Fill="Blue"/>
            <!--第二个椭圆展示了 SineEase 的运动轨迹-->
            <Ellipse x:Name="ellipse2" Fill="Red" Width="80" Height="80" Canvas.Left="0"
Canvas.Top="400"/>
            <Button Margin="0,500,0,0" Content="启动动画" Height="80" Click="Button_
Click_1"></Button>
        </Canvas>
    </Grid>
```

应用程序的运行效果如图 7.26 所示。

图 7.26 SineEase 动画

7.5 基于帧动画

在前面所讲的线性插值动画和关键帧动画都是 Windows Phone 中使用最为广泛的动画实现方式，但是线性插值动画和关键帧动画所实现的动画都是有规律所寻的，都是按照着相关的约定进行动画播放，即使是离散关键帧那么也是按照着定义好的每一帧来进行播放。假如要实现一个动画，它没有一个固定的规律，它运行的动画轨迹是变化的，比如实现一个随机飘动的雪花动画，那么这种情况是很难用线性插值动画和关键帧动画来定义的，在这时候就需要用到一种新的动画实现方式去实现——基于帧动画。

7.5.1 基于帧动画的原理

基于帧动画的创建主要是依赖 CompositionTarget 类，CompositionTarget 是一个静态类，表示应用程序要在其上进行绘制的显示图面。每次绘制应用程序的场景时，都会引发

Rendering 事件。创建基于帧动画的语法很简单，只需要为静态的 CompositionTarget. Rendering 事件关联事件处理程序，然后在事件处理程序处理动画的内容。一旦关联了事件处理程序，Windows Phone 应用程序就会开始不断地调用这个事件处理程序。在渲染事件处理程序中，需要根据相关的规律来修改 UI 的内容从而实现动画的效果，也就是说动画的所有工作都需要自己去进行管理，提供了非常大的灵活性。如果要结束动画，那么就移除 CompositionTarget. Rendering 事件关联事件处理程序。由此可见，基于帧动画是只能使用 C# 代码去进行创建，不能像其他动画用 XAML 来编写，同时也无法在样式、控件模板或数据模板中进行定义。

当构建基于帧的动画时有一个问题需要注意：它们不是依赖于时间的。换句话说，动画可能在性能好的设备上运动更快，因为帧速率会增加，从而会更加频繁地调用 CompositionTarget. Rendering 事件。CompositionTarget. Rendering 事件的调用频率并不是一个固定值，它是和设别和当前应用程序的运行状况紧密相关，如当你的程序在运行基于帧动画的时候还在处理其他耗时的操作，那么 CompositionTarget. Rendering 事件的调用频率就会比较低。由于 CompositionTarget. Rendering 事件可以根据当前的状况来调整动画的频率使得动画更加的流畅，所以它比直接使用定时器 DispatcherTimer 做原始的动画处理更加优越。

7.5.2 基于帧动画的应用场景

由于基于帧动画的极大的灵活性，它甚至可以实现所有线性插值动画和关键帧动画所实现的动画效果，但是需要注意的是并不是所有的场景下都推荐使用基于帧动画去实现动画的。那么在下面的几个场景下是需要考虑使用基于帧动画去实现的。

1）线性插值动画和关键帧动画实现不了的或者很难实现的动画

线性插值动画和关键帧动画是 Windows Phone 里面经过优化的动画实现技术，它们本身是运行在动画的构图线程上的，并不会阻塞 UI 线程，但是 CompositionTarget. Rendering 事件是直接运行在 UI 线程上的，这是一种非常低级的方法，所以效率很明显会比线性插值动画和关键帧动画差。

2）创建一个基于物理的动画或者构建粒子效果模型如火焰、雪以及气泡

基于帧动画的灵活性使其可以创建基于物理模型的动画，这些物理模型的动画效果一般是用在游戏编程上的，如果在 Windows Phone 的普通应用程序上实现，那么就可以使用基于帧动画来实现，用 C# 代码来构建运动的模型。

7.5.3 基于帧动画的实现

下面通过一个例子来演示基于帧动画的运用，动画要实现的效果是通过在 Canvas 面板中触摸滑动来控制矩形 Rectangle 滑块的运动，滑块会往面板触摸的方向运动，但是滑块不能离开 Canvas 面板。

代码清单 7-16：基于帧动画(源代码：第 7 章\Examples_7_17)

MainPage.xaml 文件主要代码

```
<!--通过 PointerMoved 事件来获取触摸的坐标-->
<Canvas Background="Gray" PointerMoved="Canvas_PointerMoved_1">
    <Rectangle x:Name="rectangle" Height="50" Width="100" RadiusX="12.5" RadiusY=
"12.5">
        <Rectangle.Fill>
            <LinearGradientBrush>
                <GradientStop Color="Black" Offset="0"></GradientStop>
                <GradientStop Color="White" Offset="0.5"></GradientStop>
                <GradientStop Color="Black" Offset="1"></GradientStop>
            </LinearGradientBrush>
        </Rectangle.Fill>
    </Rectangle>
</Canvas>
```

MainPage.xaml.cs 文件主要代码

```
public partial class MainPage : PhoneApplicationPage
{
    //触摸点的位置
    Point mouseLocation;
    //用于矩形的位移变换改变矩形的位置
    TranslateTransform translateTransform = new TranslateTransform();
    //用于保存上一帧时间,计算时间差
    DateTime preTime = DateTime.Now;
    //构造函数
    public MainPage()
    {
        InitializeComponent();
        //订阅基于帧动画的事件
        CompositionTarget.Rendering += CompositionTarget_Rendering;
        this.rectangle.RenderTransform = translateTransform;
    }
    //处理基于帧的事件,动画的逻辑在这个事件里面进行处理
    void CompositionTarget_Rendering(object sender,object e)
    {
        var currentTime = DateTime.Now;
        //计算两帧之间的时间差,把时间差作为计算位移的系数
        double elapsedTime = (currentTime - preTime).TotalSeconds;
        preTime = currentTime;
        if (mouseLocation != null)
        {
            //控制矩形的移动不超出画布面板的边界
            translateTransform.x += mouseLocation.x * elapsedTime;
            if (translateTransform.x > 300) translateTransform.x = 300;
            if (translateTransform.x < 0) translateTransform.x = 0;
```

```
                translateTransform.y + = mouseLocation.y * elapsedTime;
                if (translateTransform.y > 450) translateTransform.y = 450;
                if (translateTransform.y < 0) translateTransform.y = 0;
            }
        }
        //通过 PointerMoved 事件获取当前的触摸点相对于矩形的坐标,滑动点在矩形左边 x 值为
负值,右边 x 值为正值,在上边 y 值为负值,在下便 y 值为正值
        private void Canvas_PointerMoved_1(object sender,PointerRoutedEventArgs e)
        {
            mouseLocation = e.GetCurrentPoint(this.rectangle).Position;
        }
    }
```

应用程序的运行效果如图 7.27 所示。

图 7.27　基于帧动画

第8章 动画进阶

第7章讲解了 Windows Phone 动画编程的基础知识，所有的 Windows Phone 的动画编程都离不开这些基础的内容。那么掌握了这些基础的知识之后，当我们需要实现一个动画的时候，就需要思考运用哪些技术去实现，因为一个效果一模一样的动画，实现的方式有很多种，我们需要选择最优的方案去实现才能给应用程序带来更好的性能。同时本章也讲解了 Windows Phone 中一些常用动画效果的实现思路以及如何实现一些复杂的动画，通过这些动画进阶演练的学习可以更加深刻地掌握到 Windows Phone 动画编程的精髓。

8.1 动画方案的选择

Windows Phone 的动画实现方式有线性插值动画(3种类型)、关键帧动画(4种类型)和基于帧动画，甚至还有定时器动画，然后动画所改变的 UI 元素属性可以是普通的 UI 元素属性，变换特效属性和三维特效属性，面对着这么多的选择，我们要实现一个动画效果该怎么去思考动画实现的思路以及怎么选择实现的技术呢？那么本节会先讲解与动画性能相关的知识，然后再讲解怎么去选择动画的实现方案。

8.1.1 帧速率

帧速率是用于测量显示帧数的量度，测量单位为“每秒显示帧数”(Frame per Second，FPS，帧率)或“赫兹”，是指每秒钟刷新的画面的帧数，也可以理解为图形处理器每秒钟能够刷新几次。由于人类眼睛的特殊生理结构，如果所看画面之帧率高于每秒10～12帧的时候，就会认为是连贯的。对于动画而言，帧速率常用于衡量动画的流畅度，帧速率的数字越大表示动画的流畅度越高。在实现 Windows Phone 动画的时候，我们是不能够直接指定动画的帧速率的，动画的帧速率是由系统自动分配的，当手机的性能越好，程序的性能越好，那么动画的帧速率就越大，反之就越小。所以要判断一个动画是否能够流畅地运行，我们需要关注动画的帧速率指标是否足够高。

在 Windows Phone 里面虽然不能够直接设置动画的帧速率，但是可以测量出来。当在 Windows Phone 模拟器中运行应用时，可以使用帧速率计数器来监控应用的性能和动画的效率,模拟器的效果图如图 8.1 所示,每一个帧速率计数器的作用如表 8.1 所示。当然,帧速率计数器也一样可以在手机上进行显示,在真实的 Windows Phone 手机上测试这些计数器非常重要,因为模拟器的性能和在真实的手机上是有很大区别的。对于每个计数器的值都有建议阈值和上限阈值,如表 8.2 所示,当计数器在红色值阈值区间表明存在潜在性能问题,这就需要引起重视,你的动画的实现方案可能有较大的问题,需要进行优化。

图 8.1 帧速率计数器

表 8.1 每一个帧速率计数器的作用

计数器	描述
(图 8.1 左 1)用户界面线程帧速率(UI Thread Frame Rate)	该值指示 UI 线程运行的速率。UI 线程控制着输入、逐帧回调和其他非构图线程处理的绘制。这个值越大,应用程序的响应性越高。要保证一个可接受的用户输入相应时间,该值一般应在 20 以上。当该值小于 30 时表示存在性能问题
(图 8.1 左 2)中间图面计数器(Intermediate Surface Counter)	该值表示生成为缓存表层结果的确切的表层数。这些表层由 UI 元素创建,因而应用程序可以在 UI 中精确地保持其 z 轴顺序
(图 8.1 左 3)构图线程帧速率(Composition Thread Frame Rate)	该值指示屏幕的更新速率。也可以表示 storyboard 驱动的动画所支持的更新速率。该值应尽量接近 60。当该值小于 30 时应用程序性能将会降低。当数值小于 30 时表示存在性能问题
(图 8.1 左 4)图面计数器(Surface Counter)	该值表示传递给 GPU 处理的原始表层数目。该数字的最大来源是自动,或由开发者缓存的元素

表 8.2 建议的帧和填充速率

计数器	红色阈值	建议值	上限阈值
构图线程帧速率	30 帧/秒	45 帧/秒	60 帧/秒
UI 线程帧速率	15 帧/秒	30 帧/秒	60 帧/秒
屏幕填充速率	>3	≤2.5	3.0

帧速率计数器是可以在代码中启用或禁用的,当你在 Visual Studio 中创建 Windows Phone 应用项目时,默认情况下会在文件 App.xaml.cs 中添加启用帧速率计数器的代码。代码如下所示:

```
if (System.Diagnostics.Debugger.IsAttached)
{
    this.DebugSettings.EnableFrameRateCounter = true;
}
```

上面的代码表示当启动 Debug 状态调试应用程序的时候将会启用帧速率计数器。其中 Application. Current. Host. Settings. EnableFrameRateCounter＝true 表示启用帧速率计数器,设置为 false 则禁用帧速率计数器。

8.1.2　UI 线程和构图线程

Windows Phone 的图形线程结构针对手机进行了优化,除了 UI 线程之外,Windows Phone 还支持构图线程。若要掌握怎么去选择最优的动画实现方案,那么需要理解 Windows Phone 中 UI 线程和构图线程,这对做动画的优化是非常重要的。

1. UI 线程

UI 线程是 Windows Phone 中的主线程,UI 线程的主要任务是从 XAML 中分析并创建对象、在第一次绘制视觉效果时,将绘制所有视觉效果以及处理每帧回调并执行其他用户代码。在应用程序里面维护轻量级的 UI 线程是保障应用程序流畅运行的前提,同时这对于动画的实现也是一样的道理,尽量避免占用 UI 线程。

2. 构图线程

构图线程可以处理某些在 UI 上的工作,从而分担了 UI 线程的部分工作,提高 Windows Phone 应用的性能。在 Windows Phone 上,构图线程的工作是,它合并图形纹理并将其传递到 GPU 以供绘制,手机上的 GPU 将在称为自动缓存的进程中,自动缓存并处理运行在构图线程上的动画。构图线程处理与变换特效(RenderTransform)和三维特效(Projection)属性关联的动画,如针对于 ScaleTransform、TranslateTransform、RotateTransform 和 PlaneProjection 的属性改变的 Storyboard 动画都是完全运行在构图线程上的。另外,Opacity 和 Clip 属性设置也由构图线程处理。但是,如果使用 OpacityMask 或非矩形剪辑,则这些操作将被传递到 UI 线程。

3. 动画和线程

从构图线程的作用可以知道 StoryBoard 动画由构图线程进行处理,那么这种动画的处理方式最为理想,因为构图线程会将这些动画传递到 GPU 进行处理。如果需要在动画中使用到 UI 线程,如改变 UI 元素的 With 属性等,那么就需要给动画相应的 Animation 对象的 EnableDependentAnimation 属性设置为 True,它表示动画是否需要依赖 UI 线程来运行。此外,如果 CPU 超负荷,则构图线程可能比 UI 线程运行得更频繁。但是,有时 Storyboard 动画无法实现你的动画效果的时候,你可以选择在代码中驱动动画,如采用基于帧动画。这些动画按帧进行处理,每帧回调都在 UI 线程上进行处理,动画的更新速度与 UI 线程处理动画的速度相当,并且根据应用中发生的其他操作,动画显示的流畅性可能低于在构图线程上运行的动画。另外,当使用基于帧动画在代码中更新动画时,UI 元素不会像在 Storyboard 动画中更新一样,自动进行缓存,这又加重了 UI 线程的负担。

8.1.3 选择最优的动画方案

第7章讲解了很多的动画的变成知识，这些都是Windows Phone动画编程的根基，正所谓万变不离其宗，无论你要实现的动画懂么复杂，都离不开这些基础知识。当我们要去实现一个动画效果的时候，首先需要去思考动画中的每个组成元素，思考它们的变化情况，想一下要改变UI元素的什么属性来实现动画的效果，想一下用什么动画类型来实现。当你已经想到了有多种方案可以实现这个动画效果的时候，你可以从两个方面去衡量你的实现方案，一方面是从性能效率方面，这就涉及前面所讲的动画的帧速率，UI线程和构图线程相关的知识；另一方面是从动画实现的复杂度方面，比如要实现一个很复杂图形的形状变化的动画，你可以直接用Path图形来绘制出这个图形，然后设计Path图形的点运动的动画，也可以用多张类似的图片做图片切换的动画，如果图片切换的动画效果能达到你所想要的效果，那么就建议使用图片切换这种简单的方式来实现。

在Windows Phone中有多种实现动画的方案，关于这些方案的选择有下面的一些建议。

(1) 可以用变换特效属性或者三维特效属性实现的动画，应该尽量采用变换特效属性或者三维特效属性作为动画改变的属性去实现动画。因为变换特效属性或者三维特效属性是通过构图线程对UI元素产生作用的，不会阻塞UI线程也不会重新调用UI的布局系统。

(2) 可以使用线性插值动画/关键帧动画来实现的动画就采用线性插值动画/关键帧动画去实现，因为线性插值动画/关键帧动画是最优的动画实现方式，它们本身也是在构图线程上运行的。

(3) 当使用线性插值动画/关键帧动画无法实现的动画效果的时候应该采用基于帧动画来实现，而不是自定义定时器来实现动画，基于帧动画比定时器动画更胜一筹，它可以根据设备和应用程序的情况动态地跳帧调用的频率。

下面我们通过一个例子来演示用两种不同的方法来实现一个相同的动画效果，所实现的动画效果是让矩形的高度慢慢地变成原来的两倍，第一种方式是用线性插值动画对矩形的Height属性进行动画处理，第二种方式也是用线性插值动画，但是针对的动画目标属性是ScaleTransform的ScaleY属性，然后我们用一个按钮单击事件阻塞UI线程2秒钟，可以看到针对Height属性的动画会暂停2秒钟再继续运行，而针对ScaleTransform的ScaleY属性不会受UI线程阻塞的影响。示例代码如下所示：

代码清单8-1：两种动画的对UI线程的影响(源代码：第8章\Examples_8_1)

MainPage.xaml文件主要代码

```
<Page.Resources>
    <Storyboard x:Name="heightStoryboard">
        <!-- 针对Height属性的动画 -->
        <DoubleAnimation Storyboard.TargetName="rectangle1" Storyboard.TargetProperty=
```

```
"Height" RepeatBehavior = "Forever" EnableDependentAnimation = "True" From = "100" To = "200"
Duration = "0:0:2">
            </DoubleAnimation>
        </Storyboard>
        <Storyboard x:Name = "scaleTransformStoryboard">
            <!-- 针对 ScaleTransform 的 ScaleY 属性的动画 -->
            <DoubleAnimation Storyboard.TargetName = "scaleTransform1" Storyboard.TargetProperty =
"ScaleY" RepeatBehavior = "Forever" From = "1" To = "2" Duration = "0:0:2">
            </DoubleAnimation>
        </Storyboard>
    </Page.Resources>

    <StackPanel>
        <Button Content = "阻塞 UI 线程" Click = "Button_Click_1"></Button>
        <Button x: Name = " heightAnimationButton" Content = " Height 属性动画" Click =
"heightAnimationButton_Click_1"></Button>
        <Button x:Name = "scaleTransformAnimationButton" Content = "ScaleTransform 属性动画"
Click = "scaleTransformAnimationButton_Click_1"></Button>
        <Rectangle Height = "100" Fill = "Blue" x:Name = "rectangle1">
            <Rectangle.RenderTransform>
                <ScaleTransform x:Name = "scaleTransform1" ></ScaleTransform>
            </Rectangle.RenderTransform>
        </Rectangle>
    </StackPanel>
```

MainPage.xaml.cs 文件主要代码

```
    private void Button_Click_1(object sender,RoutedEventArgs e)
    {
        //阻塞 UI 线程 2 秒钟
        Task.Delay(2000).Wait();
    }
    private void heightAnimationButton_Click_1(object sender,RoutedEventArgs e)
    {
        //播放改变高度属性的动画,高度有 100 变成 200
        scaleTransformStoryboard.Stop();
        heightStoryboard.Begin();
    }
    private void scaleTransformAnimationButton_Click_1(object sender,RoutedEventArgs e)
    {
        //播放改变变换属性的动画,举行沿着 X 轴放大 2 倍
        heightStoryboard.Stop();
        scaleTransformStoryboard.Begin();
    }
```

应用程序的运行效果如图 8.2 所示。

图 8.2 动画线程

8.2 列表动画

本节要讲解的列表动画是指在 Pivot 控件上使用列表控件来展示数据，然后滑动 Pivot 控件这时候让列表控件的数据采用一种缓动动画的效果出现在当前的页面上，在 Windows Phone 系统上很多系统的界面如“设置界面”等都采用了这样一种动画效果，让用户看起来会觉得交互效果很生动。因为在 Windows Phone 的界面布局中，用 Pivot 控件搭配多个列表控件来展示数据是非常常见的，所以这种列表动画在 Windows Phone 中应用很广泛，本节来详细地讲解怎么去实现这样的一种动画。

8.2.1 实现的思路

在实现一个动画之前不要急着马上去编码，首先需要做的事情是思考一下这个动画的实现的思路是怎样的？要用什么样的动画去实现？针对什么 UI 元素的属性使用动画？怎样去更好地封装起来？当把这些问题都想清楚了之后，这时候已经胸有成竹了，才开始编码。好了，下面我们开始分析一下这个列表动画的实现思路。

1. 动画播放的时机

这个列表的动画的并不是由用户手动播放的，而是在 Pivot 控件上滑动的时候进行播放的，这里就涉及动画播放时机的判断。我们可以在 Pivot 控件的 SelectionChanged 事件处理程序上来播放动画，还有一个问题就是，SelectionChanged 事件并不能判断出你是从左边滑动还是从右边滑动，Pivot 控件上的 Manipulation 相关的事情也被屏蔽掉了，所以我们无法判断出滑动的方向，只能采用同一种方向的动画来处理。

2. 应用动画的对象

因为列表动画所针对的动画对象是列表 DataTemplate 模板里面的控件，如果你针对每个列表的 DataTemplate 模板里面的控件进行命名然后再对其进行动画处理那将是非常糟糕的一种方式，所以在列表动画里面要实现良好的代码封装，应该使用附件属性的方式来获取应用动画的对象。比如系统的设置页面如图所示，需要应用动画的元素是半透明的字体"纯净"等所在的模板的控件，那么就可以在 DataTemplate 模板上找到这个控件用附加属性的方式标识出来这是列表动画的对象。

3. 动画的实现方式

这个动画的效果其实就是简单的位移动画，可以采取线性插值动画针对变换特效的相关属性来实现，然后动画的运动效果需要先快后慢的效果，这就需要用到缓动动画来实现。在这个列表动画里面离开程序的时候还要实现一个列表数据从背后消失的动画，这个就需要用到三维特效的属性去实现。

8.2.2　使用附加属性控制动画对象

在对列表动画实现思路的分析中，因为所针对的动画对象是列表 DataTemplate 模板里面的控件，所以通过附件属性的方式来制定动画的对象。

代码清单 8-2：列表动画（源代码：第 8 章\Examples_8_2）

首先创建一个静态类 ListAnimationsHelper 类用来封装列表动画的逻辑和实现动画的附加属性。在 ListAnimationsHelper 类实现的附件属性有以下两个。

1. 附加属性 IsPivotAnimated

附加属性 IsPivotAnimated，用于在列表控件上，表示是否对该列表控件应用列表动画，当列表控件添加了 IsPivotAnimated 附加属性并把其设置为 True 则表示对该列表应用动画，然后在属性的改变事件里面就对该列表添加相关的事件以及动画的处理逻辑。

IsPivotAnimated 属性的代码如下所示：

ListAnimationsHelper.cs 文件部分代码

```
-----------------------------------------------------------------------
public static bool GetIsPivotAnimated(DependencyObject obj)
{
    return (bool)obj.GetValue(IsPivotAnimatedProperty);
}
public static void SetIsPivotAnimated(DependencyObject obj,bool value)
{
    obj.SetValue(IsPivotAnimatedProperty,value);
}
public static readonly DependencyProperty IsPivotAnimatedProperty =
    DependencyProperty.RegisterAttached("IsPivotAnimated",typeof(bool),
    typeof(ListAnimationsHelper),new PropertyMetadata(false,OnIsPivotAnimatedChanged));
```

```
    private static void OnIsPivotAnimatedChanged(DependencyObject d,
DependencyPropertyChangedEventArgs args)
    {
        //在这里初始化动画对象的相关事件
    }
```

2. 附加属性 AnimationLevel

附加属性 IsPivotAnimated 表示对当前的列表应用动画，那么附加属性 AnimationLevel 则表示对列表的 DataTemplate 模板里面的控件应用动画，因为 DataTemplate 模板里面可以有多个控件，并不是每个控件都需要这种缓动的位移动画。AnimationLevel 属性的类型是 int 类型，AnimationLevel 值越大就越延后执行动画，这样可以对同一个 DataTemplate 模板里面不同的控件的动画设置先后出现的顺序，让动画效果更佳。

AnimationLevel 属性的代码如下所示：

ListAnimationsHelper.cs 文件部分代码

```
    public static int GetAnimationLevel(DependencyObject obj)
    {
        return (int)obj.GetValue(AnimationLevelProperty);
    }
    public static void SetAnimationLevel(DependencyObject obj, int value)
    {
        obj.SetValue(AnimationLevelProperty, value);
    }
    public static readonly DependencyProperty AnimationLevelProperty =
        DependencyProperty.RegisterAttached("AnimationLevel", typeof(int),
        typeof(ListAnimationsHelper), new PropertyMetadata(-1));
```

8.2.3 列表切换缓动动画实现

定义好附加属性之后，我们就需要在通过附加属性来初始化相关的事件，在列表滑动的时候播放列表切换的缓动动画。在分析动画实现的思路的时候，有讲到动画执行的时机是在 Pivot 滑动的时候进行触发动画，那么因为附件属性 IsPivotAnimated 是添加在列表上的，所以需要通过元素的可视化树来找到 Pivot 控件然后再对 Pivot 控件添加 SelectionChanged 事件的处理程序。

获取元素可视化树的相关方法如下所示：

ListAnimationsHelper.cs 文件部分代码

```
    //获取相应的类型的父控件
    public static T GetParent<T>(DependencyObject item) where T : class
    {
        DependencyObject parent = VisualTreeHelper.GetParent(item);
        while (parent != null)
```

```
    {
        if (parent is T) return parent as T;
        else parent = VisualTreeHelper.GetParent(parent);
    }
    return null;
}
//获取相应的类型的子控件
public static T GetChild<T>(DependencyObject item) where T : class
{
    var queue = new Queue<DependencyObject>();
    queue.Enqueue(item);
    while (queue.Count > 0)
    {
        DependencyObject current = queue.Dequeue();
        for (int i = VisualTreeHelper.GetChildrenCount(current) - 1; 0 <= i; i--)
        {
            var child = VisualTreeHelper.GetChild(current, i);
            var typedChild = child as T;
            if (typedChild != null)
            {
                return typedChild;
            }
            queue.Enqueue(child);
        }
    }
    return null;
}
//获取所有的子控件
public static IEnumerable<DependencyObject> Descendants(this DependencyObject item)
{
    queue.Enqueue(item);
    while (queue.Count > 0)
    {
        DependencyObject current = queue.Dequeue();
        for (int i = VisualTreeHelper.GetChildrenCount(current) - 1; 0 <= i; i--)
        {
            var child = VisualTreeHelper.GetChild(current, i);
            if (child != null)
            {
                yield return child;
                queue.Enqueue(child);
            }
        }
    }
}
```

列表动画其实是一个线性插值动画用 DoubleAnimation 对控件的变换特效 TranslateTransform 的 X 属性实现动画，然后应用缓动动画效果。注意，从右边滑动和从左边滑动动画位移的方向是刚好相反的。封装的动画实现代码如下所示：

ListAnimationsHelper.cs 文件部分代码

```
//创建 DoubleAnimation 动画对象
private static DoubleAnimation CreateAnimation(double from,double to,double duration,
    string targetProperty,DependencyObject target)
{
    var db = new DoubleAnimation();
    db.To = to;
    db.From = from;
    //使用 SineEase 缓动函数动画,实现先快后慢的动画效果
    db.EasingFunction = new SineEase();
    db.Duration = TimeSpan.FromSeconds(duration);
    Storyboard.SetTarget(db,target);
    Storyboard.SetTargetProperty(db,new PropertyPath(targetProperty));
    return db;
}
//创建列表的 Storyboard 动画
private static Storyboard GetSlideAnimation(FrameworkElement element,bool fromRight)
{
    double from = fromRight ? 80 : -80;
    Storyboard sb;
    //计算动画的延时时间,AnimationLevel 属性的数值越大,延时越长
    double delay = (ListAnimationsHelper.GetAnimationLevel(element)) * 0.1 + 0.1;
    //创建变换特效动画,对 X 位移实现动画效果
    TranslateTransform trans = new TranslateTransform() { X = from };
    element.RenderTransform = trans;
    sb = new Storyboard();
    sb.BeginTime = TimeSpan.FromSeconds(delay);
    sb.Children.Add(CreateAnimation(from,0,0.8,"X",trans));
    return sb;
}
```

动画的触发则是在 SelectionChanged 事件的处理程序里面去实现，在这里面一个难点部分就是如何获取动画的对象。列表控件都是具有虚拟化处理的功能的，列表不会一下子把所有的控件的都加在进来，是需要用到才会加载进来，所以动画的对象是指添加了 AnimationLevel 属性，同时又是列表里面的已经初始化的可视化元素。在 GetItemsInView 方法里面封装了获取列表当前所有以初始化可视的元素的逻辑，主要是通过列表里面的 VirtualizingStackPanel 对象去进行判断。还需要注意一点的是 Pivot 控件首次加载只会把当前的页签加载进来，在滑动的过程中也会根据实际需要可能会回收掉为显示出来的页签，所以我们还需要在列表控件的 Loaded 的事件里面添加上动画的处理。

触发动画的代码如下所示：

ListAnimationsHelper.cs 文件部分代码

```
    private static void OnIsPivotAnimatedChanged(DependencyObject d, DependencyProperty
ChangedEventArgs args)
    {
        ItemsControl list = d as ItemsControl;
        list.Loaded += (s2,e2) =>
        {
            //获取父对象 Pivot 控件
            Pivot pivot = GetParent<Pivot>(list);
            //获取当前选中的 PivotItem 的索引
            int pivotIndex = pivot.Items.IndexOf(GetParent<PivotItem>(list));
            //订阅 Pivot 控件的 SelectionChanged 事件,发生 SelectionChanged 事件的时候要触
发列表动画
            pivot.SelectionChanged += (s3,e3) =>
            {
                //如果不是该列表控件对应的 Pivot 控件页签就不触发动画的逻辑
                //因为 SelectionChanged 事件会被多次触发
                if (pivotIndex != pivot.SelectedIndex)
                    return;
                //获取列表控件里面的可视的列表子项目
                var items = list.GetItemsInView().ToList();
                //添加列表动画
                AddSlideAnimation(items);
            };
            //在控件加载的时候也需要添加动画,因为控件有可能会被回收
            var items2 = list.GetItemsInView().ToList();
            AddSlideAnimation(items2);
        };
    }
    //对列表的项目添加滑动动画
    private async static void AddSlideAnimation(List<FrameworkElement> items)
    {
        for (int index = 0; index < items.Count; index++)
        {
            var lbi = items[index];
            await Window.Current.Dispatcher.RunAsync(CoreDispatcherPriority.High,() =>
            {
                //获取需要添加动画效果的 UI 元素
                var animationTargets = lbi.Descendants()
                                        .Where(p => ListAnimationsHelper.GetAnimationLevel
(p) > -1);
                foreach (FrameworkElement target in animationTargets)
                {
                    //创建动画并播放
                    GetSlideAnimation(target,fromRight).Begin();
                }
            });
        };
```

```
    }
    //获取列表里面当前所有以初始化可视的元素
    public static IEnumerable<FrameworkElement> GetItemsInView(this ItemsControl itemsControl)
    {
        //获取列表里面的 VirtualizingStackPanel 类型的子对象,VirtualizingStackPanel 对象
里面存放的是实例化的可视元素
        VirtualizingStackPanel vsp = GetChild<VirtualizingStackPanel>(itemsControl);
        //循环返回可视元素
        int firstVisibleItem = (int)vsp.VerticalOffset;
        int visibleItemCount = (int)vsp.ViewportHeight;
        for (int index = firstVisibleItem; index <= firstVisibleItem + visibleItemCount + 1;
index++)
        {
            var item = itemsControl.ItemContainerGenerator.ContainerFromIndex(index) as
FrameworkElement;
            if (item == null)
                continue;
            yield return item;
        }
    }
```

8.2.4 退出页面的三维动画实现

退出页面动画其实就是对列表里面的列表项实现从最下面到最上面有顺序地沿着 y 轴从后面旋转类似脱落效果一样。实现的原理就是把列表的已经初始化的可视化元素按照顺序应用动画，在动画与动画之间留一个很短的时间间隔，这样就可以造成视觉差的效果了。封装的代码如下所示：

ListAnimationsHelper.cs 文件部分代码

```
----------------------------------------------------------------------------
    ///<summary>
    ///对 UI 元素应用向后脱落效果的三维动画
    ///</summary>
    ///<param name="elements">应用退出动画的对象</param>
    ///<param name="endAction">动画完成后执行的方法</param>
    public static void Peel(this IEnumerable<FrameworkElement> elements, Action endAction)
    {
        var elementList = elements.ToList();
        var lastElement = elementList.Last();
        //循环地对每个元素应用动画,在最后一个动画结束的时候执行 endAction 方法
        double delay = 0;
        foreach (FrameworkElement element in elementList)
        {
            var sb = GetPeelAnimation(element, delay);
            //添加最后一个元素动画完成事件来执行 endAction 方法
            if (element.Equals(lastElement))
            {
```

```
            sb.Completed += (s,e) =>
            {
                endAction();
            };
        }
        sb.Begin();
        delay += 50;
    }
}
//创建向后脱落效果的三维动画
private static Storyboard GetPeelAnimation(FrameworkElement element,double delay)
{
    Storyboard sb;
    var projection = new PlaneProjection()
    {
        CenterOfRotationX = -0.1
    };
    element.Projection = projection;
    //计算元素三维旋转的角度,沿屏幕边沿 90°旋转
    var width = element.ActualWidth;
    var targetAngle = Math.Atan(1000/(width/2));
    targetAngle = targetAngle * 180/Math.PI;
    //对 Projection 应用动画
    sb = new Storyboard();
    sb.BeginTime = TimeSpan.FromMilliseconds(delay);
    sb.Children.Add(CreateAnimation(0, -(180 - targetAngle),0.3,"RotationY",projection));
    sb.Children.Add(CreateAnimation(0,23,0.3,"RotationZ",projection));
    sb.Children.Add(CreateAnimation(0, -23,0.3,"GlobalOffsetZ",projection));
    return sb;
}
```

8.2.5 列表动画的演示

上面已经把动画的逻辑都封装到了 ListAnimationsHelper 类里面,下面使用一个例子来应用 ListAnimationsHelper 类的封装的列表动画效果。

MainPage.xaml:分别使用了 ListBox 控件和 ItemsControl 控件作为 Pivot 两个页签的列表控件,然后再对它们使用列表动画。

MainPage.xaml 文件主要代码

```
<phone:Pivot x:Name="pivot">
    <phone:PivotItem Header="列表 1">
        <!--对 ListBox 应用动画-->
        <ListBox x:Name="listBox1" local:ListAnimationsHelper.IsPivotAnimated="True">
            <ListBox.ItemTemplate>
                <DataTemplate>
                    <StackPanel Orientation="Vertical">
```

```
                            <TextBlock Text = "{Binding Title}" FontSize = "40"/>
                            <TextBlock Text = "{Binding Text1}" FontSize = "20" local:
ListAnimationsHelper.AnimationLevel = "1"/>
                            <TextBlock Text = "{Binding Text2}" FontSize = "20" local:
ListAnimationsHelper.AnimationLevel = "2"/>
                        </StackPanel>
                    </DataTemplate>
                </ListBox.ItemTemplate>

            </ListBox>
        </phone:PivotItem>
        <phone:PivotItem Header = "列表 2">
            <!-- 对 ItemsControl 应用动画 -->
            <ItemsControl x:Name = "listBox2" local:ListAnimationsHelper.IsPivotAnimated =
"True">
                <ItemsControl.ItemsPanel>
                    <ItemsPanelTemplate>
                        <VirtualizingStackPanel/>
                    </ItemsPanelTemplate>
                </ItemsControl.ItemsPanel>
                <ItemsControl.ItemTemplate>
                    <DataTemplate>
                        <StackPanel Orientation = "Vertical">
                            <TextBlock Text = "{Binding Title}" FontSize = "40"/>
                            <TextBlock Text = "{Binding Text1}" FontSize = "20"
local:ListAnimationsHelper.AnimationLevel = "1"/>
                            <TextBlock Text = "{Binding Text2}" FontSize = "20"
local:ListAnimationsHelper.AnimationLevel = "2"/>
                        </StackPanel>
                    </DataTemplate>
                </ItemsControl.ItemTemplate>
                <ItemsControl.Template>
                    <ControlTemplate>
                        <ScrollViewer>
                            <ItemsPresenter/>
                        </ScrollViewer>
                    </ControlTemplate>
                </ItemsControl.Template>
            </ItemsControl>
        </phone:PivotItem>
    </phone:Pivot>
```

MainPage.xaml.cs：处理列表数据绑定和后退键触发推出列表动画的逻辑。

MainPage.xaml.cs 文件主要代码

```
    public partial class MainPage : PhoneApplicationPage
    {
        //构造函数
```

```
        public MainPage()
        {
            InitializeComponent();
            //添加物理后退键的事件
            HardwareButtons.BackPressed += HardwareButtons_BackPressed;
        }
        //单击硬件后退按钮事件处理程序
        private void HardwareButtons_BackPressed(object sender,BackPressedEventArgs e)
        {
            Frame frame = Window.Current.Content as Frame;
            if (frame == null)
            {
                return;
            }
            //如果不能后退表示需要退出程序
            if (!frame.CanGoBack)
            {
                e.Handled = true;
                //获取当前显示的列表控件的可视化元素
                var listInView = ((PivotItem) pivot. SelectedItem). Descendants ( ). OfType
<ItemsControl>().Single();
                var listItems = listInView.GetItemsInView().ToList();
                //创建运用推出动画的元素列表
                var peelList = new FrameworkElement[] { TitlePanel }.Union(listItems);
                //对列表应用退出动画
                peelList.Peel(() =>
                {
                    //退出程序
                    Application.Current.Exit();
                });
            }
        }
        //页面加载初始化列表的数据
        private void PhoneApplicationPage_Loaded_1(object sender,RoutedEventArgs e)
        {
            List<Item> datas = new List<Item>();
            datas.Add(new Item { Title = "Title1",Text1 = "测试数据 1",Text2 = "测试数据 1" });
            datas.Add(new Item { Title = "Title2",Text1 = "测试数据 2",Text2 = "测试数据 2" });
            datas.Add(new Item { Title = "Title3",Text1 = "测试数据 3",Text2 = "测试数据 3" });
            datas.Add(new Item { Title = "Title4",Text1 = "测试数据 4",Text2 = "测试数据 4" });
            datas.Add(new Item { Title = "Title5",Text1 = "测试数据 5",Text2 = "测试数据 5" });
            listBox1.ItemsSource = datas;
            listBox2.ItemsSource = datas;
        }
    }
    //列表绑定的数据对象
    public class Item
    {
        public string Title { get; set; }
        public string Text1 { get; set; }
```

```
        public string Text2 { get; set; }
    }
```

应用程序的运行效果如图 8.3 所示。

图 8.3 列表动画

8.3 模拟实现微信的彩蛋动画

大家在玩 Windows Phone 版的微信的时候，有没有发现节日的时候发一些节日问候语句如“情人节快乐”，这时候会出现很多爱心形状从屏幕上面飘落下来，那么本节就是要模拟实现这样的一种动画效果。可能微信里面实现的动画效果都是采用固定的小图片来最为动画的对象，但是本节要对该动画效果增加一些改进，也就是要实现的彩蛋动画的针对的图形形状是动态随机生成的，所以看到从屏幕上面飘落的图形都是形状不太一样的。下面来看一下如何实现星星飘落动画。

8.3.1 实现的思路

首先，来分析一下星星飘落动画的实现思路。

1. 动画对象

微信的彩蛋动画可以采用固定的图片对象作为动画的对象，但是因为我们要实现的星星动画，这个星星的形状和颜色是不一样的，所以不能直接用图片作为星星的对象。那么要创建出不同的星星形状需要用到 Path 图形绘图的方式来实现，定义好画图的规则，然后用随机数来决定某些点的位置这样就可以绘制出各种不同形状的星星。颜色的随机定义就很好办了，可以先产生随机的 0～255 的三原色色值，然后用三原色的方式来创建颜色对象。

2. 动画的实现方式

从微信的彩蛋动画效果可以看出来，这些动画的随机型很大，轨迹运动轨迹、速度、方向都是随机，这种情况是很难使用线性插值动画或者关键帧动画去实现的，所以这个动画的实现方式很明显是要采用基于帧动画去实现。在基于帧动画里面，通过 CompositionTarget. Rendering 事件的处理程序来实现动画的效果，星星飘落的动画效果是星星对象从一个固定区域的最上面某个位置飘落到该区域的最底下，然后再销毁星星对象。那么我们可以采用 Canvas 面板来定义动画的区域，用 Canvas. LeftProperty 和 Canvas. TopProperty 属性作为定义星星对象位置的坐标，然后通过改变这个坐标来实现星星的下落。

3. 动画的封装

在对动画的实现方式和动画对象的封装的思路清楚之后，我们开始考虑如何来封装这样的一种动画效果。星星对象的实现需要通过一个星星工厂类（StarFactory 类）来封装星星创建的逻辑。因为每个星星的运动轨迹都是不一样的，都有其自己飘落的速度和方向，所以我们需要封装一个星星的对象，在星星对象里面负责处理星星的速度、方向、运动轨迹等逻辑。最后动画可以通过附加属性的方式在 Canvas 面板上实现动画。

下面我们来详细地看一下星星飘落动画的编码实现。

代码清单 8-3：星星飘落动画（源代码：第 8 章\Examples_8_3）

8.3.2 星星创建工厂

首先，来实现星星的创建工厂 StarFactory 类，StarFactory 类的作用是创建动画里面的星星对象，动画的实现需要向调用 StarFactory 类来创建出星星对象，然后对星星进行动画处理，所以 StarFactory 类是一个非常单一的星星构造工厂，里面不涉及动画的操作，只涉及星星 Path 对象的创建。

1. 星星对象的绘图原理

星星的对象的绘图坐标模型如图 8.4 所示，首先，需要确定确定坐标系三个点 a、b、c，然后再取三条线段 ab、ac、bc 的三分之一和三分之二的点坐标和两点区域之前一个随机点，经过这样一个处理之后原来的是 3 条线段的星星图形，变成了 3 * 4 条线段的星星图形，在递归一次就会变成 3 * 4 * 4 条线段的星星图形依此类推。

下面把星星图形形状的构造封装了 3 个方法：_RefactorPoints 方法是用于取两个点线段之间的三分之一点、三分之二点和两点区域间的随机点，最后再加上原来的两个点，返回一个 5 个点的点集合；_RecurseSide 方法是封装了两个点之间递归之后所取到的点集合；_CreatePath 方法则是把这些点集合连接起来创建一个 Path 图形表示星星图形。三个方法的代码如下所示：

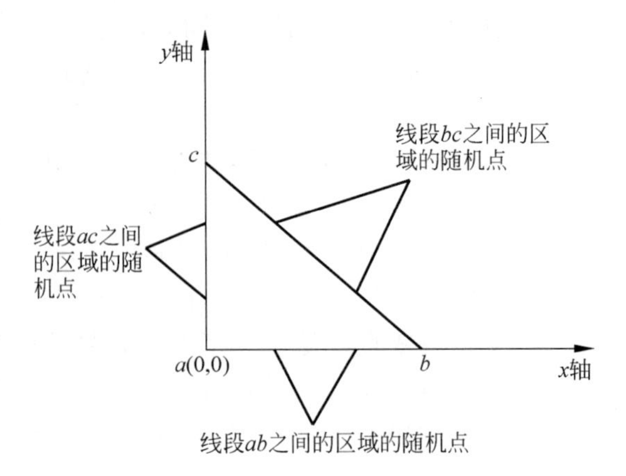

图 8.4 星星坐标原理图

StarFactory.cs 文件部分代码

```
///<summary>
///把两个点转化成多级的点的集合
///</summary>
///<param name="a">第一个点</param>
///<param name="b">第二个点</param>
///<param name="level">递归的次数</param>
///<returns>新的点的集合</returns>
private static List<Point> _RecurseSide(Point a,Point b,int level)
{
    //递归完成后,返回此线段
    if (level == 0)
    {
        return new List<Point> { a,b };
    }
    else
    {
        //首先,我们需要建立起第一次递归的点的列表,一直递归到级别为 0
        List<Point> newPoints = new List<Point>();
        //把区域分成 5 个点
        foreach (Point point in _RefactorPoints(a,b))
        {
            newPoints.Add(point);
        }
        List<Point> aggregatePoints = new List<Point>();
        //把每一个线段进一步分解
        for (int x = 0; x < newPoints.Count; x++)
        {
            int y = x + 1 == newPoints.Count ? 0 : x + 1;
            aggregatePoints.AddRange(_RecurseSide(newPoints[x],newPoints[y],level - 1));
        }
```

```
            return aggregatePoints;
        }
    }
    ///< summary >
    ///通过输入两个点来构建一个有多个三角形组成的 Star 形状
    ///</summary >
    ///< param name = "a">第一个点</param >
    ///< param name = "b">第二个点</param >
    ///< returns >一个新的几何图形的点的集合</returns >
    private static IEnumerable < Point > _RefactorPoints(Point a,Point b)
    {
        //第一个点
        yield return a;
        double dX = b.x - a.x;
        double dY = b.y - a.y;
        //第一个点到第二个点 1/3 处的一个点
        yield return new Point(a.x + dx/3.0,a.y + dy/3.0);
        double factor = _random.NextDouble() - 0.5;
        double vx = (a.x + b.x)/(2.0 + factor) + Math.Sqrt(3.0 + factor) * (b.y - a.y)/(6.0 +
factor * 2.0);
        double vy = (a.y + b.y)/(2.0 + factor) + Math.Sqrt(3.0 + factor) * (a.x - b.x)/(6.0 +
factor * 2.0);
        //中间的三角形的顶点
        yield return new Point(vx,vy);
        //第二个点到第一个点 1/3 处的一个点
        yield return new Point(b.x - dx/3.0,b.y - dy/3.0);
        //第二个点
        yield return b;
    }
    ///< summary >
    ///使用一系列的点来创建路径图形
    ///</summary >
    ///< param name = "points">点的集合</param >
    ///< returns >路径图形</returns >
    private static Path _CreatePath(List < Point > points)
    {
        PathSegmentCollection segments = new PathSegmentCollection();
        bool first = true;
        //把点添加到线段里面
        foreach (Point point in points)
        {
            if (first)
            {
                first = false;
            }
            else
            {
                segments.Add(
                    new LineSegment
                    {
```

```
                    Point = point
                });
            }
        }
        PathGeometry pathGeometry = new PathGeometry();
        //通过线段构建几何图形
        pathGeometry.Figures.Add(
            new PathFigure
            {
                IsClosed = true,
                StartPoint = points[0],
                Segments = segments
            });
        return new Path { Data = pathGeometry };
    }
```

2. 星星颜色的随机生成

星星颜色的产生是通过 ARGB 的数值来进行创建，这样更加方便用随机数进行处理。因为对星星填充的属性是需要用画刷对象来赋值的，所以需要用随机颜色来创建画刷，这里用线性渐变画刷 LinearGradientBrush 来填充 Path 图形。封装的方法_GetColor 表示创建随机的颜色对象，_ColorFactory 表示对 Path 图形填充随机的颜色画刷。代码如下所示：

StarFactory.cs 文件部分代码

```
///<summary>
///添加颜色到路径图形
///</summary>
///<param name = "input">路径图形</param>
private static void _ColorFactory(Path input)
{
    LinearGradientBrush brush = new LinearGradientBrush();
    brush.StartPoint = new Point(0,0);
    brush.EndPoint = new Point(1.0,1.0);
    GradientStop start = new GradientStop();
    start.Color = _GetColor();
    start.Offset = 0;
    GradientStop middle = new GradientStop();
    middle.Color = _GetColor();
    middle.Offset = _random.NextDouble();
    GradientStop end = new GradientStop();
    end.Color = _GetColor();
    end.Offset = 1.0;
    brush.GradientStops.Add(start);
    brush.GradientStops.Add(middle);
    brush.GradientStops.Add(end);
    input.Fill = brush;
}
///<summary>
```

```
///获取一个随机的颜色
///</summary>
///<returns></returns>
private static Color _GetColor()
{
    Color color = new Color();
    color.A = (byte)(_random.Next(200) + 20);
    color.R = (byte)(_random.Next(200) + 50);
    color.G = (byte)(_random.Next(200) + 50);
    color.B = (byte)(_random.Next(200) + 50);
    return color;
}
```

3. 创建星星对象

创建星星对象需要先有三个点，然后在利用这三个点根据创建星星图形的原理（$3*4^n$，n表示星星递归的层次）来创建星星图形，然后用随机颜色画刷来填充图形。同时为了更加个性化，也对图形做了随机角度的旋转变换特效。代码如下所示：

StarFactory.cs 文件部分代码

```
const int MIN = 0;
const int MAX = 2;
//随机数产生器
static readonly Random _random = new Random();
//创建一个 Star
public static Path Create()
{
    Point a = new Point(0,0);
    Point b = new Point(_random.NextDouble() * 70.0 + 15.0,0);
    Point c = new Point(0,b.X);
    int levels = _random.Next(MIN,MAX);
    List<Point> points = new List<Point>();
    points.AddRange(_RecurseSide(a,b,levels));
    points.AddRange(_RecurseSide(b,c,levels));
    points.AddRange(_RecurseSide(c,a,levels));
    //画边
    Path retVal = _CreatePath(points);
    //添加颜色
    _ColorFactory(retVal);
    //建立一个旋转的角度
    RotateTransform rotate = new RotateTransform();

    rotate.CenterX = 0.5;
    rotate.CenterY = 0.5;
    rotate.Angle = _random.NextDouble() * 360.0;
    retVal.SetValue(Path.RenderTransformProperty,rotate);
    return retVal;
}
```

8.3.3 实现单个星星的动画轨迹

星星对象构造工厂实现之后，接下来就需要实现对星星实体(StarEntity 类)的封装了，在 StarEntity 类里面要实现基于帧动画，在帧刷新事件处理程序里面实现星星飘落的动画逻辑。首先需要处理的是确定星星在区域最顶部的随机位置，下落的随机速度和方向，然后在动画的过程中需要去判断星星是否碰撞到了区域的左边距或者右边距，碰撞之后则需要往反弹回来往另外一边运动。最后还需要判断星星是否已经落到了对底下，如果落到了区域最底下，则需要移除 CompositionTarget.Rendering 事件和从画布上移除星星图形，还要触发 StarflakeDied 事件来告知调用方星星已经销毁掉了。StarEntity 类的代码如下所示：

StarEntity.cs 文件代码

```
///<summary>
///Star 实体,封装 Star 的行为
///</summary>
public class StarEntity
{
    //左边距
    const double LEFT = 480;
    //上边距
    const double TOP = 800;
    //离开屏幕
    const double GONE = 480;
    //随机近似数
    private double _affinity;
    //Star 实体的唯一 id
    private Guid _identifier = Guid.NewGuid();
    //随机数产生器
    private static Random _random = new Random();
    //Star 所在的画布
    private Canvas _surface;
    //获取 Star 所在的画布
    public Canvas Surface
    {
        get { return _surface; }
    }
    //x,y 坐标和相对速度
    private double x,y,velocity;
    //Star 的路径图形
    private Path _starflake;
    //获取 Star 实体的唯一 id
    public Guid Identifier
    {
        get { return _identifier; }
    }
    //默认的构造器
```

```
public StarEntity(Action<Path> insert)
    : this(insert,true)
{
}
///<summary>
///星星对象构造方法
///</summary>
///<param name="fromTop">是否从顶下落下</param>
public StarEntity(Action<Path> insert,bool fromTop)
{
    _starflake = StarFactory.Create();
    //产生 0 到 1 的随机数
    _affinity = _random.NextDouble();
    //设置速度,和初始化 x,y 轴
    velocity = _random.NextDouble() * 2;
    x = _random.NextDouble() * LEFT;
    y = fromTop ? 0 : _random.NextDouble() * TOP;
    //设置 Star 在画布的位置
    _starflake.SetValue(Canvas.LeftProperty,x);
    _starflake.SetValue(Canvas.TopProperty,y);
    //添加到画布上
    insert(_starflake);
    //记录下 Star 的画布
    _surface = _starflake.Parent as Canvas;
    //订阅基于帧动画事件
    CompositionTarget.Rendering + = CompositionTarget_Rendering;
}
//基于帧动画事件处理
void CompositionTarget_Rendering(object sender,object e)
{
    _Frame();
}
//Star 下落的每一帧的处理
private void _Frame()
{
    //下降的 y 轴的大小
    y = y + velocity + 3.0 * _random.NextDouble() - 1.0;
    //判断是否离开了屏幕
    if (y > GONE)
    {
        CompositionTarget.Rendering - = CompositionTarget_Rendering;
        _surface.Children.Remove(_starflake);
        //通知外部,Star 已经被清除
        EventHandler handler = StarflakeDied;
        if (handler ! = null)
        {
            handler(this,EventArgs.Empty);
        }
    }
    else
```

```
            {
                //水平轻推
                double xFactor = 10.0 * _affinity;
                if (_affinity < 0.5) xFactor * = - 1.0;//小于 0.5 向左边移动 大于 0.5 向右边
移动 等于 0.5 垂直下降
                x = x + _random.NextDouble() * xFactor;
                //左边的边缘
                if (x < 0)
                {
                    x = 0;
                    _affinity = 1.0 - _affinity;
                }
                //右边的边缘
                if (x > LEFT)
                {
                    x = LEFT;
                    _affinity = 1.0 - _affinity;
                }
                _starflake.SetValue(Canvas.LeftProperty, x);
                _starflake.SetValue(Canvas.TopProperty, y);
            }
            //转动
            RotateTransform rotate = (RotateTransform) _starflake.GetValue(Path.
RenderTransformProperty);
            rotate.Angle + = _random.NextDouble() * 4.0 * _affinity;
        }
        //当 Star 飘落到底下的时候的回收 Star 事件
        public event EventHandler StarflakeDied;
        //重载获取唯一的对象码 GetHashCode 方法
        public override int GetHashCode()
        {
            return Identifier.GetHashCode();
        }
        //重载实现判断对象是否一样的 Equals 方法
        public override bool Equals(object obj)
        {
            return obj is StarEntity && ((StarEntity)obj).Identifier.Equals(Identifier);
        }
    }
```

8.3.4 封装批量星星飘落的逻辑

StarEntity 类实现了一个星星的动画逻辑的封装，下面要实现一个 StarBehavior 类用附加属性的方式在 Canvas 上添加批量的星星飘落的动画。StarBehavior 类里面通过 AttachStarFlake 属性表示是否在该 Canvas 面板上添加星星飘落动画，当设置为 true 的时候表示触发动画的开始，false 则表示停止添加星星，知道星星全部飘落到底下的时候动画停止。在开始播放动画的时候会初始化多个 StarEntity 对象，并运行其飘落的动画效果，当飘落到底下 StarEntity 对象被销毁的时候，会触发 StarflakeDied 事件，在 StarflakeDied 事件里面继续初始化新的 StarEntity 对象，如果动画要被停止了 beginning＝false，则不再创建新的 StarEntity 对象。StarBehavior 类的代码如下所示：

StarBehavior.cs 文件代码

```
///<summary>
///StarBehavior 类管理附加属性的行为触发批量星星的构造和动画的实现
///</summary>
public static class StarBehavior
{
    //屏幕上生成的星星数量
    const int CAPACITY = 75;
    //动画是否已经开始的标识符
    private static bool beginning = false;
    //Star 对象列表
    private static List<StarEntity> _starflakes = new List<StarEntity>(CAPACITY);
    //添加动画效果的属性
    public static DependencyProperty AttachStarFlakeProperty = DependencyProperty.
RegisterAttached(
        "AttachStar",
        typeof(bool),
        typeof(StarBehavior),
        new PropertyMetadata(false,new PropertyChangedCallback(_Attach)));
    //获取属性方法
    public static bool GetAttachStarFlake(DependencyObject obj)
    {
        return (bool)obj.GetValue(AttachStarFlakeProperty);
    }
    //设置属性方法
    public static void SetAttachStarFlake(DependencyObject obj,bool value)
    {
        obj.SetValue(AttachStarFlakeProperty,value);
    }
    //附加属性改变事件处理方法
    public static void _Attach(object sender,DependencyPropertyChangedEventArgs args)
    {
        Canvas canvas = sender as Canvas;
        if (canvas != null && args.NewValue != null && args.NewValue.GetType().Equals
(typeof(bool)))
        {
            if ((bool)args.NewValue)
            {
                //画布上还有子元素证明星星还没全部飘落下去
                if (canvas.Children.Count > 0)
                {
                    return;
                }
```

```
                //开始动画
                beginning = true;
                for (int x = 0; x < _starflakes.Capacity; x++)
                {
                    StarEntity starflake = new StarEntity((o) => canvas.Children.Add(o));
                    starflake.StarflakeDied += new EventHandler(Starflake_StarflakeDied);
                    _starflakes.Add(starflake);
                }
            }
            else
            {
                //结束动画
                beginning = false;
            }
        }
    }
    //回收 Star 的事件
    static void Starflake_StarflakeDied(object sender,EventArgs e)
    {
        StarEntity starflake = sender as StarEntity;
        //获取 Star 的面板,用来添加一个新的 Star
        Canvas canvas = starflake.Surface;
        _starflakes.Remove(starflake);
        if (beginning)
        {
            //如果动画还在继续运行一个 Star 消失之后再创建一个新的 Star
            StarEntity newFlake = new StarEntity((o) => canvas.Children.Add(o),true);
            newFlake.StarflakeDied += Starflake_StarflakeDied;
            _starflakes.Add(newFlake);
        }
    }
}
```

8.3.5 星星飘落动画演示

上面对星星飘落动画的逻辑都已经封装好了,下面通过一个 Windows Phone 的例子来使用星星飘落动画。

MainPage.xaml 文件主要代码

```
<Canvas Grid.Row="1" x:Name="myCanvas" HorizontalAlignment="Stretch" VerticalAlignment="Stretch"></Canvas>
<Button Grid.Row="1" x:Name="button" VerticalAlignment="Bottom" Content="开始星星飘落" Click="button_Click_1"></Button>
```

MainPage.xaml.cs 文件主要代码

```
//按钮事件,播放动画和停止动画
private async void button_Click_1(object sender,RoutedEventArgs e)
{
    if ((bool)myCanvas.GetValue(StarBehavior.AttachStarFlakeProperty) == false)
    {
        //要等所有的星星都全部落下去之后才可以再次播放动画
        if (myCanvas.Children.Count > 0)
        {
            await new MessageDialog("星星动画未完全结束").ShowAsync();
            return;
        }
        myCanvas.SetValue(StarBehavior.AttachStarFlakeProperty,true);
        button.Content = "停止新增星星";
    }
    else
    {
        myCanvas.SetValue(StarBehavior.AttachStarFlakeProperty,false);
        button.Content = "开始星星飘落";
    }
}
```

应用程序的运行效果如图 8.5 所示。

图 8.5　星星飘落动画

8.4 决斗游戏动画

在西方近代史中，男人决斗的时候是拿着枪背对背走一段路，然后突然回头开枪射击，谁开枪的速度快谁就可以把对方打死。本节就是用 Windows Phone 的动画编程来模拟这个小游戏，游戏中有两个人物，启动游戏时两个人背对背走动，过一会儿两个人突然回头，然后游戏玩家就可以单击着两个人物开枪，谁单击的速度快谁就可以把对方打死。游戏的规则很简单，下面来看一下怎样实现这个游戏的动画效果。

8.4.1 实现的思路

决斗游戏的画面主要是由人物图片和各种效果的图片来组成的，所以在这个游戏里面要实现的动画基本上都是使用变换特效动画来对各种图片对象的变换特效属性进行操作。在这个动画里面主要是使用到了线性插值动画和关键帧动画来进行处理，线性插值动画用于处理动画里面匀速的线性运动，如人物的主体的移动，人物的转身。关键帧动画则需要去处理那些非匀速的线性运动，如人物的脚部动画，人物的脚部动画是不仅仅要向前移动，还要一上一下地移动，所以需要通过多个关键帧来控制其运动的轨迹。在动画的过程之中，如果要隐藏图片的时候，则需要使用离散关键帧动画来对图片的 Visibility 属性进行显示和隐藏的动画处理。

8.4.2 初始页面的布局

决斗游戏画面的构成基本上都是由图片组成的，所以首先需要做的是要实现游戏初始状态的布局。游戏的初始页面布局直接通过 Margin 属性来布置各个图片的位置，组成整个游戏的画面。游戏里面主要由两人人物组成，下面的人物为人物 1，上面的人物为人物 2，人物由两只脚、人物主体部分和阴影组成。当人物开枪的时候，还有开枪状态图片、人物倒下图片和流血的图片。那些这些图片元素都需要在页面中先布局好以后后续的动画来进行操作。注意要进用两个人物的单击事件设置 IsHitTestVisible＝"False"，因为要等走路动画结束之后才可以单击。初始界面如图 8.6 所示，布局的代码如下所示：

MainPage.xaml 文件部分代码

```
<Grid x:Name = "LayoutRoot" Background = "White">
    <! -- 人物 1 的左脚 -->
    <Image Name = "player1Foot1" Source = "Images/fuss.png" Height = "80" Width = "30"
Margin = " - 20,160,0,0" RenderTransformOrigin = "0.5,0.5">
        <Image.RenderTransform>
            <CompositeTransform/>
        </Image.RenderTransform>
    </Image>
    <! -- 人物 1 的右脚 -->
```

```
        <Image Name="player1Foot2" Source="Images/fuss.png" Height="80" Width="30"
Margin="35,145,0,0" RenderTransformOrigin="0.5,0.5">
            <Image.RenderTransform>
                <CompositeTransform/>
            </Image.RenderTransform>
        </Image>
        <!-- 人物 2 的左脚 -->
        <Image Name="player2Foot1" Source="Images/fuss.png" Height="80" Width="30"
Margin="-20,0,0,160" RenderTransformOrigin="0.5,0.5">
            <Image.RenderTransform>
                <CompositeTransform/>
            </Image.RenderTransform>
        </Image>
        <!-- 人物 2 的右脚 -->
        <Image Name="player2Foot2" Source="Images/fuss.png" Height="80" Width="30"
Margin="35,0,0,145" RenderTransformOrigin="0.5,0.5">
            <Image.RenderTransform>
                <CompositeTransform/>
            </Image.RenderTransform>
        </Image>
        <!-- 人物 1 的表背影 -->
        <Image Name="player1Shadow" Source="Images/schatten.png" Margin="106,395,174,
205" RenderTransformOrigin="0.5,0.5">
            <Image.RenderTransform>
                <CompositeTransform/>
            </Image.RenderTransform>
        </Image>
        <!-- 人物 2 的背影 -->
        <Image Name="player2Shadow" Source="Images/schatten.png" Margin="105,210,175,
390" RenderTransformOrigin="0.5,0.5">
            <Image.RenderTransform>
                <CompositeTransform/>
            </Image.RenderTransform>
        </Image>
        <!-- 人物 1 -->
        <Image Name="player1" Source="Images/player1.png" Margin="140,0,140,165"
RenderTransformOrigin="0.5,0.5" PointerPressed="_player1_PointerPressed" VerticalAlignment=
"Bottom" IsHitTestVisible="False">
            <Image.RenderTransform>
                <CompositeTransform/>
            </Image.RenderTransform>
        </Image>
        <!-- 人物 2 -->
        <Image Name="player2" Source="Images/player2.png" Margin="140,171,140,0"
RenderTransformOrigin="0.5,0.5" PointerPressed="_player2_PointerPressed" VerticalAlignment=
"Top" IsHitTestVisible="False">
            <Image.RenderTransform>
                <CompositeTransform/>
            </Image.RenderTransform>
        </Image>
```

```
        <!-- 人物 1 倒下 -->
        <Image Name="player1Die" Source="Images/beine.png" Margin="136,108,144,522"
Visibility="Collapsed" RenderTransformOrigin="0.5,0.5">
            <Image.RenderTransform>
                <CompositeTransform/>
            </Image.RenderTransform>
        </Image>
        <!-- 人物 2 倒下 -->
        <Image Name="player2Die" Source="Images/beine2.png" Margin="159,576,151,54"
RenderTransformOrigin="0.5,0.5" Visibility="Collapsed">
            <Image.RenderTransform>
                <CompositeTransform/>
            </Image.RenderTransform>
        </Image>
        <!-- 人物 1 中枪 -->
        <Image Name="player1Blood" Source="Images/Touch.png" Margin="0,-94,80,494"
Visibility="Collapsed"/>
        <!-- 人物 2 中枪 -->
        <Image Name="player2Blood" Source="Images/Touch2.png" Margin="39,478,41,-78"
Grid.RowSpan="2" Visibility="Collapsed"/>
        <!-- 人物 1 开枪瞬间 -->
        <Image Name="player1FireMoment" Source="Images/player1FireMoment.png" Visibility=
"Collapsed"/>
        <!-- 人物 2 开枪瞬间 -->
        <Image Name="player2FireMoment" Source="Images/player2FireMoment.png" Visibility=
"Collapsed"/>
    </Grid>
```

图 8.6　游戏的初始化界面

8.4.3　人物走路动画

在游戏加载的时候首先要进行播放的动画是两个人走动的动画，整个动画的过程为10秒钟，其中前面的9.9秒都是人物在向前移动，最后的0.1秒是人物转身的动画。在前面的9.9秒中里面需要处理的动画是人物主体和阴影图片用线性插值动画往前移动，人物的两只脚用关键帧动画实现一上一下的前进效果。最后的0.1秒转身的动画结束之后要设置人物可以被单击，因为这时候单击人物来进行开枪的操作。下面的代码是人物1走动的动画代码，人物2的走动代码也是类似的。

MainPage.xaml 文件部分代码

```
------------------------------------------------------------------------
    <!-- 在 0 到 9.9 秒人物 1 的主体部分向前移动 -->
    <DoubleAnimation Duration="0:0:9.9" To="141" Storyboard.TargetProperty="(UIElement.
RenderTransform).(CompositeTransform.TranslateY)" Storyboard.TargetName="player1"/>
    <!-- 在 0 到 9.9 秒人物 1 的阴影向前移动 -->
    <DoubleAnimation Duration="0:0:9.9" To="141.006" Storyboard.TargetProperty=
"(UIElement.RenderTransform).(CompositeTransform.TranslateY)" Storyboard.TargetName=
"player1Shadow"/>
    <!-- 在 0 到 9.9 秒人物 1 的脚部动画,两只脚一上一下地前进 -->
    <DoubleAnimationUsingKeyFrames
Storyboard.TargetProperty="(UIElement.RenderTransform).(CompositeTransform.TranslateY)"
Storyboard.TargetName="player1Foot1">
        <EasingDoubleKeyFrame KeyTime="0:0:1" Value="34"/>
        <EasingDoubleKeyFrame KeyTime="0:0:2" Value="2"/>
        <EasingDoubleKeyFrame KeyTime="0:0:3" Value="62"/>
        <EasingDoubleKeyFrame KeyTime="0:0:4" Value="28"/>
        <EasingDoubleKeyFrame KeyTime="0:0:5" Value="90"/>
        <EasingDoubleKeyFrame KeyTime="0:0:6" Value="57"/>
        <EasingDoubleKeyFrame KeyTime="0:0:7" Value="119"/>
        <EasingDoubleKeyFrame KeyTime="0:0:8" Value="86"/>
        <EasingDoubleKeyFrame KeyTime="0:0:9" Value="145"/>
        <EasingDoubleKeyFrame KeyTime="0:0:9.9" Value="133"/>
    </DoubleAnimationUsingKeyFrames>
    <DoubleAnimationUsingKeyFrames
Storyboard.TargetProperty="(UIElement.RenderTransform).(CompositeTransform.TranslateY)"
Storyboard.TargetName="player1Foot2">
        <!-- 省略若干代码,与上面类似 -->
    </DoubleAnimationUsingKeyFrames>
    <!-- 最后的 0.1 秒钟隐藏脚部 -->
    <ObjectAnimationUsingKeyFrames Storyboard.TargetProperty="(UIElement.Visibility)"
Storyboard.TargetName="player1Foot2">
        <DiscreteObjectKeyFrame KeyTime="0:0:9.9">
            <DiscreteObjectKeyFrame.Value>
                <Visibility>
```

```
                        Visible
                    </Visibility>
                </DiscreteObjectKeyFrame.Value>
            </DiscreteObjectKeyFrame>
            <DiscreteObjectKeyFrame KeyTime="0:0:10">
                <DiscreteObjectKeyFrame.Value>
                    <Visibility>
                        Collapsed
                    </Visibility>
                </DiscreteObjectKeyFrame.Value>
            </DiscreteObjectKeyFrame>
        </ObjectAnimationUsingKeyFrames>
        <ObjectAnimationUsingKeyFrames Storyboard.TargetProperty="(UIElement.Visibility)"
Storyboard.TargetName="player1Foot1">
            <!--省略若干代码,与上面类似-->
        </ObjectAnimationUsingKeyFrames>
        <!--最后的0.1秒钟人物主体要旋转-->
        <DoubleAnimationUsingKeyFrames Storyboard.TargetProperty="(UIElement.RenderTransform).
(CompositeTransform.Rotation)" Storyboard.TargetName="player1">
            <EasingDoubleKeyFrame KeyTime="0:0:9.9" Value="0"/>
            <EasingDoubleKeyFrame KeyTime="0:0:10" Value="-172"/>
        </DoubleAnimationUsingKeyFrames>
```

在页面加载的时候就开始执行人物走动的动画,动画结束后设置两个人物可单击,然后开始播放动画。

MainPage.xaml.cs 文件部分代码

```
------------------------------------------------------------------------------------
    public MainPage()
    {
        InitializeComponent();
        walkingStoryboard.Completed += (new EventHandler(walkingStoryboard_Completed));
    }
    //走路动画完成之后,两个人物才可以单击开枪
    private void walkingStoryboard_Completed(object sender,EventArgs e)
    {
        player1.IsHitTestVisible = true;
        player2.IsHitTestVisible = true;
    }
    //页面加载事件开始播放两个人物走路的动画
    private void PhoneApplicationPage_Loaded(object sender,RoutedEventArgs e)
    {
        walkingStoryboard.Begin();
    }
```

走动的动画画面如图 8.7 所示。

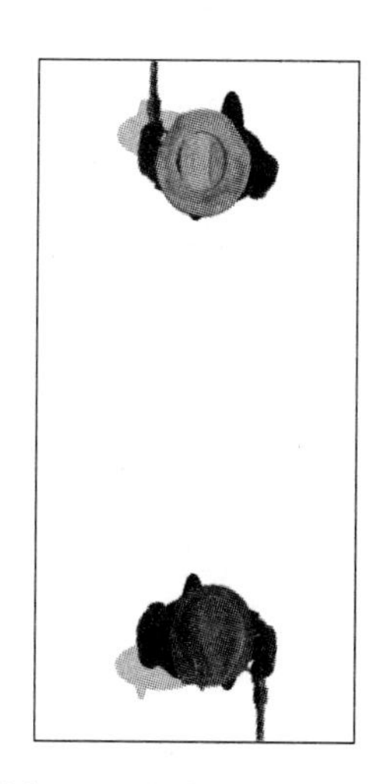

图 8.7　走动的动画画面

8.4.4　决斗开枪动画

决斗开枪是指当两个人物转身之后，玩家可以单击这两个人物开枪，谁先单击谁就可以先把对方打死。在单击事件里面会把被打中的人物主体和阴影都隐藏掉，先后显示出留下的图片和倒下去的图片。实现的动画效果是在 2 秒的时间内流血图片的透明度从 0 变换到 1，表示中枪的人物慢慢地流血死亡。动画的代码如下所示：

MainPage. xaml 文件部分代码

```
<!-- 人物 1 开枪的动画 -->
<Storyboard x:Name="player1DieStoryboard">
    <DoubleAnimationUsingKeyFrames
Storyboard.TargetProperty="(UIElement.Opacity)" Storyboard.TargetName="player1Blood">
        <EasingDoubleKeyFrame KeyTime="0" Value="0"/>
        <EasingDoubleKeyFrame KeyTime="0:0:2" Value="1"/>
    </DoubleAnimationUsingKeyFrames>
</Storyboard>
```

单击开枪的单击事件处理逻辑如下所示：

MainPage. xaml. cs 文件部分代码

```
//人物 1 的单击事件处理，表示人物 1 开枪，人物 2 中枪
private void _player1_PointerPressed(object sender, PointerRoutedEventArgs e)
{
    //禁用两个人物的单击态
    player2.IsHitTestVisible = false;
    player1.IsHitTestVisible = false;
```

```
        //把人物主体和阴影隐藏
        player2Shadow.Visibility = Visibility.Collapsed;
        player2.Visibility = Visibility.Collapsed;
        //显示流血图片和倒下去的图片
        player1Blood.Visibility = Visibility.Visible;
        player1Die.Visibility = Visibility.Visible;
        //播放被打死的动画
        player1DieStoryboard.Begin();
        //震动手机
        VibrateController.Default.Start(TimeSpan.FromSeconds(0.05));
    }
    //人物2的单击事件处理,表示人物2开枪,人物1中枪
    private void _player2_PointerPressed(object sender,PointerRoutedEventArgs e)
    {
        //代码与上面类似
    }
```

最后,单击开枪,开枪结束后的游戏画面如图8.8所示。

图8.8　开枪后的游戏画面

第 9 章 控件编程

平时我们使用 Windows Phone 的控件大部分的时候都是直接添加到 XAML 上然后设置相关的属性和事件就可以使用了，本章不是讲怎么去使用这些控件，而是去研究这些控件的内部构造是怎么组成的，里面运行的机制是怎样的。通过本章的学习，对 Windows Phone 的控件将会有更加深入的理解，同时在这里不会对所有的系统控件都进行研究，而是讲解一种研究这些控件的方法和思路，掌握了这样一种方法和思路之后，你便可以按照这样的方法和思路自己去研究你想要研究或者要使用的控件。深入理解了系统控件的原理之后，便可以对系统控件进行改造，实现更加个性化的控件。有时候，即使我们对系统控件进行了深入的改造，还是不能满足所要实现控件的需求，那么这时候就需要通过自定义控件的方式去实现，自定义控件有两种方式，一种是 UserControl 自定义控件；另一种是派生实现自定义控件，这两种方式各有各的好处和优势。通过自定义控件我们几乎可以实现所有你能想到的控件效果和控件的功能，下面让我们开始本章的学习吧。

9.1 系统控件原理解析

Windows Phone 的系统控件是 UI 的最基本的组成元素，你可以把在 XAML 页面中看到的原生的未经过任何封装的 XAML 元素都看作是 Windows Phone 的系统控件。Windows Phone 中把这些控件作为内置的最底下的系统控件，是因为这些控件提供了最基本的最常用的功能，能够满足大部分应用程序的需求，又或者是这些控件是微软推荐使用的交互效果，所以要在底层把这些控件封装起来，比如 Pivot 控件等。当然，本节并不是研究怎么去使用这些系统控件，而是讲解一种研究系统控件的方法。

9.1.1 系统控件分类

Window Phone 的常用的系统控件有 20 多个，这些控件共同组成了复杂的页面。通常对于系统控件的分类都会按照控件的功能去进行分类，如按钮类型，文本输入类型，等等。那么我们这里对系统控件的分类是更加偏向于控件的技术特性，根据控件的派生的基类类型来进行分类，这样才让我们更加清楚地理解控件的特性，因为基类代表着同一类型控件共同的技术特性。系统控件的基类有 FrameworkElement 类、Panel 类、Control 类、ContentControl 类和 ItemsControl 类，所有的系统控件都是派生自这 5 个基类，这 5 个基类自身之间也是派生的关系，它们的关系图如图 9.1 所示。这 5 个基类的详细说明如下所示：

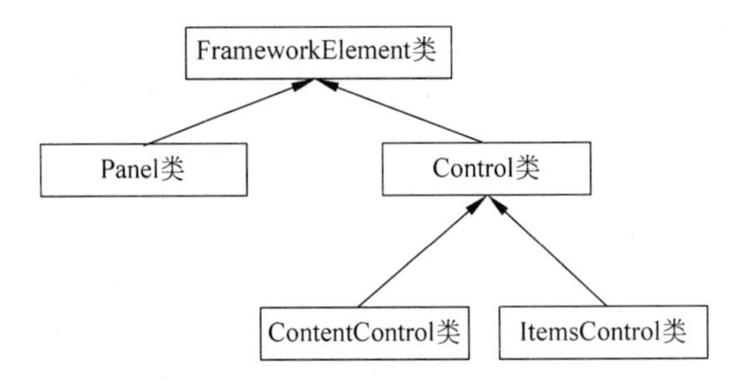

图 9.1　5 个控件基类的关系图

1. FrameworkElement 类

FrameworkElement 类是派生自 UIElement 类，UIElement 类是 Windows Phone 中具有可视外观并可以处理基本输入的大多数对象的基类，封装了键盘事件、触摸事件等一些基础的 UI 事件，但是 UIElement 类并不公开公共构造函数，所以在 Windows Phone 中 UIElement 类的作用就是作为 FrameworkElement 类的基类对 UI 的基础操作进行封装。FrameworkElement 扩展了 UIElement 并添加布局相关的方法和属性和对数据绑定的支持。所以所有的控件都是从 FrameworkElement 类派生而来的，如果直接派生自 FrameworkElement 类那么该控件则是只是拥有 Windows Phone 控件最基本的共性特点。

2. Panel 类

Panel 类派生自 FrameworkElement 类，为所有 Panel 元素提供基类。Windows Phone 的应用程序中使用 Panel 元素测量和排列子对象，在第 3 章布局原理中我们对 Panel 类的测量和排列做了详细的讲解。Panel 类所封装的特性是布局控件的共性特点，所以从 Panel 类派生出来的控件都布局相关的控件。

3. Control 类

Control 类派生自 FrameworkElement 类，表示用户界面元素的基类，这些元素使用 ControlTemplate 来定义其外观，ControlTemplate 是控件的模板，由多个元素组合而成，并且可以直接由用户去定义和修改。所以从 Control 类派生出来的控件在 UI 显示上都是非常灵活的，你可以通过修改它的模板从而对其外观做出较大的修改和定义。

4. ContentControl 类

ContentControl 派生自 Control 类，它具有 Control 类所有的功能特性，表示包含单项内容的控件。ContentControl 类最大的特点是它的 Content 属性，ContentControl 类的 Content 属性可以是任何类型的对象，如 string 类型、DateTime 类型，甚至是 UIElement 类型。当 Content 设置为 UIElement 时，ContentControl 中将显示 UIElement。当 Content

设置为其他类型的对象时，ContentControl中将显示该对象的字符串表示形式。

5. ItemsControl类

ItemsControl类也是派生自Control类，表示一个可用于呈现项的集合的控件。ItemsControl类本身也是一个列表控件类，可以直接在UI上作为列表控件来使用，可用于呈现一个固定的项集，或者用于显示从指向某个对象的数据绑定中获取的列表。那么当然ItemsControl类只是封装了列表基本的一些特性，更高级的特性需要去使用它的派生类。ItemsControl类最显著的属性就是ItemsSource属性，指定为对某个对象集合的引用，把这个集合通过绑定的方式在ItemTemplate里面来呈现其数据。

那么了解了这5个控件基类之后，我们把Windows Phone上的系统控件按照这5个控件的基类来划分为下面的5个类别：

1. 面板控件

这类控件由Panel类派生，包含了Canvas、Grid和StackPanel。这类型控件常用于界面的布局，对于Canvas、Grid和StackPanel控件是非常常用的控件，大家都会很熟悉。面板控件在第3章布局里面作了详细的讲解，相关的内容可以参考本书的第3章。

2. 内容控件

这类控件由ContentControl类派生，提供了Content属性，用于定制控件的内容，包括Button、RadioButton、HyperlinkButton、CheckBox和ScrollViewer控件。ContentControl类本身也可以作为一个控件来使用，它的内部包含有ContentPresenter，如下所示：

```
<ContentPresenter Content = "{TemplateBinding Content}" ContentTemplate = "{TemplateBinding
ContentTemplate}" ContentTemplateSelector = "{TemplateBinding ContentTemplateSelector}"/>
```

ContentPresenter元素用于ContentControl的Template的内部，不同的内容控件如Button和CheckBox，它们就会把ContentPresenter放置在控件内部不同的地方，控件内部还有很多实现的细节的，这个在9.1.2节会讲到。那么内容控件通过给Content属性赋值就会把相关的信息传递到了ContentPresenter里面进行呈现和显示。

3. 列表控件

这类控件由ItemsControl类派生，经常用于显示数据的集合，包括ListBox、Pivot、ListView和GridView控件。列表控件最重要的功能是展示列表的数据，它们最主要的属性有Items表示用于生成控件内容的集合、ItemsPanel表示定义了控制项的布局的面板、ItemsSource表示生成ItemsControl的内容的集合和ItemTemplate表示用于显示每个项的DataTemplate。这4个属性是列表控件典型的标志。

4. 普通控件

这类控件直接派生于Control类，包含了TextBox、PasswordBox、ProgressBar、ScrollBar、Slider等控件。我们可以把这一类型控件的共性特点是可以自定义或者修改其控件的数据模板，也就是说控件的内部的呈现元素是可以通过模板去修改的。那么Control类也是内容控件和列表控件的基类，所以它们也一样具有这样的共性特点。需要注意的是

LongListSelector控件，这个控件从功能上讲也是一个列表控件，但是其实现的原理是直接派生于Control类，但是在控件的内部结构里面嵌入了ItemsControl控件作为子对象用于展现列表的数据。

5. 其他控件

这类控件并不由Control类派生，而是直接派生于FrameworkElement类，包括了TextBlock、Border、Image、MediaElement和Popup控件。因为FrameworkElement类已经是控件里面最底下的基类了，所以由此可见这些控件的实现的是非常基础的功能，并没有华丽的内部结构在里面。因为这类型的控件如TextBlock和Border也常常作为其他控件里面封装的内部结构的元素。那么这类型的控件本身也没有什么可以改造的地方，因为它们已经是最底层的控件了。

在对Windows Phone的系统控件分类了之后，对Windows Phone的系统控件的总体情况也有了一定的了解，这样分类的目的也是为了更好地记忆和理解这些控件。接下来将探讨一下怎么去研究这些控件的内部结构，如何去做更加高级的改造。

9.1.2 系统控件的默认样式

首先，从Button控件说起，在页面上添加一个Button控件的时候，你有没有发现Button控件跟相邻的控件总是无法贴住。它在边界上与相邻的UI元素总是有一定的空隙在里面的，把Button控件放到一个StackPanel上(如图9.2所示)，其中最外面的框框才是按钮控件的实际区域，你会发现Button的白色的边界和StackPanel的边界并不会重合在一起。那么在Button控件的属性里面并没有相关的属性可以设置这个控件与相邻控件周围的间距的，你可能会想知道这个空隙到底是在哪里定义的，然后能不能修改的呢？下面我们来看一下系统控件的默认样式，在这里会找到你想要的答案。

图9.2 StackPanel里面的Button控件

系统控件的默认样式是指系统控件本身所关联起来的默认样式，包括背影颜色、字体类型等属性的默认值。对于内容控件、列表控件和普通控件，它们都有一个共同的基类Control类，在Control类里面有一个很重要的属性Template表示是控件的模板，就是用来定义控件的外观的。它们都会有一个默认值，这个默认值里面定义了控件默认的内部结构和显示效果，Button控件周边空隙的秘密都在这里。

如果要查看系统控件的默认样式，可以通过Expression Blend工具来生成(关于Expression Blend工具更详细的知识可以参考第10章)。查看控件默认样式的方法是，Expression Blend工具创建或者打开一个Windows Phone的项目，打开一个页面，从Expression Blend左边的系统控件里面，把你想要查看的控件拉到页面上，如把Button控件拉到页面上，然后在控件上面“右键”→“编辑模版”→“编辑副本”，如图9.3所示，单击“编辑副本"之后会弹出"创建 Style 资源"的对话框如图 9.4 所示，这时候单击"确定"会在当前的页面上生成控件的默认样式资源。通过这样的操作之后，可以看到 Button 默认的模板样式如下所示：

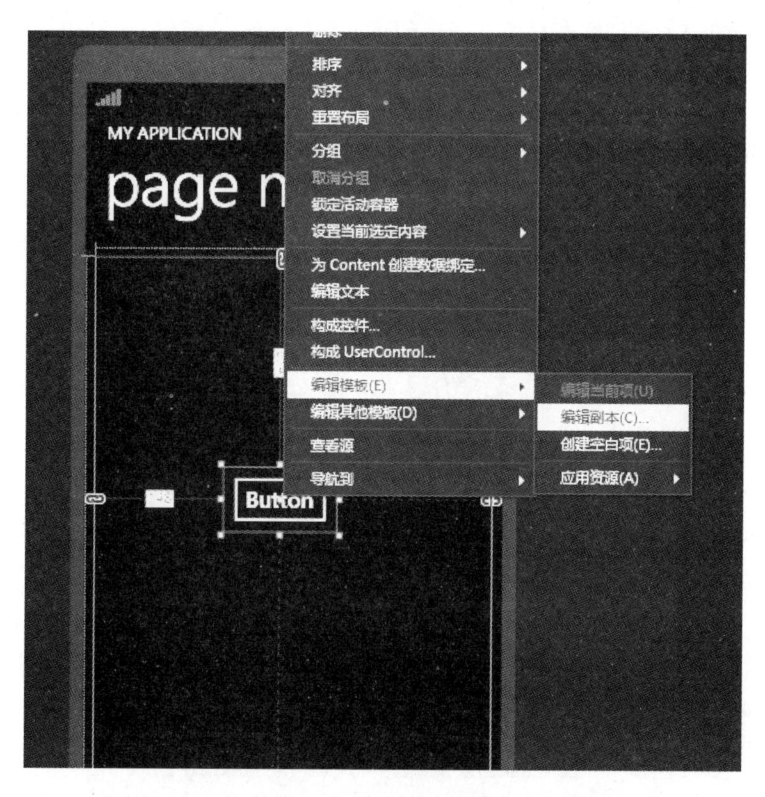

图 9.3 编辑默认模板

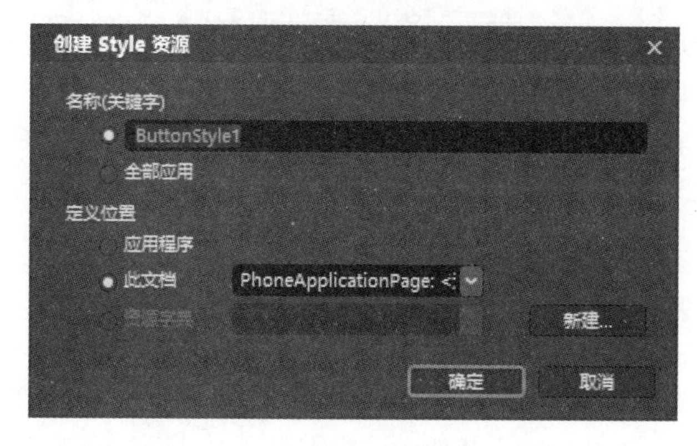

图 9.4 创建样式资源

```
<Style x:Key="ButtonStyle1" TargetType="Button">
    <Setter Property="Background" Value="Transparent"/>
    <Setter Property="BorderBrush" Value="{ThemeResource PhoneForegroundBrush}"/>
    <Setter Property="Foreground" Value="{ThemeResource PhoneForegroundBrush}"/>
    …省略若干代码
    <Setter Property="Template">
        <Setter.Value>
            <ControlTemplate TargetType="Button">
                <Grid Background="Transparent">
                    <VisualStateManager.VisualStateGroups>
                        <VisualStateGroup x:Name="CommonStates">
                            <VisualState x:Name="Normal"/>
                            <VisualState x:Name="PointerOver "/>
                            <VisualState x:Name="Pressed">
                                <Storyboard>
                                    <PointerDownThemeAnimation TargetName="Grid"/>
                                …省略若干代码
                            </VisualState>
                            <VisualState x:Name="Disabled">
                                …省略若干代码
                            </VisualState>
                        </VisualStateGroup>
                    </VisualStateManager.VisualStateGroups>
                    <Border x:Name="Border" BorderBrush="{TemplateBinding BorderBrush}"
BorderThickness="{TemplateBinding BorderThickness}"
              Background="{TemplateBinding Background}" Margin="{ThemeResource
PhoneTouchTargetOverhang}">
                        <ContentPresenter x:Name="ContentPresenter" Foreground=
"{TemplateBinding Foreground}"
                        HorizontalAlignment="{TemplateBinding HorizontalContentAlignment}"
                        VerticalAlignment = " {TemplateBinding VerticalContentAlignment}"
Margin="{TemplateBinding Padding}"
                        Content="{TemplateBinding Content}" ContentTemplate=
"{TemplateBinding ContentTemplate}"/>
                    </Border>
                </Grid>
            </ControlTemplate>
        </Setter.Value>
    </Setter>
</Style>
```

从 Button 控件默认的样式里面可以看到，Button 控件默认就给 Background、BorderBrush、Foreground、BorderThickness、FontFamily、FontSize、Padding 和 Template 属性进行了赋值。那么我们主要看一下 Template 属性，Template 属性里面的样式就是 Button 内部的结构。Template 属性的值是一个 ControlTemplate 表示控件的模板，在 ControlTemplate 里面是通过一个 Grid 布局控件来进行布局的。我们可以注意到，Grid 里面有一个 VisualStateManager.VisualStateGroups 的节点，这里面定义的是 Button 控件的状态管理器，里面有 Normal、PointerOver、Pressed 和 Disabled 四种状态，不同的状态上使

用了动画来改变控件当前的一些属性，当这个状态发生的时候就会触发动画的播放。当然，这些状态的触发的逻辑都是在 Button 控件内部的实现代码里面封装起来的。再往下我们可以看到一个 Border 控件包着一个 ContentControl 控件，然后在这里可以看到 Button 控件相关属性的赋值都会被映射到 Border 控件和 ContentControl 控件上，如 BorderBrush="{TemplateBinding BorderBrush}"表示你当想 Button 控件的 BorderBrush 属性赋值的时候，实际上是在给 Button 控件内部的 Border 控件的 BorderBrush 属性赋值。

现在再回到本节最开始的问题，Button 控件的周围空隙在哪里定义的？能不能修改？在 Button 控件默认的样式里面我们可以发现 Border 控件上对 Margin 属性进行了赋值，Margin="{StaticResource PhoneTouchTargetOverhang}"，这就是 Button 控件的周围空隙的原因了。当我们把 Border 控件的 Margin 属性删除之后，然后再对 Button 控件的 Style 属性进行赋值，如<Button Content="按钮" Style="{StaticResource ButtonStyle1}"></Button>，这时候会发现 Button 周围的空隙不见了，如图 9.5 所示。那么我们这里的演示仅仅只是为了说明 Button 控件内部的原理，实际上并不建议你把这个 Margin 属性删除，因为这时微软对 Windows Phone 控件定义好的 UI 设计标准，这个空隙是符合 Button 控件 UI 设计的初衷的。当然如果你要把 Button 控件改造成另外的一种控件如磁贴(下一小节会讲解到)，而不是作为按钮控件去使用，那这就是另外一回事了。

图 9.5　周围无空隙的 Button 控件

那么在这里就不再对 Windows Phone 所有的系统控件的默认样式进行研究了，我们掌握了这样一种研究的方法，大家可以按照这样一种思路去查看其他系统控件的默认样式来了解系统控件的内部结构。

9.1.3　深度改造系统控件

通过 9.1.2 节可以知道系统控件本身是有着它的内部结构的并且这个内部结构是可以通过样式模板的方式去进行修改的。系统控件通过这样一种方式来提供更加灵活化的自定义，所以我们对于系统控件的运用也可以超出系统控件它本身的意义。比如我们想要在程序中实现一个磁贴的控件，磁贴是 Windows Phone 里面非常有特色的控件，可以说是 Windows Phone 手机的一种标志性的设计元素，但是我们并没有在系统控件里面找到专门的磁贴控件，所以要使用磁贴控件是需要我们去自定义实现的。

当我们想要去实现一个自定义的控件的时候，首先应该想到的是能不能通过系统控件改造出来呢？因为这种方式是最简单的也是最高效的。对于磁贴控件，它是方形的，有单击的状态，点中的时候是会动的，可以触发相关的事件，那么从这种特性来看，是可以完全用 Button 控件去改造出来的，改造的逻辑是把 Button 相关的状态改变信息删除掉，把 Button 的构造设计成为正方向，默认让 Button 的现实的字符串内容显示在左下角上。

代码清单 9-1：用 Button 控件实现磁贴（源代码：第 9 章\Examples_9_1）

根据这些需求我们把 Button 控件的样式改成如下：

MainPage.xaml 文件部分代码

```
--------------------------------------------------------------------------
    <Page.Resources>
        <Style x:Key = "ButtonStyle1" TargetType = "Button">
            <Setter Property = "Template">
                <Setter.Value>
                    <ControlTemplate TargetType = "Button">
                        <Grid x:Name = "Grid" Background = "Transparent">
                            <VisualStateManager.VisualStateGroups>
                                <VisualStateGroup x:Name = "CommonStates">
                                    <VisualState x:Name = "Normal"/>
                                    <VisualState x:Name = "PointerOver"/>
                                    <VisualState x:Name = "Pressed">
                                        <Storyboard>
                                            <PointerDownThemeAnimation TargetName =
"Grid"/>
                                        </Storyboard>
                                    </VisualState>
                                    <VisualState x:Name = "Disabled"/>
                                    </VisualState>
                                </VisualStateGroup>
                            </VisualStateManager.VisualStateGroups>
                            <Border x:Name = "Border" Background = "Red" Height = "150"
Width = "150">
                                <ContentPresenter x:Name = "ContentPresenter" Foreground =
"{TemplateBinding Foreground}"
                                HorizontalAlignment = "Left"
                                VerticalAlignment = "Bottom" Margin = "5"
                                Content = "{TemplateBinding Content}" ContentTemplate =
"{TemplateBinding ContentTemplate}"/>
                            </Border>
                        </Grid>
                    </ControlTemplate>
                </Setter.Value>
            </Setter>
        </Style>
    </Page.Resources>
```

样式修改完成之后，就可以给 Button 控件的 Style 属性进行赋值了。由于磁贴的单击状态是需要倾斜的动画的，所以需要保留 Pressed 状态下的 PointerDownThemeAnimation 动画，这个是系统内置的单击倾斜效果的动画。代码如下所示：

MainPage.xaml 文件部分代码

```
<StackPanel>
    <Button Content="测试" Background="Red" Foreground="White" Style="{StaticResource
ButtonStyle1}"></Button>
</StackPanel>
```

应用程序的运行效果如图 9.6 所示。

图 9.6　磁贴的效果

9.2 UserControl 自定义控件——水印输入框控件

在 Windows Phone 中实现自定义控件主要有 3 种方式，第一种方式是前面所讲的直接改造现有的系统控件，那么也可以把这种方式看成是自定义控件的一种方法，这种方法是直接利用系统控件通过修改样式来实现自定义的控件风格。第二种方式是实现 UserControl 自定义控件，也就是本节要讲解的内容。第三种方式是从控件的基类派生实现自定义控件，这在 9.3 节介绍。

9.2.1 UserControl 自定义控件的原理

UserControl 自定义控件的实现方式比较简单直观，和创建普通的 Windows Phone 页面类似。首先我们来看一下怎么去创建一个 UserControl 控件。在 Visual Studio 里面本身是内置了 UserControl 控件的模板的，所以我们可以直接通过 Visual Studio 的控件模板来创建 UserControl 控件，在项目名称上右键，添加新建项，可以看到如图 9.7 所示的添加

UserControl 控件的界面。这时候会添加了一个 xaml 的文件和一个 xaml. cs 文件，所创建的 UserControl 控件会继承 UserControl 基类。UserControl 是现有元素的组合，可以理解为 UserControl 控件是把页面上的一部分代码给剥离出来作为一个独立的组件来使用，所以起构造原理和普通的 Windows Phone 页面是一样的。

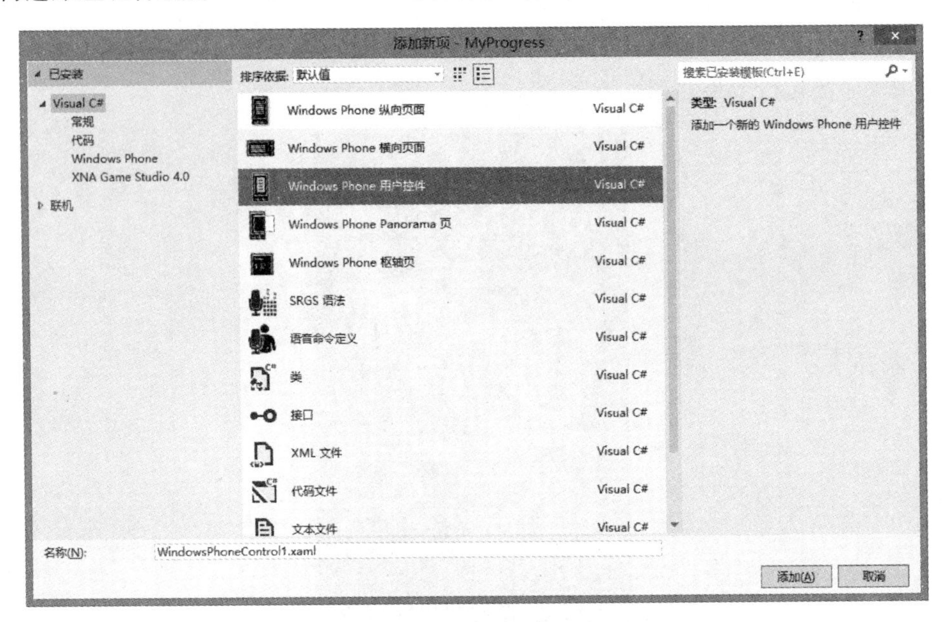

图 9.7　创建 UserControl 窗口

UserControl 自定义控件的方式比较简单实现也很方便，对于控件的样式和布局也是直接写在 xaml 文件上的，很直观。控件相关的事件处理也是可以直接在 xaml 上面定义和在 xaml. cs 页面上进行处理。UserControl 自定义控件常常会用在两个方面，一方面是对现有页面的 UI 代码进行模块化的拆分，把多个页面会公用到的 UI 模块用 UserControl 控件封装起来实现代码的共享。另一方面是实现一些并不复杂的控件逻辑的封装，因为这种方式直观、方便、快捷，所以很适合来创建一些简单的控件。

9.2.2　创建水印输入框控件

现在我们运用 UserControl 自定义控件的方式来实现一个水印输入框控件，水印输入框控件一般会用在输入用户名等这类固定信息的输入框里面，带来的用户体验也是不错的。水印输入框要实现的功能就是当输入框里面没有信息的时候会显示水印的信息，当焦点在输入框上或者输入框上已经有用户输入的信息时，水印是不显示出来的。下面我们来实现这样的一个控件。

首先我们创建一个命名为 WatermarkedInputText 的 UserControl 控件表示是水印输入框控件。那么实际上水印输入框主要是有两个模块一个是水印，另一个是真正的输入框，UI 所要实现的逻辑就是怎么去控制这个水印的显示和隐藏的时机。所以在水印输入框控件上，我们用 TextBox 控件来表示输入框，TextBlock 控件表示水印，并且对 TextBox 控件添加了 GotFocus 和 LostFocus 的事件处理，这将会用来处理水印的隐藏和显示。

代码清单 9-2：水印输入框（源代码：第 9 章\Examples_9_2）

WatermarkedInputText.xaml 文件代码

```
----------------------------------------------------------------------
<UserControl
    x:Class = "WatermarkControlDemo.WatermarkedInputText"
    xmlns = "http://schemas.microsoft.com/winfx/2006/xaml/presentation"
    xmlns:x = "http://schemas.microsoft.com/winfx/2006/xaml"
    xmlns:local = "using:WatermarkControlDemo"
    xmlns:d = "http://schemas.microsoft.com/expression/blend/2008"
    xmlns:mc = "http://schemas.openxmlformats.org/markup-compatibility/2006"
    FontSize = "30"
    mc:Ignorable = "d"
    d:DesignHeight = "300"
    d:DesignWidth = "400">
    <Grid x:Name = "LayoutRoot" Background = "{StaticResource PhoneChromeBrush}">
        <TextBox Height = "60" FontSize = "30" x:Name = "WMInput" GotFocus = "MWInput_
GotFocus_1" LostFocus = "MWInput_LostFocus_1"></TextBox>
        <TextBlock x:Name = "WMText" Margin = "20,0,0,0" VerticalAlignment = "Center"
IsHitTestVisible = "False"></TextBlock>
    </Grid>
</UserControl>
```

9.2.3　添加水印输入框控件属性和事件的处理

为什么要添加属性？因为我们封装了一个控件，如果需要调用方来赋值一些信息传入进来的，那就需要提供一个接口给调用方去进行赋值，所以在这里给控件添加的属性就是充当了这样的一个角色。水印输入框控件实现了三个属性：Text 属性表示当前控件的文本信息，因为调用方使用了你这个控件输入了相关的信息，那么你需要给个属性让调用方获取到输入的信息；Watermark 表示水印文本，这个属性就是给调用方来设置水印的文本的，用于显示在水印输入框控件的水印模块上；InputScope 表示输入键盘，其实就是把控件内部的 TextBox 的 InputScope 属性在控件的最外层定义再定义一次。在控件内部要实现的事件就是 GotFocus 事件和 LostFocus 事件，用于控制水印的现实和隐藏的逻辑。

WatermarkedInputText.xaml.cs 文件代码

```
----------------------------------------------------------------------
using Windows.UI.Xaml;
using Windows.UI.Xaml.Controls;
using Windows.UI.Xaml.Input;

namespace WatermarkControlDemo
{
    public partial class WatermarkedInputText : UserControl
```

```
{
    public WatermarkedInputText()
    {
        InitializeComponent();
    }
    //获得焦点事件,把水印的透明度设置为 0 隐藏起来
    private void MWInput_GotFocus_1(object sender,RoutedEventArgs e)
    {
        this.WMText.Opacity = 0;
    }
    //失去焦点事件,当输入框没有信息则显示水印,否则就隐藏出来
    private void MWInput_LostFocus_1(object sender,RoutedEventArgs e)
    {
        if (this.WMInput.Text == "")
        {
            this.WMText.Opacity = 1;
        }
        else
        {
            this.WMText.Opacity = 0;
        }
    }
    //水印文本属性
    public string Watermark
    {
        get
        {
            return this.WMText.Text;
        }
        set
        {
            this.WMText.Text = value;
        }
    }
    //控件的文本属性
    public string Text
    {
        get
        {
            return this.WMInput.Text;
        }
        set
        {
            this.WMInput.Text = value;
        }
    }
    //输入键盘属性
    public InputScope InputScope
    {
        get
        {
            return WMInput.InputScope;
        }
        set
```

```
                {
                    WMInput.InputScope = value;
                }
            }
        }
    }
```

9.2.4　使用水印输入框控件

使用水印输入框控件需要现在 XAML 页面上添加控件所在控件的引用，然后根据引用来获取自定义控件的 XAML 代码。如下所示：

MainPage.xaml 文件主要代码

```
//…省略若干代码
xmlns:local = "using:WatermarkControlDemo"
//…省略若干代码
<StackPanel>
    <local:WatermarkedInputText x:Name = "username" Watermark = "请输入用户名" InputScope =
"Number" ></local:WatermarkedInputText>
    <Button Content = "获取输入信息" Click = "Button_Click_1"></Button>
</StackPanel>
//在按钮的单击事件里面把水印输入框的文本信息弹出来，查看是否获取正确
private async void Button_Click_1(object sender,RoutedEventArgs e)
{
    await new MessageDialog(username.Text).ShowAsync();
}
```

应用程序的运行效果如图 9.8 所示。

图 9.8　水印文本输入框

9.3 从控件基类派生实现自定义控件——全屏进度条控件

从控件的基类派生出来的自定义控件是一种更加高级的实现自定义控件的方式。这种控件的实现方式功能强大，灵活性非常高，代码封装性很好，适合实现复杂的控件逻辑，大部分的第三方控件库，包括 Windows Phone 自身的系统控件都是采用这种方式去实现的。本小节通过一个例子来讲解怎么从控件基类派生实现自定义控件。我们要实现的控件是一个全屏的进度条控件，当启动进度条的时候，需要采用半透明的遮罩把整个页面给盖住，不让用户去进行单击的操作，类似于在 Windows Phone 手机上在电子市场下载应用在网络请求还未完成的时候出来的一个短暂的全屏进度条。

9.3.1 创建控件样式

从控件基类派生实现自定义控件和 UserControl 控件的实现方式是有很大区别的，你可以把 UserControl 控件的实现方式理解为 Code-Behind 的模式，但是这样实现的方式是采用动态加载样式文件来创建控件的方式，所以这也是两种不同的设计理念和模式来的。

这种动态加载控件样式的模式对控件样式文件是有固定的路径和命名的要求的，控件的样式文件一定要放在控件当前项目的 Themes 文件夹的 generic. xaml 文件上的，这时默认的关联路径也是无法修改的，所以你必须要记住这一个规则，否则你的控件将无法正常使用。正因为这个原因，所以我们在创建全屏进度条控件时需要新建一个 Windows Phone 类库的项目(命名为 MyProgress)来创建自定义的控件。在类库里面添加 Themes 文件夹、generic. xaml 样式、控件类和其他的类，项目的结构如图 9.9 所示。

图 9.9 MyProgress 项目结构

首先需要先创建好 ProgressIndicator 类，从 ContentControl 控件基类派生，表示进度条控件，然后在 generic. xaml 文件里面添加针对 ProgressIndicator 控件类的样式文件，通过 Style 的 TargetType 属性来设置关联的目标控件，它们在运行时会自动关联起来的。全屏进度条的样式里面定义了控件的一些属性，那么主要是 Template 模板上添加了一些主要的控件：Rectangle 控件表示控件的背景层；StackPanel 控件用来处理进度条和进度条文本的布局；ProgressBar 表示进度条控件；TextBlock 控件表示进度条的文本标签。

代码清单 9-3：全屏进度条（源代码：第 9 章\Examples_9_3）

generic. xaml 文件代码

```
<ResourceDictionary
    xmlns = "http://schemas.microsoft.com/winfx/2006/xaml/presentation"
    xmlns:x = "http://schemas.microsoft.com/winfx/2006/xaml"
    xmlns:local = "using:MyProgress">
    <Style TargetType = "local:ProgressIndicator">
        <Setter Property = "Background" Value = "{StaticResource PhoneChromeBrush}"/>
        <Setter Property = "Width" Value = "480"/>
        <Setter Property = "Height" Value = "853"/>
        <Setter Property = "Template">
            <Setter.Value>
                <ControlTemplate TargetType = "local:ProgressIndicator">
                    <Grid x:Name = "LayoutRoot" Background = "Transparent" >
                        <Rectangle x:Name = "backgroundRect" Fill = "{StaticResource
PhoneBackgroundBrush}" Opacity = "0.5"/>
                        <StackPanel x:Name = "stackPanel">
                            <ProgressBar Name = "progressBar" Maximum = "100"/>
                            <TextBlock Name = "textBlockStatus"/>
                        </StackPanel>
                    </Grid>
                </ControlTemplate>
            </Setter.Value>
        </Setter>
    </Style>
</ResourceDictionary>
```

创建好了控件的样式之后，接下来就要处理控件的实现逻辑了。控件的逻辑处理首先要处理的事情就是怎样把控件的样式加载进来，然后再实现控件本身的一些逻辑，如打开进度条的时候怎么去初始化和把进度条弹出来，关闭进度条的时候怎么把控件给关闭掉，如果要显示进度详细情况，又该怎么对进度条赋值，等等，这些问题都是我们在作全屏进度条时需要考虑的问题。下面逐一分析和讲解这些要处理的逻辑。

9.3.2　加载样式

定义好了全屏进度条控件的样式后，接下来就要处理控件的逻辑了，首先需要处理的事件就是要加载样式。在控件的初始化方法 ProgressIndicator()里面要获取控件默认关联的样式的 Key，如 DefaultStyleKey=typeof(ProgressIndicator)。这一步很重要，因为控件是根据这个 DefaultStyleKey 去加载 generic. xaml 文件所对应的样式的。

设置好了 DefaultStyleKey 只能完成了样式和控件的关联，如果我们要对样式里面的内部子控件对象进行操作，那么就必须在 ProgressIndicator 类里面获取到样式的子控件对象，因为我们还要对 ProgressBar 和 TextBlock 相关的属性进行赋值。在 ProgressIndicator 类里面获取控件样式的子对象，需要用到一个非常重要的方法 OnApplyTemplate 方法，这是控件基类 FrameworkElement 里面的方法，在派生类中重写后，每当应用程序代码或内部进程（如重新生成布局处理过程）调用 ApplyTemplate，都将调用此方法。简言之，这意味着 UI 元素在应用程序中显示前会调用该方法。在 ProgressIndicator 类里面通过重写 OnApplyTemplate 后就可以通过 GetTemplateChild 方法获取模板里的子控件了，但是要注意的是 OnApplyTemplate 方法并不是在类构造的时候马上执行的，而是延迟了一定的时间，而且如果这个自定义的控件在放到应用的项目中时，如果 Visibility 为隐藏的话，更不会执行 OnApplyTemplate 方法了。还有一点就是，OnApplyTemplate 是比 Loaded 事件更适于对模板创建的可视化树进行调整处理的方法。在 Windows Phone 中，Loaded 事件可能在应用模板之前发生，因此你可能无法在 Loaded 处理程序中对通过应用模板创建的可视化树进行调整。

下面 ProgressIndicator 类的代码中对自定义控件定义的 OnApplyTemplate 重写，在 OnApplyTemplate 方法里面对全屏进度条的 UI 显示效果进行初始化。代码如下所示：

ProgressIndicator.cs 文件部分代码

```
public class ProgressIndicator : ContentControl
{
    //用来表示样式的矩形对象，用来作为全屏进度条的半透明背景
    private Rectangle backgroundRect;
    //用来表示样式中的 StackPanel 布局控件
    private StackPanel stackPanel;
    //用来表示样式中的进度条控件
    private ProgressBar progressBar;
    //用来表示样式中的进度条文本信息控件
    private TextBlock textBlockStatus;
    //进度条的类型
    private ProgressTypes progressType = ProgressTypes.WaitCursor;
    //是否显示进度条文本信息
    private bool showLabel;
    //进度条文本信息的内容
    private string labelText;
    public ProgressIndicator()
    {
        //引用控件默认的样式
        DefaultStyleKey = typeof(ProgressIndicator);
    }
    //重载基类的 OnApplyTemplate 方法，在这里加载样式的控件
    public override void OnApplyTemplate()
    {
        base.OnApplyTemplate();
        //通过 GetTemplateChild 方法根据控件的 x:Name 属性获取控件
        backgroundRect = GetTemplateChild("backgroundRect") as Rectangle;
        stackPanel = GetTemplateChild("stackPanel") as StackPanel;
        progressBar = GetTemplateChild("progressBar") as ProgressBar;
        textBlockStatus = GetTemplateChild("textBlockStatus") as TextBlock;
```

```
            //初始化全屏进度条的 UI 显示效果,注意这个方法不能放在构造方法里面
            InitializeProgressType();
        }
        //进度条类型
        public ProgressTypes ProgressType
        {
            get
            {
                return progressType;
            }
            set
            {
                progressType = value;
            }
        }
        //初始化进度条的 UI 设计,注意全屏进度条封装了两种进度条的类型,一种是不确定进度
的等待进度条;另一种是有进度显示的进度条
        private void InitializeProgressType()
        {
            if (progressBar == null)
                return;
            progressBar.Value = 0;
            switch (progressType)
            {
                case ProgressTypes.WaitCursor:
                    //等待进度条的 UI 效果是不显示进度条的页签信息
                    backgroundRect.Visibility = Visibility.Visible;
                    stackPanel.VerticalAlignment = VerticalAlignment.Center;
                    progressBar.Foreground = (Brush)Application.Current.Resources
["PhoneForegroundBrush"];
                    textBlockStatus.Visibility = Visibility.Collapsed;
                    progressBar.IsIndeterminate = true;
                    break;
                case ProgressTypes.DeterminateMiddle:
                    //确定进度情况的进度条的需要显示进度条的页签信息
                    backgroundRect.Visibility = Visibility.Visible;
                    stackPanel.VerticalAlignment = VerticalAlignment.Center;
                    progressBar.Foreground = (Brush)Application.Current.Resources
["PhoneForegroundBrush"];
                    textBlockStatus.Visibility = System.Windows.Visibility.Visible;
                    textBlockStatus.Foreground = (Brush)Application.Current.Resources
["PhoneForegroundBrush"];
                    textBlockStatus.FontSize = 20;
                    textBlockStatus.Opacity = 0.5;
                    textBlockStatus.HorizontalAlignment = HorizontalAlignment.Center;
                    textBlockStatus.Text = Text;
                    progressBar.IsIndeterminate = false;
                    break;
            }
        }
    }
```

9.3.3 全屏进度条的打开和关闭

实现了控件样式的加载之后,我们接下来要处理全屏进度条两个非常主要的逻辑,全屏进度条的打开和关闭。全屏进度条的一个最主要的目的就是当进度条出现的时候要把整个页面给挡住,不让用户可以操作,必须要等到进度条关闭之后才可以对界面的 UI 进行操作。对于这个全屏的遮罩可以使用 Popup 控件来实现,Popup 控件会一直处于页面上的元素的最上面,类似于电脑桌面的窗口设置为"一直显示在最上面"的效果。通过把 Popup 控件的 IsOpen 属性设置为 true 即可把 Popup 控件显示出来,设置为 false 则关闭掉。当 Popup 控件显示出来的时候我们需要通过 Popup 控件的 Child 属性来设置 Popup 控件的内容,Popup 控件的内容就是 ProgressIndicator 控件本身了。

ProgressIndicator 控件里面还有一些重要的属性需要控件的调用方传递进来的,这些属性有: ProgressBarValue 属性表示进度条的值,如果是确定性的进度条则需要设置,否则可以忽略; Text 属性表示全屏进度条文本信息,用于显示在进度条下面,控制了确定性进度条可以显示出来; ShowLabel 属性表示是否显示全屏进度条文本信息。

在这里还有一个问题需要处理的就是 Windows Phone 的菜单栏的显示和隐藏, Windows Phone 的菜单栏是一个特殊的 UI 元素,它与普通的 UI 元素并不一样,它也不在可视化树里面,所以 Popup 控件也无法把其挡住。所以当我们把全屏进度条打开的时候,如果页面上有菜单栏,则需要先把菜单栏隐藏起来,等到全屏进度条关闭之后再把菜单栏显示出来。

全屏进度条的打开和关闭的代码如下所示:

ProgressIndicator.cs 文件部分代码

```
public class ProgressIndicator : ContentControl
{
    //进度条的值
    private double progressBarValue = 0;
    //进度条的进度值
    public double ProgressBarValue
    {
        get
        {
            return progressBarValue;
        }
        set
        {
            progressBarValue = value;
            if (progressBar ! = null)
            {
                progressBar.Value = value;
            }
        }
```

```
}
//进度条的文本信息
public string Text
{
    get
    {
        return labelText;
    }
    set
    {
        labelText = value;
    }
}
//是否显示进度条的标签
public bool ShowLabel
{
    get
    {
        return showLabel;
    }
    set
    {
        showLabel = value;
    }
}
//弹窗控件
internal Popup ChildWindowPopup
{
    get;
    private set;
}
//获取 Windows Phone 的程序框架
private static Frame RootVisual
{
    get
    {
        return Window.Current == null ? null : Window.Current.Content as Frame;
    }
}
//获取当前的页面
internal Page Page
{
    get { return RootVisual.GetVisualDescendants().OfType<Page>().FirstOrDefault(); }
}
//进度条打开状态
public bool IsOpen
{
    get
    {
        return ChildWindowPopup != null && ChildWindowPopup.IsOpen;
```

```
            }
        }
        //打开进度条
        public void Show()
        {
            if (ChildWindowPopup == null)
            {
                ChildWindowPopup = new Popup();
                ChildWindowPopup.Child = this;
            }
            ChildWindowPopup.IsOpen = true;
            //添加物理按钮后退事件,用于关闭进度条
            HardwareButtons.BackPressed += HardwareButtons_BackPressed;
            //如果有菜单栏则需要把菜单栏隐藏起来
            if (Page != null && Page.BottomAppBar != null)
            {
                Page.BottomAppBar.IsSticky = false;
                Page.BottomAppBar.Visibility = Visibility.Collapsed;
            }
        }
        //关闭进度条
        public void Hide()
        {
            //关闭进度条后要移除物理返回按钮的事情
            HardwareButtons.BackPressed -= HardwareButtons_BackPressed;
            //关闭进度条把菜单栏显示出来
            if (Page != null && Page.BottomAppBar != null)
            {
                Page.BottomAppBar.Visibility = Visibility.Visible;
            }
            ChildWindowPopup.IsOpen = false;
        }
    }
```

9.3.4 处理物理返回事件

到了这里,ProgressIndicator 控件的逻辑已经基本完成了,不过还有一个问题,用户按下物理的返回键时,这时候如果不进行处理,则会离开当前的页面,所以对于全屏进度条来说,最后还是要控制和处理物理返回键的事件。对物理返回事件的处理有两种方案,一种是完全把这个返回键的事件给屏蔽掉,等到进度条关闭了才把这个事件放开,这种方式的实现很简单,直接在 HardwareButtons.BackPressed 事件中设置 e.Handled=true 便可以实现;另一种解决方案是捕获到这个物理返回事件之后,做一些操作,如提示用户是否要结束进度条,或者直接结束进度条。

那么 ProgressIndicator 控件用了第二种方案来实现,按下物理返回键的时候直接关闭进度条,代码如下所示:

ProgressIndicator.cs 文件部分代码

```
public class ProgressIndicator : ContentControl
{
    //打开进度条
    public void Show()
    {
        HardwareButtons.BackPressed + = HardwareButtons_BackPressed;
        ……省略若干代码
    }
    //关闭进度条
    public void Show()
    {
        HardwareButtons.BackPressed - = HardwareButtons_BackPressed;
        ……省略若干代码
    }
    //处理物理返回按钮的事件
    void HardwareButtons_BackPressed(object sender,BackPressedEventArgs e)
    {
        //如果全屏进度条是打开的状态
        if (IsOpen)
        {
            //先取消物理返回事件的效果
            e.Handled = true;
            //关闭进度条
            Hide();
        }
    }
}
```

9.3.5 全屏进度条控件的使用

对全屏进度条 ProgressIndicator 控件封装完成之后,接下来我们要在程序界面上运用这个进度条了。我们在界面上添加了两个按钮来测试全屏进度条控件的使用,一个按钮是触发不确定的等待进度条,另一个按钮是触发源确定的进度条,两个按钮的处理代码如下所示:

MainPage.xaml.cs 文件主要代码

```
//按钮事件,触发不确定等待进度条
private void Button_Click_1(object sender,RoutedEventArgs e)
{
    //创建进度条对象和打开进度条
    MyProgress.ProgressIndicator progressIndicator = new MyProgress.ProgressIndicator();
    progressIndicator.Text = "正在加载中";
    progressIndicator.Show();
    //3 秒钟后关闭全屏进度条
    Task.Factory.StartNew(async () =>
    {
        Task.Delay(3000).Wait();
```

```
            await this.Dispatcher.RunAsync(CoreDispatcherPriority.Normal,() =>
            {
                progressIndicator.Hide();
            });
        });
    }
    //按钮事件,触发确定进度条
    private void Button_Click_2(object sender,RoutedEventArgs e)
    {
        //创建确定进度的进度条对象和打开进度条
        MyProgress.ProgressIndicator progressIndicator = new MyProgress.ProgressIndicator();
        progressIndicator.Text = "处理的进度";
        progressIndicator.ProgressType = MyProgress.ProgressTypes.DeterminateMiddle;
        progressIndicator.Show();
        //每隔 1 秒钟让进度条前进百分之十
        Task.Factory.StartNew(async () =>
        {
            for (int i = 0; i <= 10; i++)
            {
                await this.Dispatcher.RunAsync(CoreDispatcherPriority.Normal,() =>
                {
                    progressIndicator.ProgressBarValue = i * 10;
                    if (i >= 10)
                    {
                        progressIndicator.Hide();
                    }
                });
                Task.Delay(1000).Wait();
            }
        });
    }
```

应用程序的运行效果如图 9.10 和图 9.11 所示。

图 9.10　不确定进度的进度条

图 9.11　确定进度的进度条

第10章 Expression Blend 工具

Expression Blend 是一款功能齐全的专业设计工具，可用来给 Windows Phone、Windows 8、WPF 和 Silverlight 的应用程序制作精美复杂的用户界面，用于开发 Windows Phone 应用程序的版本是 Expression Blend for Visual Studio 2013，在我们安装 Windows Phone 开发工具的时候是默认安装的。一般来说，我们开发 Windows Phone 的应用程序都会使用开发工具 Visual Studio Express for Windows Phone 来进行编程，前面的章节所讲的例子也都是使用 Visual Studio Express for Windows Phone 工具来进行开发的，那么什么时候要用 Expression Blend 来编程呢？怎么去学习 Expression Blend 呢？首先 Visual Studio 本来就是一个非常强大的编程工具，对 Windows Phone 应用程序的 UI 界面的编程的支持也很强大，大部分情况下使用 Visual Studio 来编写应用程序的界面是完全没有问题的。那么当我们要去绘制复杂的 Path 图形、制作复杂的关键帧动画或者编辑控件的样式模板等这些对 UI 界面制作要求较高的工作时，使用 Expression Blend 工具来编程则会事半功倍，大大地提高编程的效率，比如在前面的章节里也有利用 Expression Blend 去辅助实现一些编程。对于学习 Expression Blend 工具的方法是一定要在掌握这些 UI 编程的语法技术的基础上再来学习工具的使用，单纯地学习 Expression Blend 工具的使用而忽略底下的这些编程原理是没有意义的。同时，当你把一些 UI 技术的原理（如 Path 绘图原理，关键帧动画语法等）领悟透了，你再来使用 Expression Blend 工具去绘图或者制作动画，你才会感到得心应手。

10.1 Expression Blend 概述

Expression Blend 是一款功能齐全的专业设计工具，可用来针对基于 Windows Phone 应用程序制作精美复杂的用户界面。Expression Blend 和 Visual Studio 共享同一种项目格式，这样可以让 Windows Phone 的项目完全兼容两种开发工具，用 Expression Blend 实现 UI 设计和用 Visual Studio 实现程序的逻辑编程，所以我们可以直接用 Expression Blend 来创建或者打开一个 Windows Phone 的项目工程。在 Expression Blend 中编辑 Windows Phone 项目 UI 代码的同时，也会直接绑定到 Visual Studio 中，实现双向修改代码功能。本节将会对 Expression Blend 做一个概括性的介绍，让读者更加快速地了解这个工具。

10.1.1 视图

Expression Blend 提供了两个应用程序视图来制作场景，第一个是设计视图，在该视图中，可以使用各种工具及各类控件，以可视化的方式创建和操作元素，如图 10.1 所示。第二个视图是 XAML 代码视图，在该视图中，可直接编辑 XAML 以创建可视化元素，如图 10.2 所示。大部分情况下我们都是在 Expression Blend 的设计视图下进行操作，在设计视图里面可以直接拖拉控件、对 UI 的外观编辑设计、制作动画等。通常是当我们完成设计的工作之后，我们会切换到 XAML 代码视图来检查是否有产生了多余的代码需要删除，在设计视图上所进行的操作都会生成相关的 XAML 代码，所以只有在 XAML 代码视图里面才能更加清楚地看到所实现的逻辑是否完好。

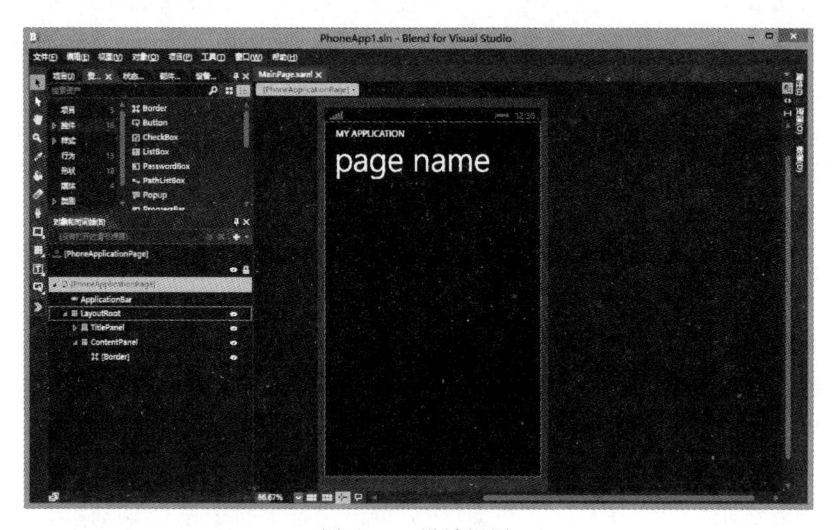

图 10.1　设计视图

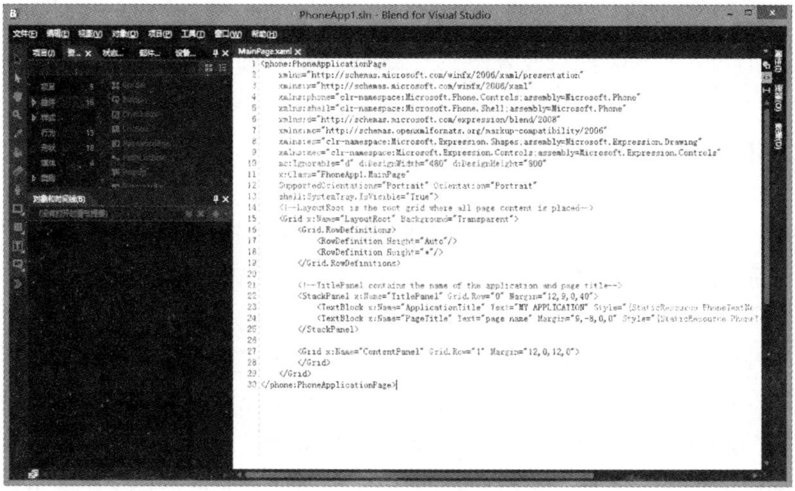

图 10.2　代码视图

10.1.2　工作区

Expression Blend 中的工作区包含所有可视界面元素。这些元素包括美工板、面板、工具面板、工作区配置、创作视图和菜单。Expression Blend 具有两个工作区：设计工作区和动画工作区。设计工作区主要用于常规创作。动画工作区将时间面板移动到美工板下，以便有更多的空间来显示时间线。下面以设计工作区来说明，如图 10.3 所示。图中标注的说明如下：

(1) 文档窗口此区域显示当前打开的所有 XAML 文档；

(2) 项目面板、资产面板、状态面板、设备面板、对象和时间线面板；

(3) 工具面板；

(4) 美工板；

(5) 属性面板和资源面板；

(6) 设计视图、XAML 视图和拆分视图。拆分视图将显示设计视图和 XAML 两个视图，并且你可以使用视图菜单上的“拆分视图方向”项来更改窗口的方向。

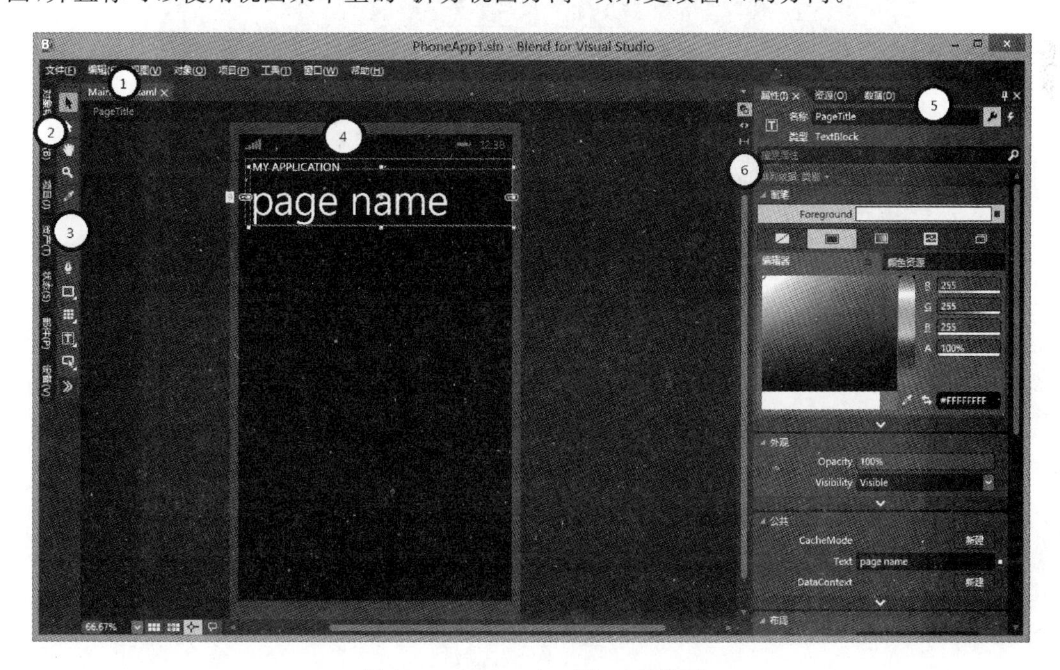

图 10.3　Expression Blend 工作区

10.2　主要的面板

下面详细地介绍 Expression Blend 中的主要面板。

10.2.1 美工板

美工板是你在 Expression Blend 中的工作台面，你可以在其中通过绘制和修改对象。美工板如图 10.4 所示。图中标注的说明如下：

(1) 可视设计图面：在“选项”对话框中设置美工板选项，如更改背景色。

(2) XAML 编辑器：在 XAML 编辑器中编辑 XAML 代码。

(3) 美工板控件：使用这些控件缩放美工板，启用效果的呈现，设置对齐选项以及打开文件注释。

(4) 文档选项卡：在美工板上打开多个文档后使用，通过单击相应的选项卡来切换文档。

(5) 视图按钮：使用这些按钮在“设计”视图、“XAML”视图和“拆分”视图之间切换。

图 10.4 美工版

10.2.2 资产面板

资产面板列出了你可以在美工板上绘制的所有控件、样式、媒体、行为和效果。虽然最常用的控件会显示在工具面板中，但资产面板列出了可用于 Expression Blend 项目的所有控件。资产面板如图 10.5 所示。图中标注的说明如下：

(1) 搜索框：使用“搜索”框来筛选资产的列表。

(2) 网格模式和列表模式：在资产的“网格模式”视图和“列表模式”视图之间切换。

(3) 资产类别：单击类别或子类别以查看该类别中资产的列表。

(4) 全部：选中以显示所有可用的控件。

(5) 系统样式：选中以仅显示 Windows Phone 内置资源字典中包含的样式。

(6) 描述：查看所选资产类别或子类别的描述。

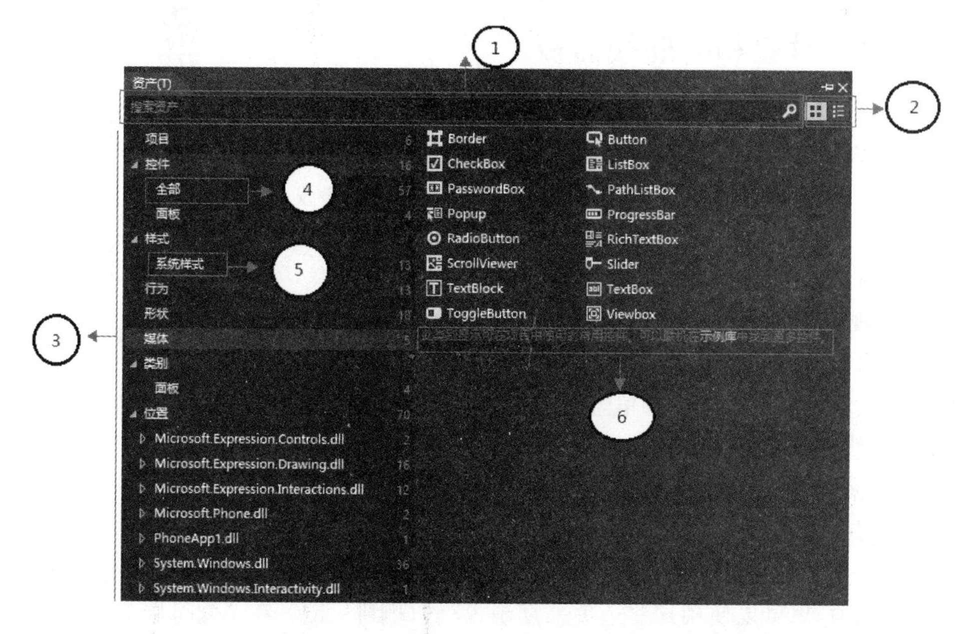

图 10.5 资产面板

若要向美工板添加控件、样式或媒体对象，请执行下列操作之一：

操作 1：选择了类别或子类别后，单击列表中的某个项，然后使用指针在美工板上绘制对象。

操作 2：选择了类别或子类别后，双击列表中的某个项，将新对象插入到活动版式面板中。

操作 3：选择了类别或子类别后，将列表中的某个项拖到美工板上。

10.2.3 工具面板

可以使用 Expression Blend 中的工具面板在应用程序中创建和修改对象，可以通过使用鼠标选择工具并在美工板上进行绘制来创建对象，也可以使用图柄在美工板上更改对象，或者可以在属性面板中修改对象的属性。Expression Blend 工具面板工具如图 10.6 所示。图中标注的说明如下：

(1) 选择工具：用于选择对象和路径。“路径选择”工具用于选择嵌套对象和路径段。

(2) 视图工具：用于调整美工板的视图，例如平移、缩放。

(3) 画笔工具：用于处理对象的可视属性，例如转换画笔、绘制对象，或者选择某个对象的属性以应用于另一个对象。

(4) 对象工具：用于在美工板上绘制最常用的对象，例如路径、形状、版式面板、文本和控件。

(5) 资产工具：用于访问资产面板并显示库中最近用过的资产。

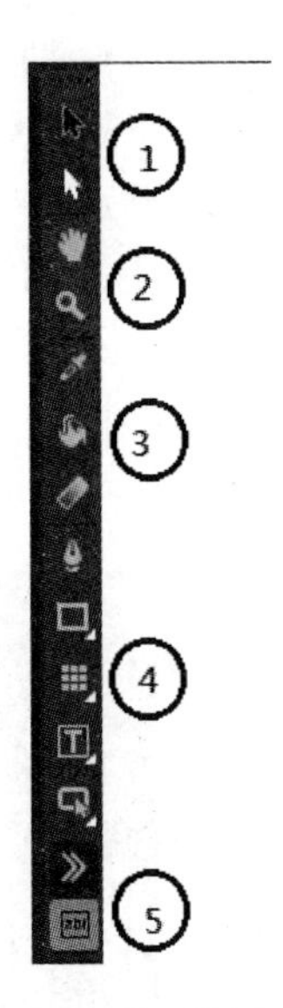

图 10.6　工具面板中的工具

10.2.4　对象和时间线面板

对象和时间线面板可帮助你查看美工板上所有对象的层次、选择对象以便你可以对其进行修改(在结构中移动对象、在美工板上修改对象、在“属性”面板中设置属性等)、创建和修改动画时间线以及为控件对象创建和修改模板。创建和修改动画时间线如图 10.7 所示。图中标注的说明如下：

1) 对象视图

对象视图显示文档的可视化树。你可以使用对象视图的层次结构特点深入到不同的详细信息级别。可以在对象视图中添加层，以在美工板上更好地组织对象，使它们能够作为组进行锁定和隐藏。可以通过将拆分栏向锁定列的左边拖动到所需宽度，来调整对象视图的宽度。

2) 情节提要选取器和情节提要选项

情节提要选取器和情节提要选项显示已创建的情节提要的列表。情节提要选项在弹出菜单中提供选项，你可以使用这些选项来复制、反转、删除、重命名或关闭情节提要，也可以创建新的情节提要。

3) 播放控件

播放控件提供可用于在时间线中播放动画，观看动画的在时间线上的运行效果，也可以拖动播放指针来定位(或推移)时间线。

4) 播放指针

播放指针在时间线上的位置按毫秒(HH:mm:xxx) 显示当前时间。也可以直接在此字段中输入时间值以跳到特定的时间点。精度取决于“对齐选项”中设置的对齐分辨率。

5) 播放指针指示动画所在的时间点

播放指针指示动画所在的时间点可以在时间线中拖动播放指针，以便预览动画。这种技术称为“推移”。

6) 时间线缩放

时间线缩放设置时间线的缩放分辨率。通过放大，可以编辑动画的更多细节；而通过缩小，可更全面地显示在更长时间段内发生的情况。如果在放大之后无法在所需的时间位置设置关键帧，请验证设置的对齐分辨率是否足够高。

7）时间线上设置的关键帧

时间线上设置的关键帧指定特定时间点上属性值的变化。

图 10.7 对象和时间线面板

10.2.5 属性面板

通过使用 Expression Blend 中的属性面板，可以查看和修改在美工板上或在对象和时间线下选定的对象的属性。如果通过操作鼠标使用对象图柄直接在美工板上修改对象，则属性面板中将反映属性的更改。反之亦然，即如果通过使用属性面板中转换下的值编辑器来缩放对象，则会在美工板上缩放对象。属性面板如图 10.8 所示。

A 类别表示可展开和折叠的属性类别，单击“展开”▶和“折叠”▼以在视图之间切换。图中标注的说明如下：

（1）名称和类型：显示所选对象的名称和类型。

（2）属性和事件：显示“属性”或“事件”视图。

（3）搜索框：在搜索框中键入文本以筛选显示的属性。

（4）画笔属性：显示诸如填充画笔、笔划画笔、前景画笔等画笔的可视属性。

（5）高级选项：显示一个弹出菜单，你可以使用该菜单将属性重置为默认值、将属性值

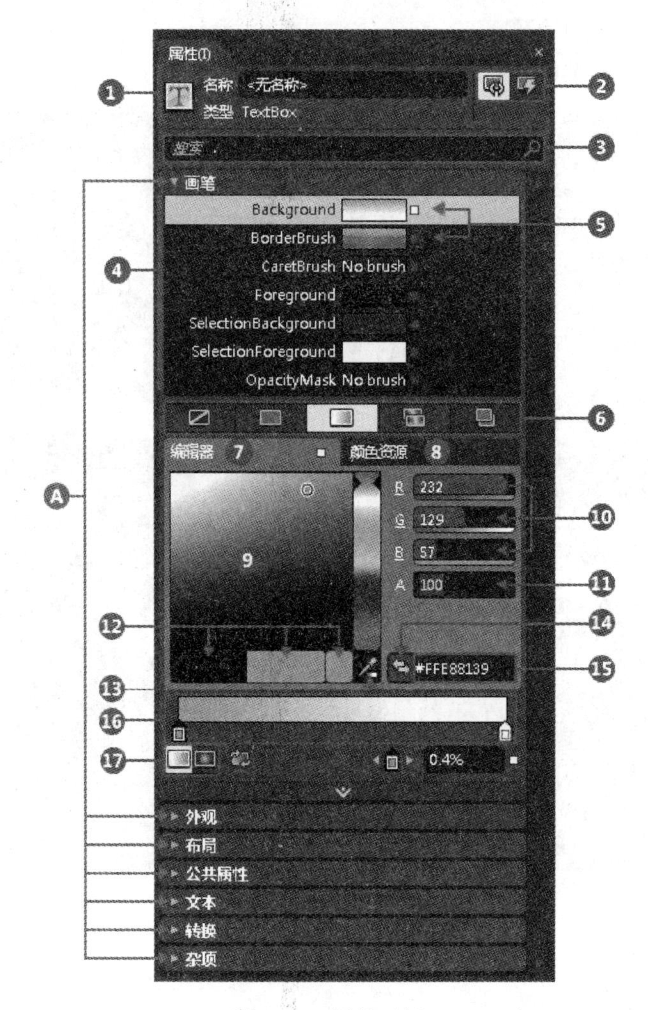

图 10.8 属性面板

转换为资源、应用资源或将属性绑定到数据。

(6) 画笔编辑器：用于选择画笔编辑器。可以将“画笔”下的选定属性设置为“无画笔”、“纯色画笔”、“渐变画笔”、“平铺画笔”或“画笔资源”。

(7) 编辑器：用于纯色画笔和渐变画笔。

(8) 颜色资源：允许你将完全相同的颜色应用于不同属性。“颜色资源”选项卡包括“本地资源”和“系统资源”。

(9) 颜色选取器：用于通过颜色选取器和颜色滑块来选择颜色。

(10) RGB：显示 RGB(红、绿、蓝)颜色空间。可以通过单击带下划线的字母之一(例如,RGB 颜色空间中的“R”)来查看列有备选颜色空间的弹出菜单,从而更改为其他三种支持的颜色空间之一。

(11) Alpha 通道：使用 Alpha 通道滑块来更改此特定画笔属性(而非整个对象)的透

明度。

(12) 色卡：显示初始颜色、当前颜色和上一种颜色。

(13) 渐变和颜色取色器：显示渐变取色器(如果选择了“渐变画笔”)或颜色取色器(如果选择了“纯色画笔”)。

(14) 将颜色转换为资源：将此颜色转换为颜色资源，以便能够通过“颜色资源”选项卡来选择此颜色。

(15) 十六进制值：显示颜色的十六进制值。

(16) 渐变滑块：只有在选择了渐变画笔时才会出现。

(17) 渐变类型：单击“线性渐变”或“径向渐变”。

设置属性的另一种方法是使用高级选项弹出菜单(如图 10.9 所示)。通过单击“高级选项”并从弹出菜单中选择相应的项，可以将属性设置为 Windows Phone 内置的系统资源。在使用高级选项弹出菜单设置了某个属性之后，该属性名称将会带有彩色边框，以便你知道针对该属性所设置的值类型。例如，如果将某个属性的值设置为“系统资源”，则该属性名称会带有绿色边框。

图 10.9　高级选项选取系统资源

10.3 Expression Blend for Windows Phone 的特色功能

Expression Blend for Windows Phone 旨在使 Windows Phone 应用程序的设计过程更加轻松和快速。除了包含 Expression Blend 中可用的设计工具，Expression Blend for Windows Phone 还包含专门为创建 Windows Phone 应用程序而设计的工具。

10.3.1 选择设备的效果

因为 Windows Phone 手机是可以设置主题、强调色和设别方向的，所以 Expression Blend 也支持直接在工具里面查看应用程序页面在不同主题、强调色和设备方向的效果。

在 Expression Blend 中创建 Windows Phone 项目时，文档窗口会显示一个与 Windows Phone 屏幕相似的应用程序页面。你可以向此应用程序页面添加对象，排列这些对象，然后修改它们，以便让它们按照你想要的方式显示在屏幕上。设计完页面后，你可以先生成，然后再运行项目，以在 Windows Phone 仿真器或与计算机连接的 Windows Phone 设备中对其进行预览。你可以使用设备面板选择应用程序页面的方向，以确定背景和强调文字颜色，以及选择是在 Windows Phone 仿真器上还是在与计算机连接的 Windows Phone 设备上预览应用程序。如图 10.10 显示了应用了浅色主题的页面的现实效果。

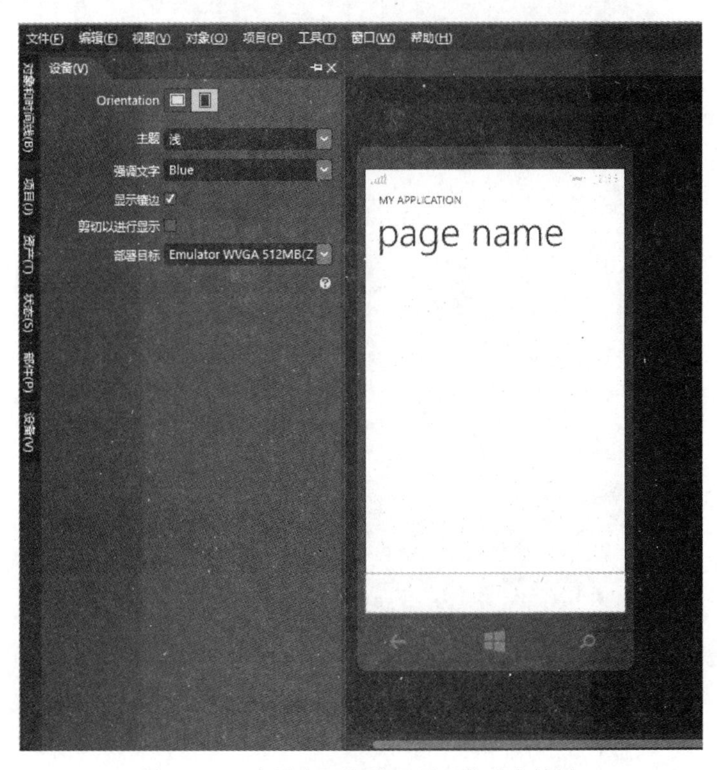

图 10.10 在设备面板设置页面的现实效果

10.3.2　预览 Windows Phone 样式

设计 Windows Phone 应用程序时，你可以在将文本样式应用于对象之前快速轻松地预览该文本样式。右键单击其中显示文本的文本块，单击“编辑样式”，再单击“应用资源”，然后选择所需的文本样式，如图 10.11 所示。

图 10.11　文本样式

10.3.3　定义应用程序菜单栏

向 Windows Phone 应用程序添加应用程序栏时，通过从列表中选择内置应用程序栏按钮和菜单项，可以快速轻松地添加它们。你也可以创建自定义的应用程序栏按钮和菜单项并将它们添加到项目中。将自定义项添加到项目中之后，这些项将出现在下拉列表中。

要添加应用程序栏，在美工板上右键某一处空白的地方，然后单击“添加 ApplicationBar”，便可以在当前的页面上添加应用程序的菜单栏，如图 10.12 所示。然后，在对象和时间线面板中，右键单击“ApplicationBar”，然后单击“添加 ApplicationBarIconButton”，如图 10.13 所示。在属性面板内的“公共属性”类别中，从“IconUri”下拉列表中选择所需的按钮图标，如图 10.14 所示。

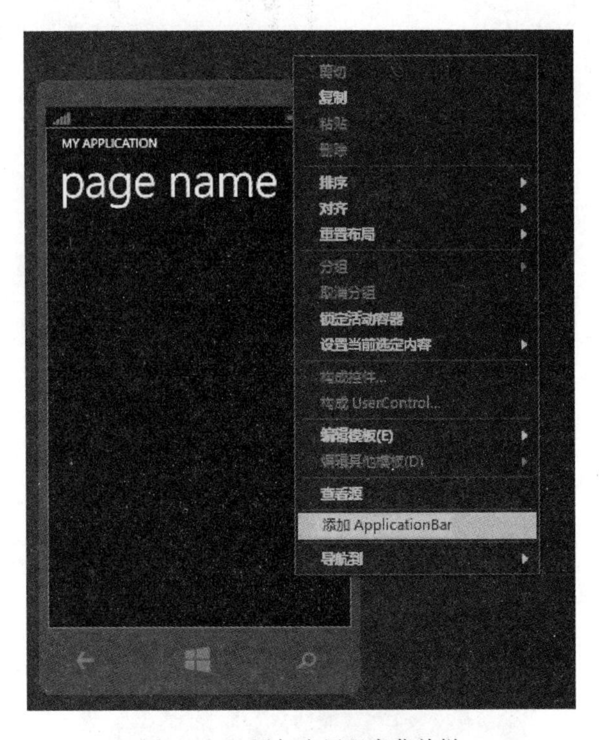

图 10.12　添加应用程序菜单栏

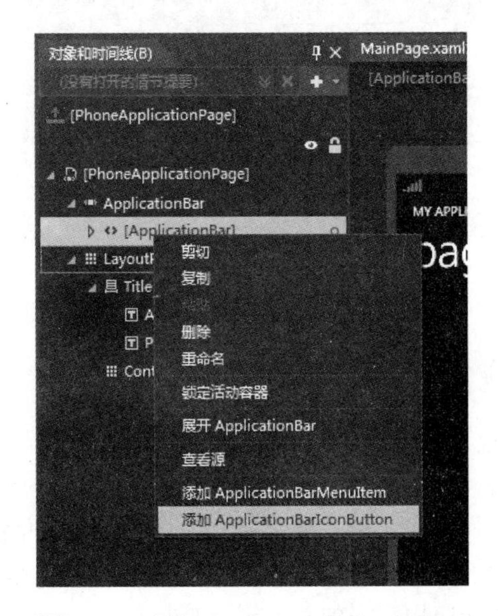

图 10.13　添加 ApplicationBarIconButton

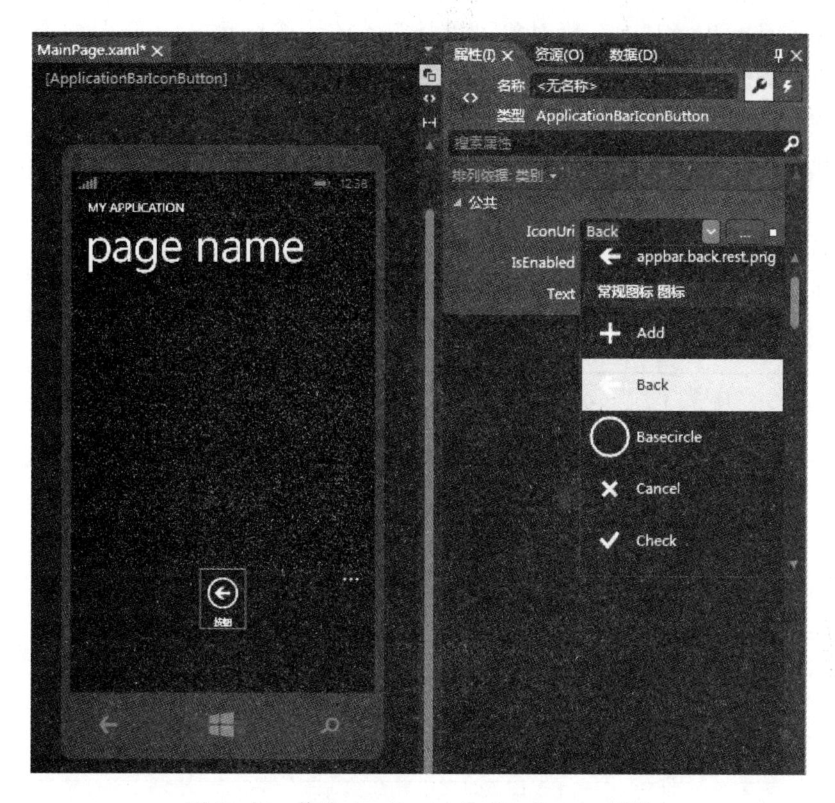

图 10.14　修改 ApplicationBarIconButton 属性

10.4　Expression Blend 绘图

在讲解 Path 图形的绘制的章节中也简单地讲过怎么去用 Expression Blend 来生成 Path 图形，本小节将系统地讲解 Expression Blend 绘图的使用。对于绘图来说，如果要实现一些复杂的图形，那么 Expression Blend 工具确实是可以帮到你一个大忙的。

10.4.1　绘图基础

我们所讲的 Expression Blend 绘图所指的是绘制矢量图形。首先我们先来了解一下什么是矢量图形？以及它的好处是什么？矢量图形是通过点、线、曲线和曲面（而不是使用位图中的像素）以几何方式定义的。随着计算机显示器分辨率的不断提高，出现了从位图（在高分辨率下查看时会显示较大的像素）向其他方式转变的需要。调整位图的大小非常麻烦，通常会使图形质量降低。而矢量图形则能够在高分辨率下查看时保持平滑，并且在放大时保持清晰。由于这个原因，矢量图形更易于对其内容进行自定义，因为不必创建多个大小不同的图像（例如以各种大小显示在用户界面中的图标文件）。简单地总结一下，矢量图形的好处就是可以实现真正的内容缩放，并且矢量图形与分辨率无关。

在 Expression Blend 中，矢量对象可以是简单的线或形状，也可以是复杂的路径或控件。可以通过多种方式修改对象：使用对象上的图柄来移动、旋转、翻转、倾斜对象或重设其大小，或者使用属性面板输入精确的大小、位置和旋转等值。基本上，除了已添加到项目中且原来并非矢量格式的那些项（例如图像）之外，在美工板上绘制的每个对象都是矢量格式。

工具面板中提供了常见的矢量工具，可用于创建形状和路径元素以及操作对象，这些工具的形状和作用如表 10.1 所示。

表 10.1　矢量绘图工具

工具	名称	用　　途
	矩形	绘制矩形和正方形。经过修改，矩形和正方形也可以具有圆角
	椭圆形	绘制椭圆形和圆形
	线	在两点之间绘制直线
	笔	通过定义每个节点来绘制和修改路径。“笔”工具可用于添加、删除和修改路径中的节点
	铅笔	绘制手绘路径
	选择	在美工板上选择要修改的形状、路径和对象
	路径选择	在绘制路径上的节点之后选择各个节点。你还可以使用“路径选择”工具来直接选择嵌套在美工板上的父对象中的子对象

形状（例如矩形和椭圆形）是矢量对象。可以使用“矩形”工具或“椭圆形”工具绘制形状。路径也是矢量对象，并且是 Expression Blend 中最灵活的矢量对象。路径是一系列相连的线和曲线。在美工板上绘制路径之后，可以对其执行调整形状、合并和其他修改操作，以创建任何矢量形状。可以绘制多边形（由相连的直线组成的封闭形状）和折线（由相连的直线组成的不封闭路径）。可以使用“笔”工具、“铅笔”工具和“线”工具绘制路径。然后可以使用“选择”工具和“路径选择”工具修改路径。

10.4.2　使用“笔”绘制路径

在 Windows Phone 中路径的绘制使用了贝塞尔曲线等复杂的公式去计算的，如果手工编码那么将是非常烦琐的事情，那么在 Expression Blend 中使用可视化的图形来绘制路径将会变得很简单和直观，你也不必去关注那些复杂的绘图代码逻辑。在 Expression Blend 中可以使用“笔”工具绘制路径形状，从而在美工板上形成路径对象。使用“笔”可以绘制图形中的直线和曲线。

1. 绘制直线的步骤

(1) 在"工具"面板中,单击"笔"。

(2) 在美工板上,单击一次以定义线的起点,再单击一次以定义线的终点。

2. 绘制曲线的步骤

(1) 在"工具"面板中,单击"笔"。

(2) 在美工板上单击以放置第一个节点,并且有选择地拖动指针以定义该曲线的初始方向(切线)。

(3) 对于后续的每个点,在美工板上单击并有选择地拖动指针以创建所需的曲线。

(4) 若要封闭路径,请单击所创建的第一个节点。光标 应变为笔封闭光标,以指示将封闭该路径。

如果希望结束路径而不将最后一个节点连接到第一个节点,请再次单击"笔"工具,或者单击工具面板中或对象和时间线面板中的任意位置。

3. 更改曲线形状的步骤

(1) 在工具面板中,单击"路径选择"。

(2) 执行下列操作之一:

① 单击要修改的曲线任意一侧的节点(指针将变为),然后拖动节点或控制柄,以更改曲线的切线(指针将变为);

② 单击要修改的曲线任意一侧的曲线段(指针将变为),然后拖动曲线段或控制柄,以更改曲线的切线(指针将变为)。

10.4.3　合并路径

合并路径是指可以把两个几何图形按照某种规则合并起来组成一个路径的图形,那么按照不同的方式进行合并结果也会有很大的不同,合并路径可得到 5 种结果,分别是相交、相并、相斥、相割和相减。如图 10.15 所示 1 表示合并前的两个形状,2 表示相交,3 表示相并,4 表示相斥。5 表示相割,6 表示相减。在 Expression Blend 中合并图形的操作很简单,把需要合并的图形选中(按住 Ctrl 键,用鼠标单击要选择的图形),然后在选中的图形上面右键,选择合并,然后就可以看到你要选择的合并规则了。

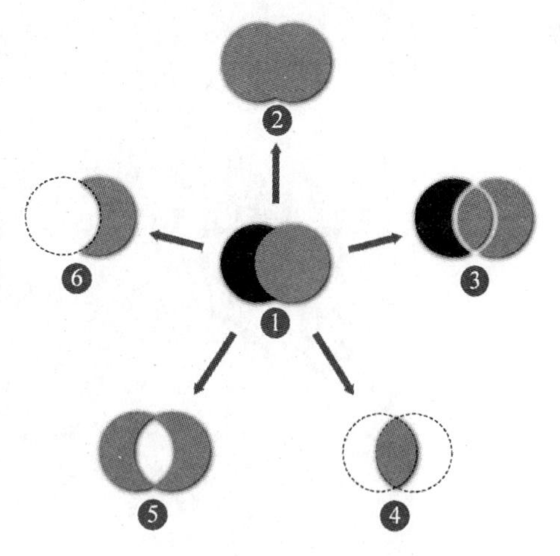

图 10.15　图形的合并

你可以将两个或更多对象(路径或形状)合并成一个路径对象。所产生的路径对象将取代在合并之前选定的最后一个对象,并采用该对象的属性。通常，将生成一条复合路径。当你将某个形状与其他对象合并后，那么将不能再更改该形状所特有的属性（例如矩形的圆角半径），因为这时候它已经不再是原来的对象了。而且，如果在转换之前向最后选定的对象应用了样式，则复合路径的属性将重置为路径的默认值（无填充画笔，有黑色笔画）。

10.4.4 实例演练——绘制一个表情图形

本节通过一个实例来演练一下 Expression Blend 绘图，将要绘制的图形如图 10.16 所示。那么该示例会综合地运用了多种的 Expression Blend 绘图技巧的使用，下面来看一下怎么一步步地绘制出这个表情的图形。

图 10.16 表情图形

1. 创建项目

打开 Expression Blend，创建一个 Expression Blend 的项目，命名为 DrawEmoticonDemo，如图 10.17 所示。

2. 绘制表情图形的圆形脸型

从工具面板中选择椭圆工具，如图 10.18 所示，在美工版中绘制一个圆形，如图 10.19 所示，主要要保持宽度和高度一致，可以通过属性面板查看和修改宽度和高度的数值。

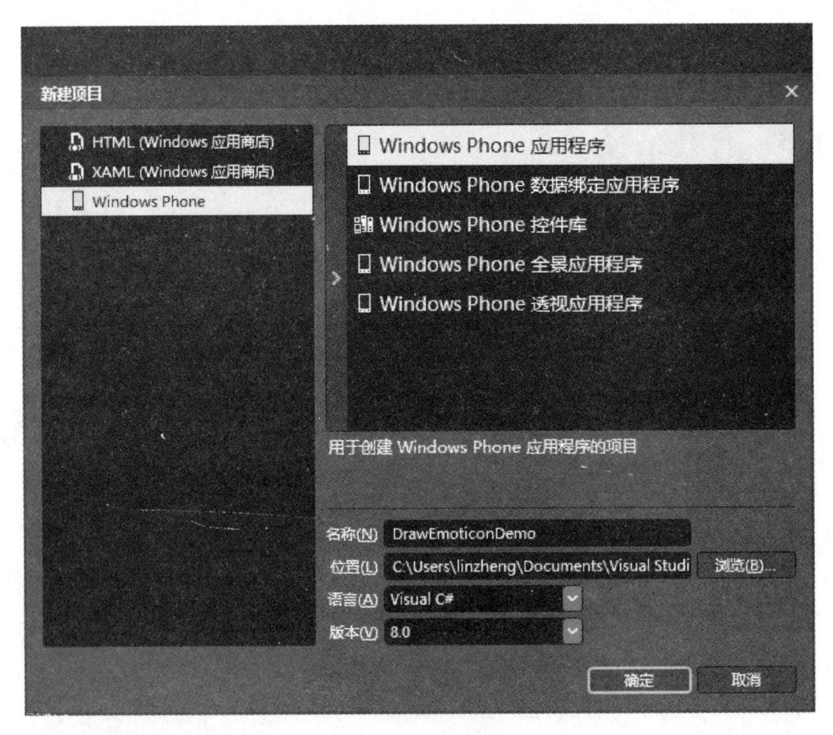

图 10.17 创建项目

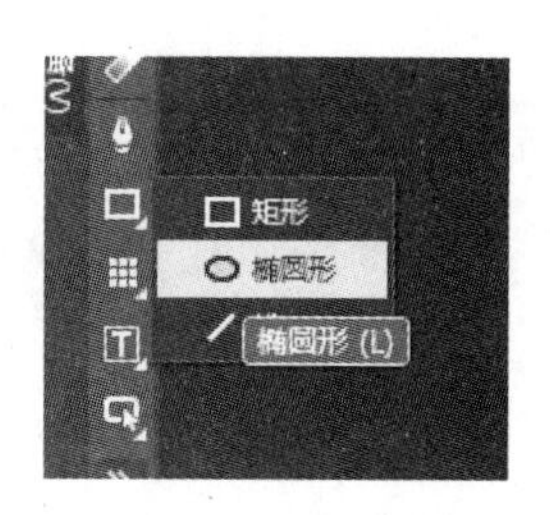

图 10.18 选择椭圆工具

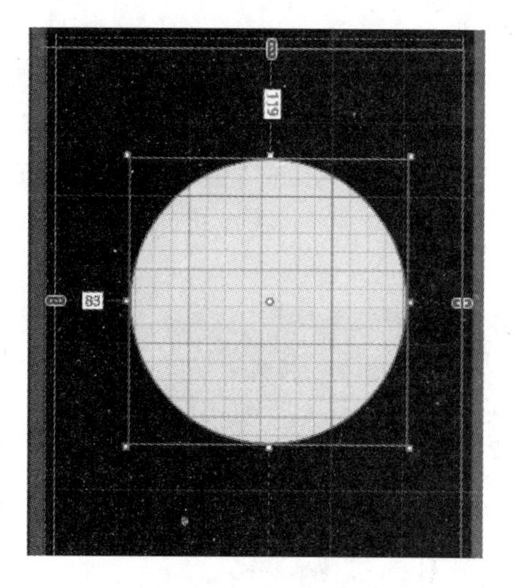

图 10.19 绘制圆形

接下来需要填充圆形的颜色，在属性面板中选择“Fill”属性(如图 10.20 所示)，在颜色面板中选择“蓝色”。选择“Stroke”属性，设置颜色为黑色，设置“StrokeThickness”为 5，最后看到的图形如图 10.21 所示。

图 10.20 Fill 属性

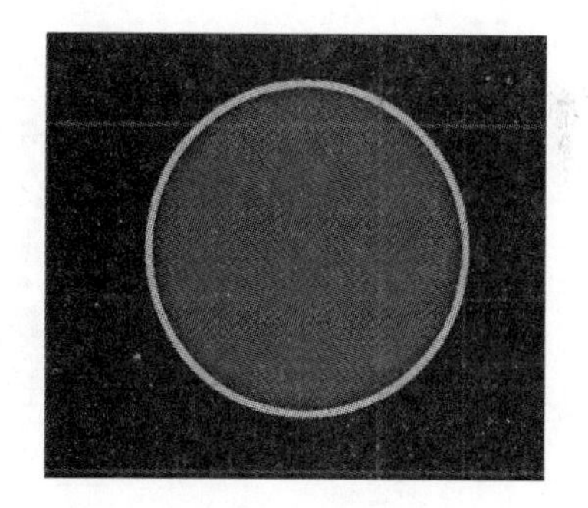

图 10.21 圆形脸型

3. 绘制眼睛

在美工板上添加三个椭圆构成眼睛的图形，最大的填充为白色，中间的填充为红色。小圆设置为无边框，填充白色，最后设置好的图形如图 10.22 所示。

因为眼睛部分可以复用，我们随意把眼睛这一模块封装成一个控件。按住 Ctrl 键，在美工板上用鼠标把组成眼睛的三个圆形一起选中，然后右键选择“构成 UserControl”，如

图 10.23 所示。这时候会弹出一个输入控件名称的对话框，如图 10.24 所示，输入控件的名字，单击确定。创建的控件，默认会添加了背景颜色，你可以在属性面板中删除背景颜色或者打开 xaml 文件把设置背景颜色的代码删除掉。创建控件成功后，原来的页面会自定把控件关联起来的，打开 MainPage.xaml 页面可以看到关联起来的控件代码如下所示：

```
<local:EyeControl Margin = "128,199,0,0"/>
```

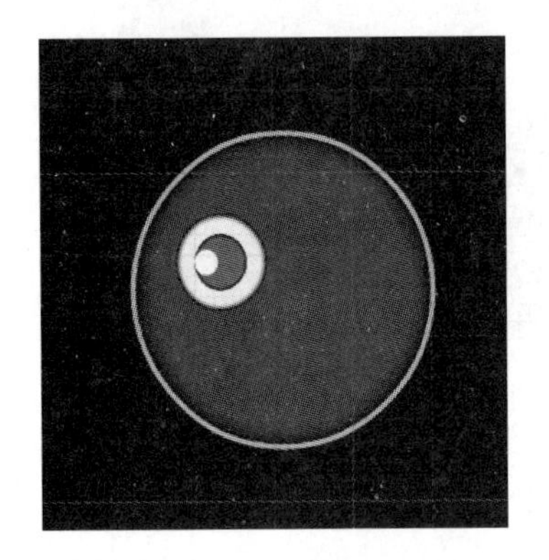

图 10.22　绘制眼睛

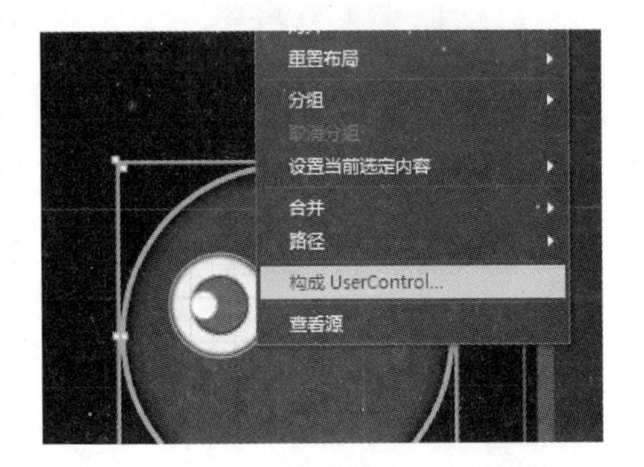

图 10.23　构成 UserControl 控件

我们把眼睛封装成控件的目的就是为了复用代码，接下来就可以直接在美工板上把眼睛模块复制一下，然后拉到右边，就把两只眼睛都绘制出来了，如图 10.25 所示。

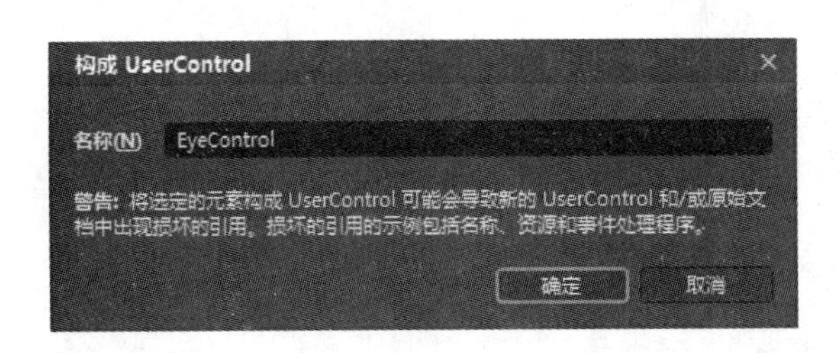

图 10.24　输入控件名称

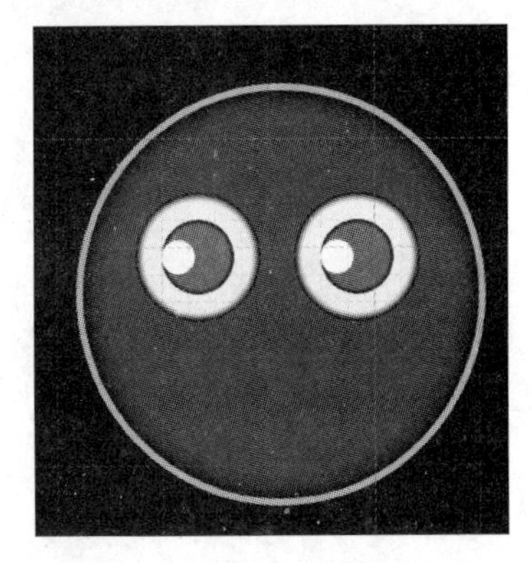

图 10.25　复用眼睛控件

4. 绘制眉毛

表情图形左边的眉毛是一个规则的图形，我们可以采取合并图形的方式来绘制。首先先创建的一个椭圆，这个椭圆绘制眉毛上面的弧线。再在椭圆下面一点创建一个大一点的椭圆，这个椭圆用来绘制眉毛下面的弧线。然后选择两个椭圆，右键，选择“合并”，在选择“相减”，如图 10.26 所示。在这里要注意的是，一定要让上面的椭圆显示在最前端，才能剪切出上面的月牙图形，如果上面的椭圆不是在最前端，那么可以通过 Expression Blend 左边的对象树来进行调整。相减之后的图形如图 10.27 所示。最后给这个眉毛的图形添加上边框和填充的颜色，如图 10.28 所示。

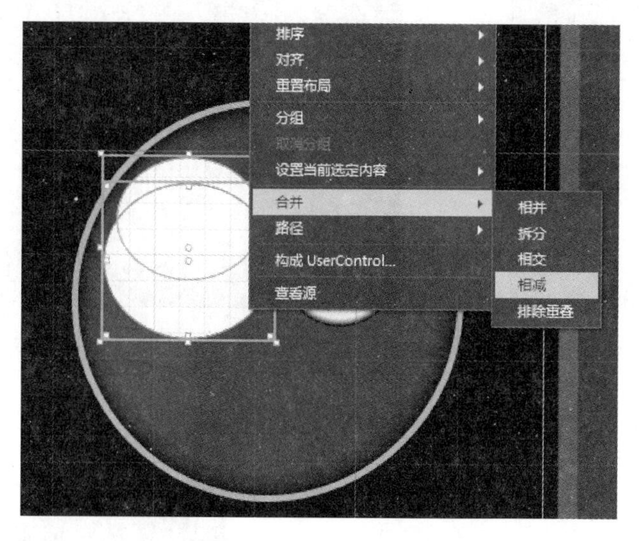

图 10.26 合并两个椭圆图形

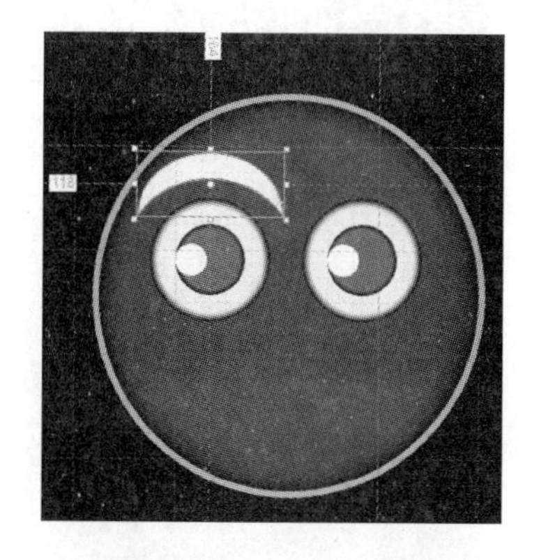

图 10.27 眉毛的形状

图 10.28 左边的眉毛

右边的眉毛形状是一个不规则的图形，那么这个图形可以采用“笔”来绘制。从工具面板中选择“笔”，然后根据曲线弧度的调整，绘制出这个不规则的眉毛形状，如图 10.29 所示。

5. 绘制嘴巴

绘制嘴巴我们采用一种新的绘图技巧来绘制不规则的路径图形。首先，我们先从工具面板中选择“矩形”，在眼睛的下方创建一个矩形，在属性面板上把属性“RadiusX”和“RadiusY”修改为 10，把矩形的边角做成弧形，然后右键，选择“路径”，再选择“转换为路径”，把矩形图形转化成了路径图形，如图 10.30 所示。转化成路径图形之后，会发现这个路径上有 8 个点，把这 8 个点微调一下就可以做成了嘴巴的形状了，右边的嘴角往上拉一点，做出一点微翘的效果，如图 10.31 所示。

图 10.29　右边的眉毛

图 10.30　把矩形的嘴巴转换为路径

最后，在菜单栏上选择"项目"，再选择"运行此项目"，就可以把程序运行起来了，显示的效果如图 10.32 所示。

图 10.31　嘴巴的形状

图 10.32　表情图形运行效果

10.5　Expression Blend 制作动画

从第 7 章动画编程基础中我们知道 Windows Phone 动画分为线性插值(From/To/By)动画、关键帧动画和基于帧动画三种，不过需要注意的是 Expression Blend 使用 StoryBoard 设计动画仅能支持设计和管理关键帧动画，另外两种动画是不支持在 Expression Blend 中实现的。在 Expression Blend 中实现动画有一个好处就是不需要编译运行也可以直接在 Expression Blend 中模拟出动画运行的效果，这给制作动画带来了极大的便利。另外，还有一点优点就是 Expression Blend 的可视化界面集成了元素的所有的属性以及变换属性的设置，还有动画的缓动函数等的设置，这也是非常好的一方面，可以提高制作动画的效率。下面我们先来介绍一下在 Expression Blend 中制作动画的一些关键的概念，然后再用一个例子演示如何去制作一个小球掉落和反弹的动画效果。

10.5.1 情节提要

若要在 Expression Blend 中创建动画，那么需要先创建一个情节提要，然后在该情节提要中的时间线上设置关键帧，以标记属性更改。情节提要是指包含动画时间线的容器。Expression Blend 中有一个的情节提要选取器控件，可以从中选择和搜索项目中的情节提要，如图 10.33 所示。选择了情节提要后，你可以使用一个弹出菜单来复制、反转、删除、重命名或关闭当前选定的情节提要，或者也可以创建新的情节提要，如图 10.34 所示。你可以设置情节提要的属性，使其在达到最后一个时间线的末尾后自动反转或重复。

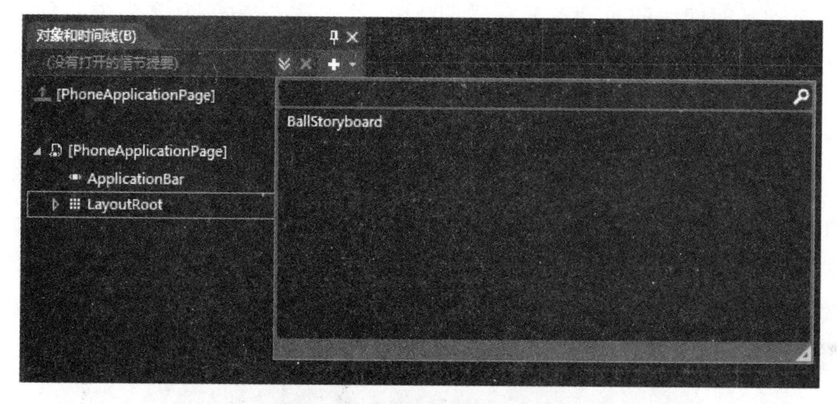

图 10.33 情节提要选取器

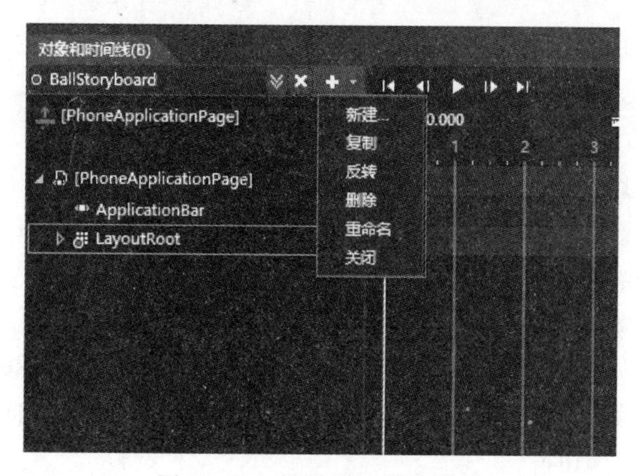

图 10.34 情节提要弹出菜单

10.5.2 时间线

时间线可为应用程序中的动画序列提供组织结构。Expression Blend 中的动画由时间线组成,可在时间线上记录关键帧,以表示属性更改的时间设置。可将时间线视为应用于美工板上的对象的属性更改的层。时间线包含在情节提要中。

你可以在对象和时间线面板中处理动画时间线。可以使用此面板中提供的控件,查看随时间改变的美工板、添加新时间线、修改时间线等。时间线中有一条黄色的线,那么这条黄色的线就表示当前美工板在当前这个时间点上的显示效果,拖动这条线就可以在美工板上看到当前动画运行的轨迹了。

Expression Blend 中的情节提要结构允许在应用程序中同时运行多个情节提要(和多个时间线)。例如,可以绘制两个圆来代表蝴蝶,创建一个表示蝴蝶沿某一方向移动的动画时间线,然后创建一个表示扇动翅膀的单独的动画时间线。扇动翅膀的动画可以与圆周动画同时运行而不中断蝴蝶移动的动画,这是因为这两个时间线并没有动态显示或者改变蝴蝶对象的相同属性。

如果两个动画时间线同时动态显示同一属性,则会根据是否为第二个动画在 0 秒标记处记录关键帧的情况,使得时间线之间的过渡效果会有所不同。如果未在 0 秒标记处记录关键帧,Expression Blend 会假定你希望从该属性在中断时的最后一个值动态变化到第二条时间线中第一个关键帧处该属性的值。这种过渡效果称为“切换动画”。例如,假设有这样一个圆:在一个时间线中将其宽度拉伸为两倍,而在第二个时间线中将其宽度拉伸为四倍。如果第二条动画时间线中断了第一条动画时间线,并且未在 0 秒标记处设置关键帧,则该椭圆将从中断第一条时间线的时间点开始平缓扩展,直到达到第二条时间线的终点(宽度变为原始宽度的四倍)。如果第二条动画时间线不是切换动画(如果在 0 秒标记处设置了关键帧),则该圆将突然跳到第二个动画的起点。

10.5.3 Expression Blend 的关键帧

时间线上的图标 ⬮ 表示是当前动画的关键帧,用于指示何时发生属性更改。关键帧具有不同的级别,Expression Blend 中有以下四种关键帧:

1. 对象级关键帧

对象级关键帧应用于整个对象或包含多个对象的 Grid。通常,除非通过单击“记录关键帧”按钮来手动设置对象级关键帧,否则对象级关键帧将指示某个子对象的一个属性已更改,可通过展开该对象下的节点查看此属性更改。

2. 复合关键帧

复合关键帧指示属性具有要进行动态显示的子属性。例如,为 RenderTransform 元素设置的关键帧为复合关键帧。可以使用复合关键帧来通过一次选择同时修改多个属性,例如在沿时间线移动关键帧时。

3. 简单关键帧

简单关键帧表示在一个时间点发生单个属性更改。必须使用简单关键帧才能执行某些操作，例如修改动画的重复次数。

4. 隐式关键帧

隐式关键帧如果某一动画被另一动画中断并且第二个动画在 0 秒标记处未设置任何关键帧，则会显示隐式关键帧。在中断期间，Expression Blend 将动态显示一个属性的上一个已知值与第二个动画的第一个关键帧上设置的值之间的更改。上一个已知值将视为隐式关键帧。

10.5.4　实例演练——制作小球掉落反弹动画

本小节演示使用 Expression Blend 来制作一个小球掉落再反弹的动画。

1. 创建故事板 StoryBoard

StoryBoard 是动画的最基本的对象，那么我们要创建的 StoryBoard 必须要有相关的 UI 元素与其相关联，所以首先先在美工板上先绘制好一个小球，使用工具栏的椭圆便可以绘制出来，如图 10.35 所示。

接下来在对象和时间线面板上，找到面板右上角的"＋"符号，如图 10.36 所示，单击添加一个动画的 Storyboard。单击之后，会让你输入 Storyboard 的名字，如图 10.37 所示，在这里我们把动画命名为 BallStoryboard，然后单击"确定"。创建成功之后我们可以看到动画的编辑面板如图 10.38 所示，左侧是 UI 元素对象，右侧是动画的时间轴。这时候你会发现美工板周围有着红色的边框，如图 10.39 所示，这代表着控件处于动画录制状态。红色框左上角，有提示信息，"BallStoryboard 时间线记录已打开"，单击前面红色按钮可以切换动画录制开关"开/关"，默认使用开。完成上面的操作，也就完成了最简单的 StoryBoard 定义了。

图 10.35　创建小球图形

图 10.36　添加 Storyboard

图 10.37　输入 Storyboard 的名称

图 10.38　动画的编辑面板

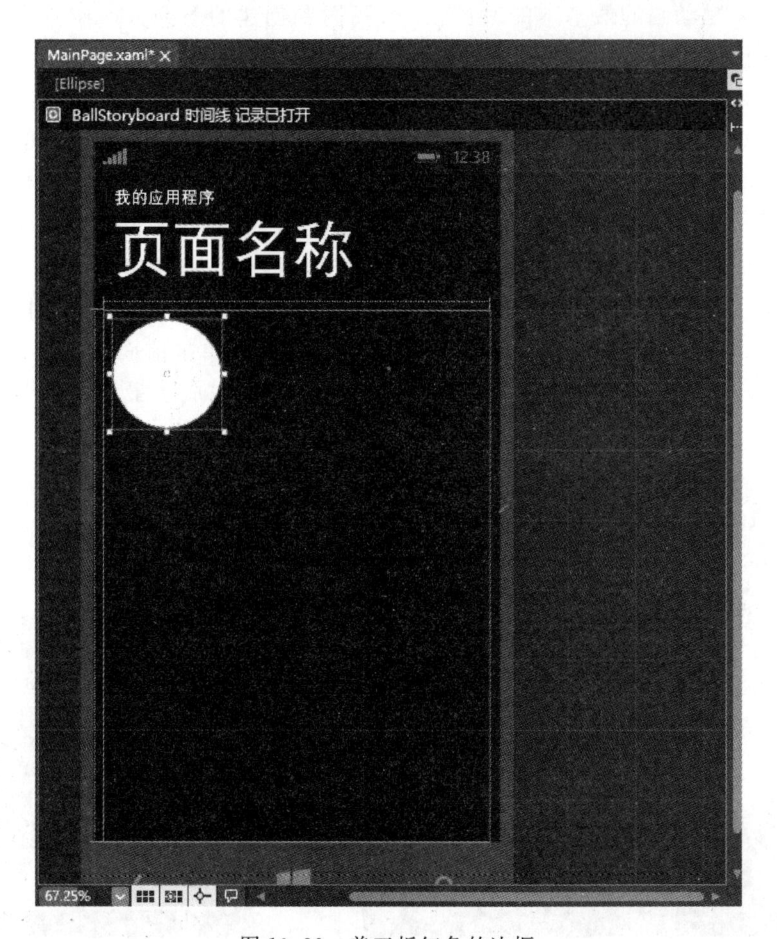

图 10.39　美工板红色的边框

2. 创建动画的运动轨迹

接下来要做的事情就是就是制作小球落下再弹起再落下的运动轨迹。先在对象和时间线面板中选择 Ellipse 控件，在时间线面板中，每个对象会对应着一条阴影线，选中 Ellipse 控件后，表示在相关的操作将仅对 Ellipse 控件有效。接下来要给 StoryBoard 添加关键帧了，添加关键帧的按钮位于时间线面包那的左上角，在时间显示的旁边，如图 10.40 所示。单击之后会在时间线上黄色竖线和选中的控件的水平位置上声称一个点，这个点表示当前的帧。接着我们在把黄色的时间线移动到 0.5 秒的位置上，再添加一个关键帧，如图 10.41 所示。

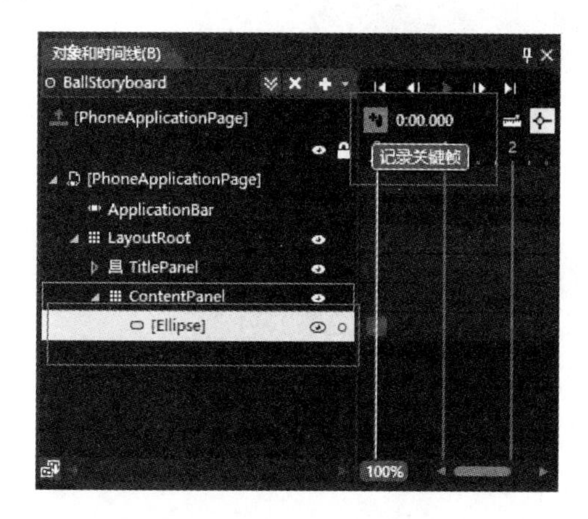

图 10.40 添加关键帧

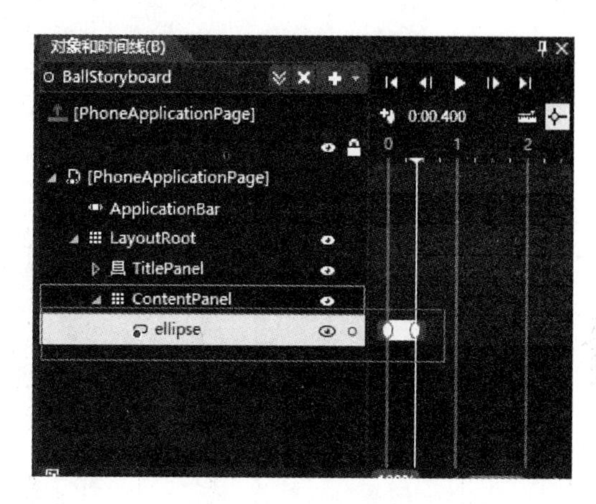

图 10.41 关键帧的时间线

把关键帧创建好之后，需要做的事情就是设置 Ellipse 控件在当前的关键帧的状态下的变化。那么这时候需要做的事情是要设置在 0.5 秒关键帧的 Ellipse 控件的位置和变化。打开 Expression Blend 右边的属性面板设置 Ellipse 控件的属性，找到面板的转换属性模块，设置偏移变换的 X 和 Y 的值，在这里把 X 设置为 46，Y 设置为 468，表示小球落到了最底下，然后在水平方向也往右移动了一些，如图 10.42 所示。当然，你也可以直接在美工板上对 Ellipse 控件进行可视化的拖拉操作，一样也可以改变它的属性作为当前关键帧的一个状态。

图 10.42 设置关键帧的变换属性

这时候你在时间线面板中拖拉黄色的时间线如图 10.43 所示，可以看到美工板上的 Ellipse 控件会跟着你拖拉的时间线运动，很生动地模拟出动画的运动效果。然后按照前面的方式继续在1.0和1.5的时间点上添加关键帧，1.0的关键帧是Ellipse控件在面板中间，1.5的关键帧是Ellipse控件在面板的右下角，表示小球掉落了再谈起来再掉落的运动效果。

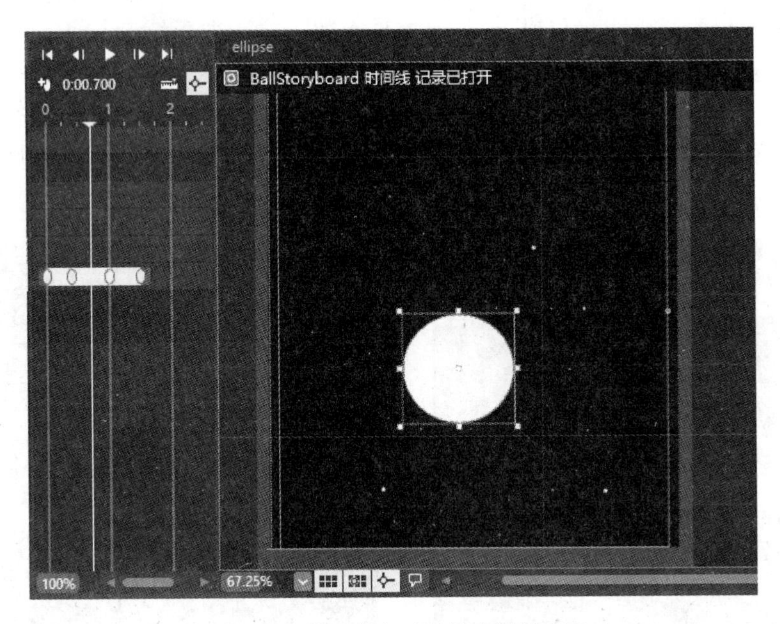

图10.43 拖动黄色时间线来模拟动画

3. 设置缓动函数动画

目前我们所实现的动画是一种匀速运动的动画，而小球的运动需要添加一些加速度在上面才显得动画的效果更佳逼真，在前面的第7章我们讲解缓动动画可以实现这样的加速度，那么在Expression Blend里面可以很轻易地添加上缓动动画的动画效果。下面我们来操作一下，怎么添加缓动动画，缓动动画的属性是针对于关键帧的不是针对Ellipse控件的，所以首先需要选中要用缓动函数的关键帧。选中关键帧的方法是在时间面板上单击关键帧的小点，当这边点从白色变成灰色就表示你已经选中该关键帧，如图10.44所示。然后从属性面板上可以看到关键帧缓动函数的设置，从上面选择使用的缓动函数和设置Value的值便可以给关键帧添加上缓动函数动画，如图10.45所示。按照这样的方式给0.5处的关键帧添加了QuadraticEase In的缓动函数，给1.0处的关键帧添加了QuadraticEase Out的缓动函数，给1.5处的关键帧添加了QuadraticEase In的缓动函数。

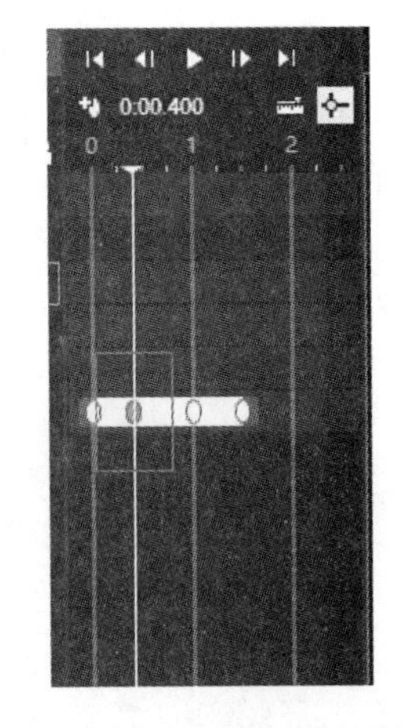

图10.44 选中的关键帧

4. 播放动画

到目前为止我们的小球掉落反弹动画已经制作完了，还有最有一个操作播放动画。播放动画需要使用 C#来调用。在 MainPage.xaml 页面添加页面加载事件 Loaded 的处理程序,在 MainPage.xaml.cs 页面下调用播放动画的方法。代码如下所示:

```
private async void PhoneApplicationPage_Loaded_1(object sender,RoutedEventArgs e)
{
    await Task.Delay(3000);
    BallStoryboard.Begin();
}
```

动画的播放效果如图 10.46 所示。

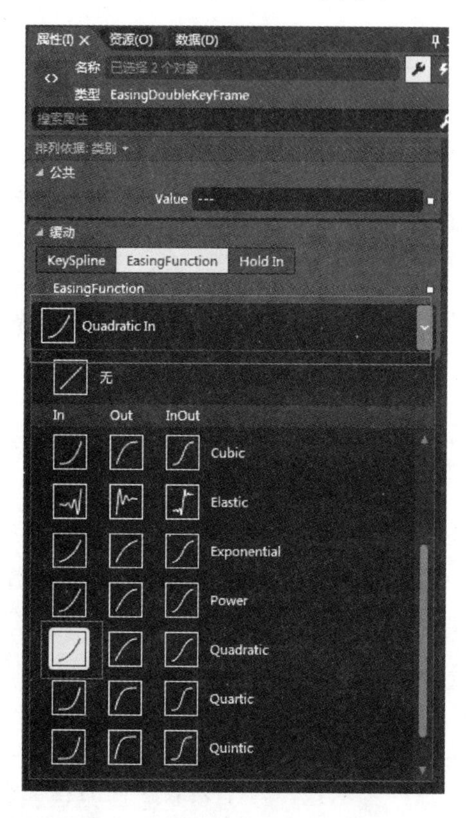

图 10.45　选择缓动函数动画

图 10.46　小球动画

第 11 章

列　表

列表是应用程序开发中应用非常广泛的数据展示方式，同时列表数据的展示也会常常面临着多种多样的数据展示方式、大数据量的数据展示、内存占用过大、列表滑动卡等的需求或者问题。本章将会详细地讲解 Windows Phone 的列表编程的技术，首先会先讲解 Windows Phone 中相关的列表控件的使用。其次会讲解 Windows Phone 列表编程中一个非常重要的技术——虚拟化技术。虚拟化技术是解决性能问题，大数据量问题的最基础的理论依据。最后，会通过实例讲解一些列表编程中常常会遇到的难点问题的解决方案，如何运用技术原理去解决问题。

11.1　列表控件的使用

首先，在 Windows Phone 中实现列表编程需要使用到相关的列表控件，在这些列表控件的基础上实现相关的列表效果和功能。在 Windows Phone 中相关的列表控件有 ItemsControl 控件、ListBox 控件、ListView 控件、GridView 控件和 SemanticZoom 控件，其中 ItemsControl 是最基本的列表控件，ListBox 控件是可以兼容从 Windows Phone 7.0 到 8.1 所有版本的 SDK 的列表控件，而 ListView 控件、GridView 控件和 SemanticZoom 控件则是 Windows Phone 8.1 新增的三个列表控件，原来 8.0 SDK 上的 LongListSelector 控件在 8.1 上将不再支持，而是使用 SemanticZoom 控件来取代。每个列表控件的特性都会有一些差异，我们可以根据实际的需要来选中不同的列表控件，如果你仅仅只是想实现最简单的列表展示数据，那么就可以选用 ItemsControl 控件；如果你想实现列表的选择等功能，那么就可以选用 ListView 控件；如果你想实现网格布局的列表，那么就可以选用 GridView 控件；如果你想实现分组索引的列表，那么就可以选用 SemanticZoom 控件。下面我们将来详细地讲解这些列表控件的使用。

11.1.1　ItemsControl 实现最简洁的列表

ItemsControl 是 Windows Phone 中最基本最简洁的列表控件，它只是实现了一个列表最基本的功能，把数据按照列表的形式进行展示，没有封装过多的列表的另外一些特性功能，如列表选中项相关逻辑等。正是因为 ItemsControl 所封装的逻辑最为简洁，所以如果仅仅只是展示一些列表的数据，ItemsControl 控件的效率肯定是最优的。同时 ListBox、Pivot 和 Hub 这些控件也是从 ItemsControl 控件进行派生，在 ItemsControl 的基础上添加了更多列表特性的功能和相关的模板设置。下面我们来看一下 ItemsControl 控件实现的列表编程。

代码清单 11-1：ItemsControl 控件实现列表（源代码：第 11 章\Examples_11_1）

1. 用 ItemsControl 控件实现一个基本的列表

下面我们要实现的是把一个拥有 100 个数据项的集合绑定到 ItemsControl 控件，然后通过 ItemTemplate 模板把数据展示出来。下面看一下实现的代码：

MainPage.xaml 文件主要代码

```
------------------------------------------------------------------------
    <ItemsControl x:Name="itemsControl">
        <ItemsControl.ItemTemplate>
            <DataTemplate>
                <StackPanel Orientation="Horizontal">
                    <TextBlock Text="{Binding FirstName}" FontSize="30"></TextBlock>
                    <TextBlock Text="{Binding LastName}" FontSize="30" Margin="30,0,0,
0"></TextBlock>
                </StackPanel>
            </DataTemplate>
        </ItemsControl.ItemTemplate>
    </ItemsControl>
```

MainPage.xaml.cs 文件主要代码

```
------------------------------------------------------------------------
    public partial class MainPage : PhoneApplicationPage
    {
        //构造函数
        public MainPage()
        {
            InitializeComponent();
            //创建一个有 100 个数据项的集合绑定到列表
            List<Item> items = new List<Item>();
            for (int i = 0; i < 100; i++)
            {
                items.Add(new Item { FirstName = "Li" + i,LastName = "Lei" + i });
            }
            itemsControl.ItemsSource = items;
        }
    }
    //数据实体类
    public class Item
    {
        public string FirstName { get; set; }
```

```
        public string LastName { get; set; }
    }
```

运行的效果如图 11.1 所示。在运行该例子的时候，你会发现这个列表并不能滚动，虽然列表里面有着 100 个数据项，但是只能看到当前页面的数据。那么如何让 ItemsControl 控件的列表可以滚动呢？下面将进行介绍。

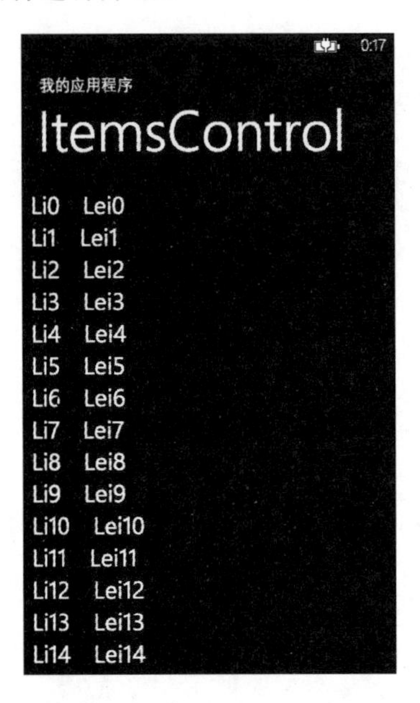

图 11.1　ItemsControl 列表

2. 让 ItemsControl 控件滚动起来

ItemsControl 控件内置的模板是不支持滚动的，如果要让 ItemsControl 控件的数据滚动起来，需要去自定义 ItemsControl 的控件模板。把 ItemsControl 控件的数据项面板放在 ScrollViewer 控件上，就可以让列表的数据滚动起来了。代码如下所示：

MainPage.xaml 文件部分代码

```
----------------------------------------------------------------------
<ItemsControl x:Name = "itemsControl">
    <ItemsControl.Template>
        <ControlTemplate TargetType = "ItemsControl">
            <ScrollViewer>
                <ItemsPresenter/>
            </ScrollViewer>
        </ControlTemplate>
    </ItemsControl.Template>
    …省略若干代码
</ItemsControl>
```

3. 大数据量数据的绑定

这里对 ItemsControl 控件进行一个简单的测试，就是把刚才 100 个数据项的集合改成 2000 个数据项的集合，如下所示：

MainPage. xaml. cs 文件部分代码

```
for (int i = 0; i < 2000; i++)
{
    items.Add(new Item { FirstName = "Li" + i,LastName = "Lei" + i });
}
```

修改完之后，再次运行这个例子，你会发现，打开程序的速度非常慢，也就是说 ItemsControl 控件要初始化这 2000 个数据项的时候耗费了非常多的时间。所以在这里会涉及一个问题，ItemsControl 控件本身也是不支持数据的虚拟化的，如果要让 ItemsControl 控件支持列表数据的虚拟化，还需要另外的布局处理，关于数据虚拟化的更多知识在下文会讲解到。

11.1.2　ListBox 实现下拉单击刷新列表

ListBox 控件是在 ItemsControl 控件的基础上进行封装的，把列表项选择、虚拟化等功能集成在一起。在上一小节，ItemsControl 控件绑定到有 2000 项的数据的集合会变得很慢，如果把 ItemsControl 控件直接替换成 ListBox 控件会发现加载的速度快了很多，这就是因为 ListBox 控件的虚拟化的原理起到的作用。

下面用 ListBox 控件实现一个下拉单击刷新列表的交互效果，通常当一个列表由很多数据，可以采用这种方式来分步加载列表的数据，特别是当列表的数据，如果是从网络请求的话，那么这种分步加载的方式优势就更加明显了。若要实现这样一种交互效果，需要解决两个问题，一是这个单击的按钮要放到哪里？二是新增加的数据怎样添加到列表的后面？第一个问题的解决方式是通过修改 ListBox 控件的 ControlTemplate，把 Button 控件放在 ScrollViewer 里面，然后按钮就可以跟随着列表滚动，单击按钮出发刷新的逻辑。第二个问题的解决方式是使用 ObservableCollection＜T＞集合类型来存储集合的数据，跟列表进行绑定，ObservableCollection＜T＞表示一个动态数据集合，在添加项、移除项或刷新整个列表时，此集合将会向列表提供通知从而可以刷新列表。实现的代码如下所示：

代码清单 11-2：ListBox 下拉单击刷新（源代码：第 11 章\Examples_11_2）

MainPage. xaml 文件主要代码

```
<ListBox ItemsSource = "{Binding Items}" >
    <ListBox.Template>
        <ControlTemplate TargetType = "ItemsControl">
```

```
                <ScrollViewer>
                    <StackPanel>
                        <ItemsPresenter/>
                        <Button Content="加载更多" Click="Button_Click_1"></Button>
                    </StackPanel>
                </ScrollViewer>
            </ControlTemplate>
        </ListBox.Template>
        <ListBox.ItemTemplate>
            <DataTemplate>
                <StackPanel Orientation="Horizontal">
                    <TextBlock Text="{Binding FirstName}" FontSize="30" Foreground=
"White"></TextBlock>
                    <TextBlock Text="{Binding LastName}" FontSize="30" Margin="30,0,0,
0" Foreground="White"></TextBlock>
                </StackPanel>
            </DataTemplate>
        </ListBox.ItemTemplate>
```

MainPage.xaml.cs 文件主要代码

```
public partial class MainPage : PhoneApplicationPage
{
    public ObservableCollection<Item> Items { get; set; }
    //构造函数
    public MainPage()
    {
        InitializeComponent();
        //创建 ObservableCollection<T>集合来作为数据绑定的集合
        Items = new ObservableCollection<Item>();
        for (int i = 0; i < 5; i++)
        {
            Items.Add(new Item { FirstName = "Li" + i,LastName = "Lei" + i });
        }
        this.DataContext = this;
    }
    //按钮单击事件,加载更多的数据集合
    private void Button_Click_1(object sender,RoutedEventArgs e)
    {
        //往原来列表的集合,继续添加 5 个数据项,这会同时触发列表 UI 发生变化
        int count = Items.Count;
        for (int i = count; i < count + 5; i++)
        {
            Items.Add(new Item { FirstName = "Li" + i,LastName = "Lei" + i });
        }
    }
}
```

应用程序的运行效果如图 11.2 所示。

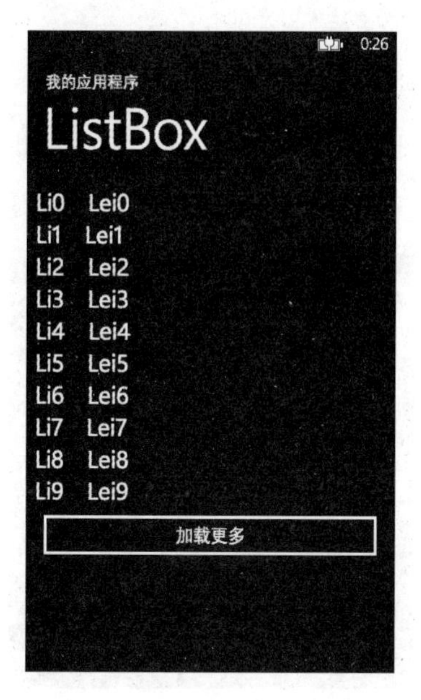

图 11.2 ListBox 下拉单击刷新

如果要在列表中获取选中的项目，可以通过 SelectionChanged 事件来实现，代码如下所示：

MainPage.xaml 文件部分代码

```
<ListBox ItemsSource="{Binding Items}" SelectionChanged="ListBox_SelectionChanged_1">
```

MainPage.xaml.cs 文件部分代码

```
//选中事件的处理程序
private void ListBox_SelectionChanged_1(object sender,SelectionChangedEventArgs e)
{
    string selectInfo = "";
    //获取选中的项目

    foreach(var item in e.AddedItems)
    {
        selectInfo += (item as Item).FirstName + (item as Item).LastName;
    }
    await new MessageDialog(selectInfo).ShowAsync();
}
```

应用程序的运行效果如图 11.3 所示。

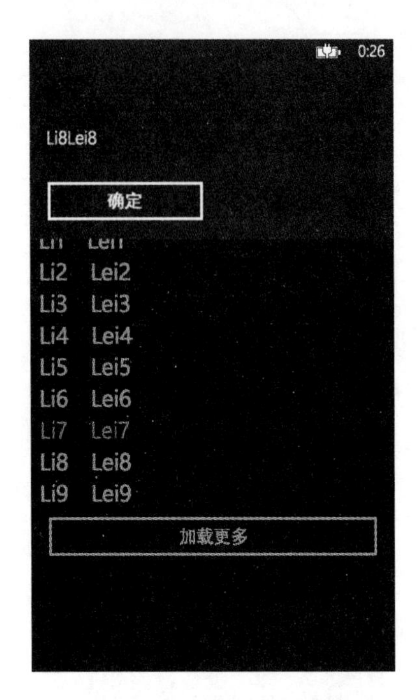

图 11.3 触发 ListBox 选择事件

11.1.3 ListView 实现下拉自动刷新列表

ListView 控件是 Windows Phone 8.1 SDK 里面新增的高效列表控件，ListView 控件可以实现和 ListBox 一样的列表效果，但是 ListView 控件比 ListBox 的功能更加强大。在列表的外观上 ListView 控件还支持对列表的头部(HeaderTemplate)和底部(FooterTemplate)的样式定义；在功能上 ListView 控件可以直接通过 ContainerContentChanging 事件来监控到相关的列表数据加载的情况，也就是说可以通过 ContainerContentChanging 事件间接地来获取到列表数据虚拟化的运行情况。

下面用 ListView 控件来实现一个列表数据的展示效果，同时还要实现的功能是列表下拉自动刷新的效果。ListView 控件实现列表和 ListBox 控件是类似的，通过对 Item Template 模板进行设置，然后绑定集合的相关属性。在前面的章节已介绍过一个使用 ListBox 控件判断列表滚动到底的例子，实现的原理是通过可视化树获取 ListBox 的 ScrollViewer 控件，然后根据 ScrollViewer 控件的垂直位移属性来判断 ListBox 控件什么时候滚动到底。在 ListView 控件里面我们可以使用一种更加智能的方式来实现下拉自动刷新的功能。我们这个例子是通过 ListView 控件的 ContainerContentChanging 事件去控制自动刷新的逻辑，因为 ListView 控件是对数据进行虚拟化处理的，当列表向下滚动的时候下面的数据就会不断地被实例化，当数据实例化的时候就会触发 ContainerContentChanging 事件，所以我只需要监控到当列表最后一个数据实例化的时候就可以触发数据刷新的逻辑了。代码如下所示：

代码清单 11-3：ListView 控件下拉刷新（源代码：第 11 章\Examples_11_3）

MainPage. xaml 文件主要代码

```
    <ListView x:Name = "listView" ItemsSource = "{Binding Items}">
        <ListView.ItemTemplate>
            <DataTemplate>
                <StackPanel Orientation = "Horizontal">
                    <TextBlock Text = "{Binding FirstName}" FontSize = "30"></TextBlock>
                    <TextBlock Text = "{Binding LastName}" FontSize = "30" Margin = "30,0,0,
0"></TextBlock>
                </StackPanel>
            </DataTemplate>
        </ListView.ItemTemplate>
    </ListView>
```

MainPage. xaml. cs 文件主要代码

```
    public sealed partial class MainPage : Page
    {
        //绑定的数据集合
        public ObservableCollection<Item> Items { get; set; }
        //数据加载的标识
        public bool IsLoading = false;
        //线程锁的对象
        private object o = new object();
        //构造函数
        public MainPage()
        {
            InitializeComponent();
            //列表初始化加载 100 个数据项
            Items = new ObservableCollection<Item>();
            for (int i = 0; i < 100; i++)
            {
                Items.Add(new Item { FirstName = "Li" + i,LastName = "Lei" + i });
            }
            this.DataContext = this;
            //订阅列表的 ContainerContentChanging 事件
            listView.ContainerContentChanging + = listView_ContainerContentChanging;
        }
        //ContainerContentChanging 事件处理程序,在这里判断刷新的时机
        void listView_ContainerContentChanging(ListViewBase sender,
ContainerContentChangingEventArgs args)
    void listView_ContainerContentChanging(ListViewBase sender,
ContainerContentChangingEventArgs args)
    {
        //因为该事件会被多个线程进入,所以添加线程锁,控制下面的代码只能单个线程去执行
        lock (o)
        {
```

```
                if (!IsLoading)
                {
                    if (args.ItemIndex == listView.Items.Count - 1)
                    {
                        //设置 IsLoading 为 true,在加载数据的过程中,禁止多次进入
                        IsLoading = true;
                        //模拟后台耗时任务拉取数据的场景
                        Task.Factory.StartNew(async () =>
                        {
                            await Task.Delay(3000);
                            //调用 UI 线程添加数据
                            await this.Dispatcher.RunAsync(CoreDispatcherPriority.Normal, () =>
                            {
                                int count = Items.Count;
                                for (int i = count; i < count + 50; i++)
                                {
                                    Items.Add(new Item { FirstName = "Li" + i, LastName = "Lei" + i });
                                }
                              //修改加载的状态
                                IsLoading = false;
                            });
                        });
                    }
                }
            }
        }
```

应用程序的运行效果如图 11.4 所示。

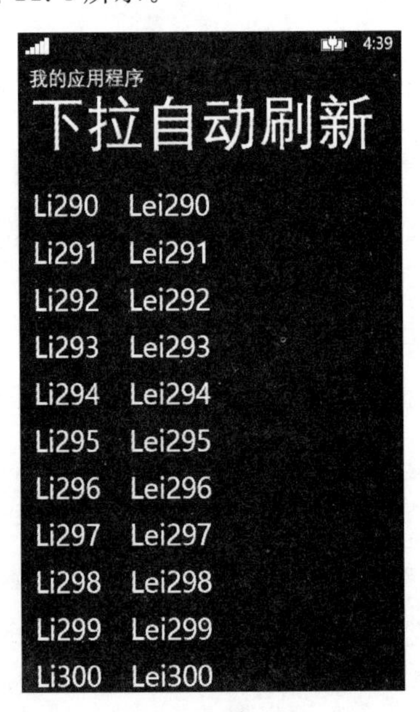

图 11.4　下拉自动刷新的 ListView

11.1.4　GridView实现网格列表

ListView控件实现的是垂直排列的列表功能，如果想实现网格布局的列表，就需要使用GridView控件。网格列表是指列表按照网格布局的方式进行布局，如系统的照片页面所实现的照片的展示效果就是用网格列表的方式去实现的。使用ListBox控件在面板布局中也可以通过使用Toolkit控件库的WrapPanel控件来实现网格列表，但是这种方式是不支持数据虚拟化的，也就是说列表有1000条数据就会立刻初始化1000条数据，这样实现的效率很差，而GridView控件对于网格布局也一样是实现了数据虚拟化的技术的，所以要实现网格列表的时候，请务必要选择GridView控件去实现。

GridView控件的使用方式和ListView控件是一样的，通过ItemTemplate来设置列表项目的模板，不过在GridView控件设置ItemTemplate模板的时候要注意设置它的高度和宽度，如果没有设置高度和宽度，那么GridView控件的布局就会按照Item实际的大小进行布局，有可能会导致网格布局的错乱。

下面实现了一个GridView控件网格列表的示例，代码如下所示：

代码清单11-4：GridView网格列表（源代码：第11章\Examples_11_4）

MainPage.xaml文件主要代码

```
<GridView x:Name="gridView">
  <!-- ItemTemplate模板用于显示列表的数据项 -->
    <GridView.ItemTemplate>
      <DataTemplate>
        <StackPanel>
            <TextBlock Text="{Binding Name}" Height="80" Width="80"></TextBlock>
        </StackPanel>
      </DataTemplate>
    </GridView.ItemTemplate>
    <!-- Item容器的样式 -->
    <GridView.ItemContainerStyle>
      <Style TargetType="GridViewItem">
        <Setter Property="BorderBrush" Value="Gray"/>
        <Setter Property="BorderThickness" Value="1"/>
        <Setter Property="HorizontalContentAlignment" Value="Center"/>
        <Setter Property="VerticalContentAlignment" Value="Center"/>
      </Style>
    </GridView.ItemContainerStyle>
</GridView>
```

MainPage.xaml.cs文件主要代码

```
public sealed partial class MainPage : PhoneApplicationPage
{
    public MainPage()
```

```
        {
            InitializeComponent();
            //创建绑定的数据集合
            List<Item> Items = new List<Item>();
            for (int i = 0; i < 100; i++)
            {
                Items.Add(new Item { Name = "测试" + i });
            }
            gridView.ItemsSource = Items;
        }
        //绑定的数据实体类
        class Item
        {
            public string Name { get; set; }
        }
    }
```

应用程序的运行效果如图 11.5 所示。

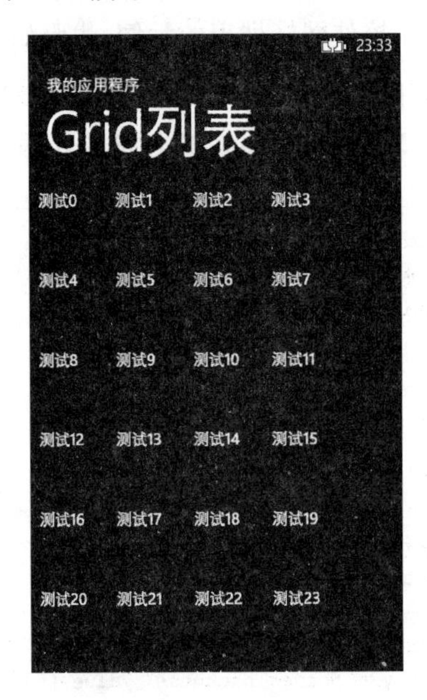

图 11.5　网格列表

11.1.5　SemanticZoom 实现分组列表

SemanticZoom 控件可以让用户实现一种更加高级的列表，这种列表可以对列表的项目进行分组，同时这个 SemanticZoom 控件会提供两个具有相同内容的不同视图，其中有一个是主视图，另外一个视图可以让用户进行快速导航的分组视图。例如，Windows Phone 里面的人脉通讯录列表就是使用 SemanticZoom 控件实现的。

SemanticZoom 控件支持对 GridView 和 ListView 控件的视图效果进行缩放，在

SemanticZoom 控件中需要包含两个列表控件(GridView 或 ListView)：一个控件提供放大视图，另一个提供缩小视图。放大视图提供一个详细信息视图(ZoomedInView)以让用户查看详细信息，缩小视图提供一个缩小索引视图(ZoomedOutView)让用户快速定位想要查看信息的大概范围或者分组。下面我们从控件的样式设置和数据源创建两个方面来介绍 SemanticZoom 控件的使用：

1. SemanticZoom 控件的样式设置

SemanticZoom 控件实现分组列表会比实现非分组的列表要复杂一些，实现分组列表还需要设置两大属性的内容：ZoomedOutView 的内容和 ZoomedInView 的内容。这两个属性的内容含义如下所示：

```
<SemanticZoom.ZoomedInView>
    <!-- 在这里放置 GridView(或 ListView)以表示放大视图，显示详细信息 -->
</SemanticZoom.ZoomedInView>
<SemanticZoom.ZoomedOutView>
    <!-- 在这里放置 GridView(或 ListView)以表示缩小视图，一般情况下绑定 Group.Title -->
</SemanticZoom.ZoomedOutView>
```

在赋值给 ZoomedInView 属性的列表控件里面，我们一般需要设置它的 ItemTemplate 模板和 GroupStyle. HeaderTemplate 模板。ItemTemplate 模板要设置的内容就是列表详细信息所展示的内容，GroupStyle. HeaderTemplate 模板是指分组的组头模板，如在人脉里面的“a”、“b”……这些就是属于列表的组头，组头也一样是一个列表的集合的也是通过模板的绑定形式来进行定义。

在赋值给 ZoomedOutView 属性的列表控件里面，我们也需要设置其 ItemTemplate 模板，在这里要注意的是 ZoomedOutView 里面的 ItemTemplate 模板和 ZoomedInView 里面的模板所产生的作用是不一样的，这里的 ItemTemplate 模板是指当你单击组头的时候弹出的组头的索引面板的项目展示，如单击人脉里面的“a”、“b”……就会弹出一个字母的现实面板，当你单击某个字母的时候就会从新回到列表的界面并且跳到列表该字母所属的组项目的位置。同时你还可以使用 ItemsPanel 来设置列表的布局，使用 ItemContainerStyle 来设置列表项目的容器样式等，这些功能的使用是和单独的 GridView(或 ListView)列表的使用是一样的。

2. SemanticZoom 控件的数据源创建

SemanticZoom 控件的数据源创建需要用到 Windows. UI. Xaml. Data 命名空间下的 CollectionViewSource。CollectionViewSource 是专为数据绑定有 UI 视图互动而设的，尤其是对于要实现分组的情况下，更需要它。创建一个 CollectionViewSource 对象我们既可以使用 XAML 的方式来进行创建，也可以使用 C# 代码来直接创建，实现的效果是等效的。在 CollectionViewSource 对象中我们通常需要设置下面几个重要的属性：

(1) Source 属性：是设置分组后的数据源，赋值给 Source 属性的对象是列表嵌套列表的集合对象。

(2) IsSourceGrouped 属性：指示是否允许分组。

(3) ItemsPath 属性：是分组后，组内部所包含列表的属性路径。

(4) View 属性：获取当前与 CollectionViewSource 的此实例关联的视图对象。

(5) View. CollectionGroups 属性：返回该视图关联的所有集合组。

那么在绑定数据的时候我们需要把 ZoomedInView 里面的列表控件的 ItemsSource 绑定到 CollectionViewSource 对象的 View 属性，用于展示 CollectionViewSource 对象关联的视图；把 ZoomedOutView 里面的列表控件的 ItemsSource 绑定到 CollectionViewSource 对象的 View. CollectionGroups 属性，用于展示分组的视图。

下面我们用一个简洁的例子来实现这样一个分组列表的数据组织逻辑和相关模板样式的设置，代码如下所示：

代码清单 11-5：SemanticZoom 分组列表（源代码：第 11 章\Examples_11_5）

MainPage. xaml 文件主要代码

```
--------------------------------------------------------------------------
    <Grid x:Name = "ContentPanel" Grid.Row = "1" Margin = "12,0,12,0">
        <Grid.Resources>
          <!-- 创建数据源对象,注意 ItemContent 属性就是数据源中真正的基础数据的列表的属性,必须设置该属性的值数据源,才能定位到实际绑定的数据实体对象 -->
            <CollectionViewSource x: Name = " itemcollectSource"  IsSourceGrouped = " true" ItemsPath = "ItemContent"/>
        </Grid.Resources>
        <SemanticZoom x:Name = "semanticZoom">
            <SemanticZoom.ZoomedInView>
                <!-- 在这里放置 GridView(或 ListView)以表示放大视图 -->
                <ListView x:Name = "inView">
                    <ListView.GroupStyle>
                        <GroupStyle>
                            <!-- 用于显示列表头的数据项的模板 -->
                            <GroupStyle.HeaderTemplate>
                                <DataTemplate>
                                    <Border Background = "Red" Height = "80">
                                        <TextBlock Text = "{Binding Key}" FontSize = "50"></TextBlock>
                                    </Border>
                                </DataTemplate>
                            </GroupStyle.HeaderTemplate>
                        </GroupStyle>
                    </ListView.GroupStyle>
                    <!-- 用于显示列表的数据项的模板 -->
                    <ListView.ItemTemplate>
                        <DataTemplate>
                            <StackPanel>
                                <TextBlock Text = "{Binding Title}" Height = "40" FontSize = "30"></TextBlock>
                            </StackPanel>
                        </DataTemplate>
```

```
                </ListView.ItemTemplate>
            </ListView>
        </SemanticZoom.ZoomedInView>
        <SemanticZoom.ZoomedOutView>
            <! -- 在这里放置 GridView(或 ListView)以表示缩小视图 -->
            <GridView x:Name = "outView">
                <! -- 用于显示弹出的分组列表视图的数据项的模板 -->
                <GridView.ItemTemplate>
                    <DataTemplate>
                        <Border Height = "60">
                            <TextBlock Text = "{Binding Group.Key}" FontSize = "24">
</TextBlock>
                        </Border>
                    </DataTemplate>
                </GridView.ItemTemplate>
                <! -- 列表布局模板 -->
                <GridView.ItemsPanel>
                    <ItemsPanelTemplate>
                        <WrapGrid ItemWidth = "100" ItemHeight =
"75" MaximumRowsOrColumns = "1" VerticalChildrenAlignment = "Center"/>
                    </ItemsPanelTemplate>
                </GridView.ItemsPanel>
                <! -- 列表项目容器的样式设置 -->
                <GridView.ItemContainerStyle>
                    <Style TargetType = "GridViewItem">
                        <Setter Property = "BorderBrush" Value = "Gray"/>
                        <Setter Property = "Background" Value = "Red"/>
                        <Setter Property = "BorderThickness" Value = "3"/>
                        <Setter Property = "HorizontalContentAlignment" Value = "Center"/>
                        <Setter Property = "VerticalContentAlignment" Value = "Center"/>
                    </Style>
                </GridView.ItemContainerStyle>
            </GridView>
        </SemanticZoom.ZoomedOutView>
    </SemanticZoom>
</Grid>
```

MainPage.xaml.cs 文件主要代码

```
public sealed partial class MainPage : Page
{
    public MainPage()
    {
        this.InitializeComponent();
        //先创建一个普通的数据集合
        List<Item> mainItem = new List<Item>();
        for (int i = 0; i < 10; i++)
        {
            mainItem.Add(new Item { Content = "A 类别",Title = "Test A" + i });
```

```
                    mainItem.Add(new Item { Content = "B类别",Title = "Test B" + i });
                    mainItem.Add(new Item { Content = "C类别",Title = "Test C" + i });
                }
                //使用LINQ语法把普通的数据集合转换成分组的数据集合
                List<ItemInGroup> Items = (from item in mainItem group item by item.Content into
newItems select new ItemInGroup { Key = newItems.Key,ItemContent = newItems.ToList() }).ToList();
                //设置CollectionViewSource对象的数据源
                this.itemcollectSource.Source = Items;
                //分别对两个视图进行绑定
                outView.ItemsSource = itemcollectSource.View.CollectionGroups;
                inView.ItemsSource = itemcollectSource.View;
            }
        }
        //分组的实体类,也就是分组的数据集合最外面的数据项的实体类
        public class ItemInGroup
        {
            //分组的组头属性
            public string Key { get; set; }
            //分组的数据集合
            public List<Item> ItemContent { get; set; }
        }
        //列表的数据实体类
        public class Item
        {
            public string Title { get; set; }
            public string Content { get; set; }
        }
```

应用程序的运行效果如图11.6和图11.7所示。

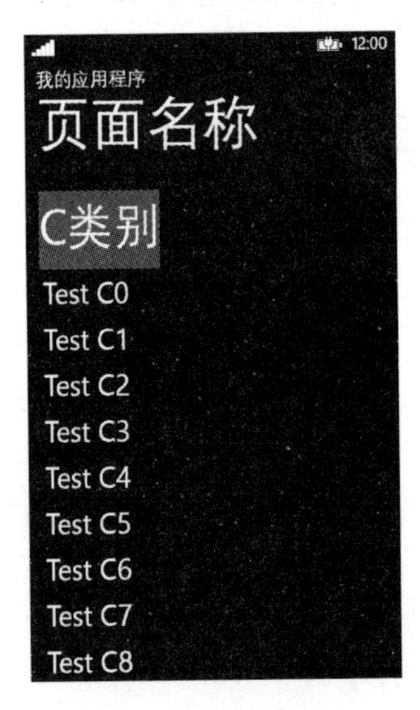

图11.6 分类列表

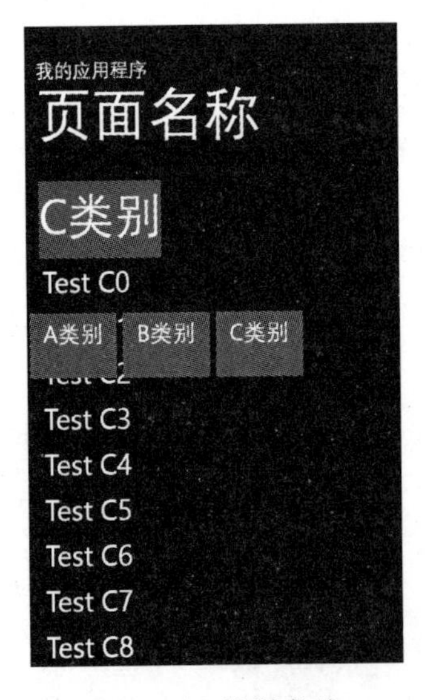

图11.7 类别索引

11.2 虚拟化技术

前面已经多次提到的虚拟化技术，本小节将专门来讲解。通过虚拟化技术可以可根据屏幕上所显示的项来从大量数据项中生成 UI 元素的子集，也就是说因为手机屏幕很有限，虚拟化技术允许应用程序只把在屏幕当前的和屏幕附近的 UI 元素初始化了，其他 UI 元素的都是处于虚构的状态。虚拟化技术对于大数据量的列表有很大的优势，如上面的 ItemsControl 没有用到虚拟化技术，加载 2000 项数据的时候的速度非常缓慢，换成了 ListBox 控件或者 ListView 控件，加载的速度马上大幅提升，这就是因为虚拟化技术所产生的性能优化的效果。同时我们除了直接在支持虚拟化的列表中使用这种技术，还可以利用这种虚拟化的技术来做更多地优化，如当虚拟化发生的时候，可以去主动地去回收暂时不使用的内存，从而可以对程序暂用的内存进行优化。我们也可以利用虚拟化的布局控件去实现自定义的虚拟化的功能的需求。

11.2.1 列表的虚拟化

标准布局系统可以创建项容器并为每个与列表控件关联的项计算布局。手机的屏幕本身是比较小的，如果在只有少量元素显示在屏幕上时生成许多 UI 元素，则会对应用程序的性能产生负面影响。虚拟化是指一种技术，通过该技术，可根据屏幕上所显示的项从大量数据项中生成 UI 元素的子集。当一个 Windows Phone 支持虚拟化的列表被绑定到一个大型集合的数据源时，如果可以支持虚拟化，那么该控件将只为那些在可以看到的项创见可视化的容器(加上面和下面的少许)。这是一个完整集合中有代表性的一小部分。当用户滚动屏幕的时候，将为那些滚动到可视区域的项创建新的可视化容器，那些不再可见的项的容器将被销毁。当容器设置为循环使用时，它将再使用可视化容器代替不断的创建和销毁可视化容器，避免对象的实例化和垃圾回收器的过度工作。

下面我们通过一个例子来观察列表虚拟化技术是怎么运行的，把一个大的数据集合绑定到 ListView 控件上，当列表滑动的时候把 ListView 控件往列表集合读取的数据项打印出来。

代码清单 11-6：测试虚拟化技术(源代码：第 11 章\Examples_11_6)

首先需要封装一个模拟大型数据的集合。如果直接使用 List＜T＞这类型的集合，我们是没办法打印出集合的数据项被读取的操作的，所以需要自定义实现数据集合。只要实现了 IList 接口的集合类，都可以与列表控件进行绑定，所以我们需要自定义一个集合类来实现 IList 接口，同时因为 IList 接口是从 ICollection 接口和 IEnumerable 接口派生出来的，所以这三个接口的方法都需要在自定义的集合类里面实现。在 ICollection 接口里面，Count 属性表示列表的长度，IList 接口的 IList.this[int index]属性表示列表某个索引的数据项。在自定义集合里面，可以通过 Count 属性设置列表的长度，通过 IList.this[int index]属性返回数据项和打印出相关的数据信息。

实现的 VirtualDataList 类的代码如下所示：

VirtualDataList. cs 文件主要代码

```
class VirtualDataList : IList
{
    #region IEnumerable Members
    //省略 IEnumerable 接口的实现内容
    …
    #endregion
    #region IList Members
    //省略 IList 接口的部分实现内容
    …
    //根据索引返回数据项
    object IList.this[int index]
    {
        get
        {
            //当获取集合的某个数据项的时候把这个数据的索引打印出来
            Debug.WriteLine("当前加载的数据 data" + index.ToString());
            //返回列表的数据项,该集合时一个 Data 类对象的数据集合
            return new Data { Name = "data " + index.ToString()};
        }
        set
        {
            throw new NotImplementedException();
        }
    }
    #endregion
    #region ICollection Members
    //省略 ICollection 接口的部分实现内容
    ……
    public int Count
    {
        get
        {
            return 1000;
        }
    }
    #endregion
}

//数据实体类
public class Data
{
    public string Name { get; set; }
}
```

MainPage.xaml 文件主要代码

```
<ListView ItemsSource="{Binding Data}">
    <ListView.ItemTemplate>
        <DataTemplate>
            <StackPanel>
                <TextBlock Text="{Binding Name}" Height="50"></TextBlock>
            </StackPanel>
        </DataTemplate>
    </ListView.ItemTemplate>
</ListView>
```

MainPage.xaml.cs 文件主要代码

```
public VirtualDataList Data { get; set; }
//构造函数
public MainPage()
{
    InitializeComponent();
    Data = new VirtualDataList();
    DataContext = this;
}
```

使用 Debug 模式来运行应用程序在 Visual Studio 的输出窗口上看到的日志如下所示，虽然列表绑定的数据集合有 1000 个数据项，但是从打印的日志中可以看出来实际上初始化的数据项只有 20 多个，其他的数据项都通过虚拟化的技术进行了处理，当列表滑动的时候就会继续初始化滚动到的列表项的数据。

```
/*日志开始*/
当前加载的数据 data0
当前加载的数据 data1
当前加载的数据 data2
当前加载的数据 data3
…
当前加载的数据 data23
当前加载的数据 data24
/*日志结束*/
```

11.2.2 VirtualizingStackPanel、ItemsStackPanel 和 ItemsWrapGrid 虚拟化排列布局控件

VirtualizingStackPanel、ItemsStackPanel 和 ItemsWrapGrid 都是虚拟化布局控件，一般情况下在界面的布局上很少会用到这些虚拟化排列的控件，大部分都是封装在列表的布局面板上使用，主要的目的就是为了实现列表上大数据量的虚拟化，从而极大地提高列表的效率。那么其实这 3 个虚拟化布局控件都是列表控件的默认布局排列的方式，其中

VirtualizingStackPanel 控件是 ListBox 的默认布局面板，ItemsStackPanel 是 ListView 的默认布局面板，ItemsWrapGrid 是 GridView 的默认布局面板。

VirtualizingStackPanel 控件和 ItemsStackPanel 控件都是表示沿着水平方向或垂直垂直方向将内容虚拟化地排列在一行上。它们所实现的排列布局效果和 StackPanel 控件是一样的，不同的是这些控件可以实现虚拟化的逻辑。对于数据较多的列表布局，使用 VirtualizingStackPanel 控件或者 ItemsStackPanel 控件会比 StackPanel 控件高效很多，因为虚拟化控件只是把当前屏幕范围内的数据显示出来，其他的数据都通过虚拟化的技术进行处理，并没有进行 UI 的初始化显示，所以效率很高。ItemsWrapGrid 控件实现的则是网格的虚拟化布局效果，虚拟化原理也是和 ItemsStackPanel 控件类似的，只不过他们排列的方式不一样。

这些虚拟化排列布局控件会计算可见项的数量，并处理来自 ItemsControl（如 ListBox）的 ItemContainerGenerator，以便只为可见项创建 UI 元素。仅当 StackPanel 中包含的项控件创建自己的项容器时，才会在该面板中发生虚拟化。可以使用数据绑定来确保发生这一过程，如果是直接创建列表的项元素，然后添加为虚拟化排列布局控件的子对象，那么这种方式是不会进行虚拟化处理的。下面以 ItemsStackPanel 来说明如何利用虚拟化排列布局控件去解决一些实际的问题。

ItemsStackPanel 是 ListView 元素的默认项宿主。使用 ListView 列表控件绑定数据的时候，默认是采用了 ItemsStackPanel 控件对数据项进行排列。如果你使用 ItemsControl 列表控件来展示数据，要给这个列表增加虚拟化的功能，ItemsStackPanel 对象元素必须包含在一个 ItemsPanelTemplate 中。现在我们再回过头来看本章的第一个例子，用 ItemsControl 控件绑定到 2000 个数据项的集合的时候，加载的速度很慢，这就是没有使用虚拟化的结果。如果在 ItemsControl 控件上使用 ItemsStackPanel 来进行虚拟化布局，那么你会发现加载的速度非常快。给 ItemsControl 控件添加 ItemsStackPanel 虚拟化布局，需要把代码修改成如下：

```
<ItemsControl x:Name = "itemsControl">
    <!-- 使用 ItemsStackPanel 控件作为 ItemsControl 的布局面板 -->
    <ItemsControl.ItemsPanel>
        <ItemsPanelTemplate>
            <ItemsStackPanel/>
        </ItemsPanelTemplate>
    </ItemsControl.ItemsPanel>
    <ItemsControl.Template>
        <ControlTemplate TargetType = "ItemsControl">
            <ScrollViewer>
                <ItemsPresenter/>
            </ScrollViewer>
        </ControlTemplate>
    </ItemsControl.Template>
    <ItemsControl.ItemTemplate>
        <DataTemplate>
```

```
            …省略若干代码
        </DataTemplate>
    </ItemsControl.ItemTemplate>
</ItemsControl>
```

如果在列表中需要使用到 ItemsStackPanel 控件虚拟化的技术的时候，还要注意一件事情，不要破坏 ScrollViewer 和 ItemsPresenter 的结构，否则将实现不了虚拟化的效果。如果你在 ScrollViewer 和 ItemsPresenter 之间再添加一个 StackPanel 控件，如下所示：

```
<ControlTemplate TargetType="ItemsControl">
    <ScrollViewer>
        <StackPanel>
            <ItemsPresenter/>
        </StackPanel>
    </ScrollViewer>
</ControlTemplate>
```

这时，ItemsStackPanel 控件会一次性地把所有的数据都初始化，不会起到虚拟化的作用。因为 ItemsStackPanel 控件虚拟化的时候是根据每个 Item 的固定的大小来进行布局的虚拟化处理的，当在 ScrollViewer 和 ItemsPresenter 中加入了其他的控件之后会破坏了 ItemsStackPanel 控件的虚拟化布局，导致 ItemsStackPanel 控件无法准确地测量出来列表的数据项的布局。

11.2.3　实现横向虚拟化布局

通常我们实现的列表布局大部分都是竖向的布局，包括 GridView 控件的布局整体上也是竖向的布局。那么 ListView 控件和 ListBox 控件默认都是竖向垂直滚动的列表，如果要让其水平滚动，那么就需要自定义其布局的面板，这时候我们就可以使用 ItemsStackPanel 控件去实现了，如果我们并不需要 ListView 控件那么多的功能和效果，就可以直接使用最基本的列表控件 ItemsControl 控件搭配 ItemsStackPanel 控件去实现横向滚动的效果，并且带有虚拟化的功能。

下面我们用一个例子使用 ItemsControl 控件横向滚动展示图片，在这个例子里面会使用到 ItemsStackPanel 控件的 Horizontal 布局。列表中会有 100 个数据项，我们通过日志来查看其加载的数据项是怎样的。

代码清单 11-7：横向虚拟化列表（源代码：第 11 章\Examples_11_7）

（1）首先，创建实体类和自定义的集合类，实体类 Item 和自定义的集合类 ItemList。

Item.cs 文件主要代码

```
public class Item
{
    //图片对象
    public BitmapImage Image { get; set; }
```

```
        //图片名字
        public string ImageName { get; set; }
    }
    public class ItemList : IList
    {
        //设置集合的数量为 100
        public ItemList()
        {
            Count = 100;
        }
        //集合数量属性
        public int Count { get; set; }
        //根据索引返回数据项
        public object this[int index]
        {
            get
            {
                //加载的图片是程序里面的图片资源,5 张图片循环加载
                int imageIndex = 5 - index % 5;
                Debug.WriteLine("加载的集合索引是: " + index);
                return new Item { ImageName = "图片" + index, Image = new BitmapImage(new Uri
("ms-appx:///Images/" + imageIndex + ".jpg",UriKind.RelativeOrAbsolute)) };
            }
            set
            {
                throw new NotImplementedException();
            }
        }
        //…省略若干代码
    }
```

(2) 实现 ItemsControl 的横向虚拟化布局。

要实现 ItemsControl 的横向虚拟化布局,除了使用 ItemsStackPanel 控件的 Horizontal 布局,还需要在 ItemsControl 中设置 ScrollViewer. HorizontalScrollBarVisibility="Auto",这样列表就可以水平滚动了。列表的代码如下:

MainPage. xaml 文件主要代码

```
<ItemsControl x:Name="list">
    <!--使用 ItemsStackPanel 控件作为 ItemsControl 的布局面板-->
    <ItemsControl.ItemsPanel>
        <ItemsPanelTemplate>
            <ItemsStackPanel Orientation="Horizontal"/>
        </ItemsPanelTemplate>
    </ItemsControl.ItemsPanel>
    <ItemsControl.Template>
        <ControlTemplate TargetType="ItemsControl">
```

```
                <ScrollViewer ScrollViewer.HorizontalScrollBarVisibility="Auto"
ScrollViewer.VerticalScrollBarVisibility="Disabled">
                    <ItemsPresenter/>
                </ScrollViewer>
            </ControlTemplate>
        </ItemsControl.Template>
        <ItemsControl.ItemTemplate>
            <DataTemplate>
                <StackPanel>
                    <Image Source="{Binding Image}" Width="144" Height="240" Stretch=
"UniformToFill"></Image>
                    <TextBlock Text="{Binding ImageName}"></TextBlock>
                </StackPanel>
            </DataTemplate>
        </ItemsControl.ItemTemplate>
    </ItemsControl>
```

MainPage.xaml.cs 文件主要代码

```
public MainPage()
{
    InitializeComponent();
    list.ItemsSource = new ItemList();
}
```

(3) 列表的运行效果如图 11.8 所示，采用 Debug 调试下运行程序可以看到日志显示列表只是初始化了 10 个数据项，日志如下所示：

```
/*日志开始*/
加载的集合索引是: 0
加载的集合索引是: 1
加载的集合索引是: 2
加载的集合索引是: 3
加载的集合索引是: 4
加载的集合索引是: 5
加载的集合索引是: 6
加载的集合索引是: 7
加载的集合索引是: 8
加载的集合索引是: 9
/*日志开始*/
```

图 11.8 横向虚拟化列表

11.2.4 大数据量网络图片列表的异步加载和内存优化

虚拟化技术可以让 Windows Phone 上的大数据量列表不必担心会一次性加载所有的数据，保证了 UI 的流程性。对于虚拟化的技术，我们不仅只是依赖其来给列表加载数据，还可以利用虚拟化的特性去做更多的事情。虚拟化技术有一个很重要的特性就是，它可以准确地判断出哪些列表项处于手机屏幕中，可以动态地去更新这些数据。基于这样的特性，我们可以给列表的功能做更多的优化。

下面我们基于一个例子来讲解利用虚拟化技术去做列表的性能优化。有这么一个需求，需要实现一个图片的列表，图片都是来自网络的，然后数据集合也很大。做这个网络图片列表功能时会面临着两个问题，一个是图片的加载会比较耗时，另一个是当不断地滑动会让数据集合加载的图片占用的内存会越来越高。

对于第一个问题，可以采用异步加载的方式来解决，这样列表加载完之后，图片再显示出来，列表首次加载的速度会很快。那么我们可以通过后台线程调用网络请求下载图片，下载完图片之后再触发 UI 线程，把图片显示出来。

第二个问题是要解决内存的问题，可以使用弱引用类型(WeakReference 类)来存储图片的数据。弱引用就是不保证不被垃圾回收器回收的对象，它拥有比较短暂的生命周期，在垃圾回收器扫描它所管辖的内存区域过程中，一旦发现了只具有弱引用的对象，就会回收它的内存。不过，一般情况下垃圾回收器的线程优先级很低，也就不会很快发现那些只有弱引用的对象。当内存的使用会影响到程序的流畅运行的时候，垃圾回收器就会按照优先次序把存在时间长的弱引用对象回收，从而释放内存。所以弱引用特别适合在当前这种情况下占用大量内存，但通过垃圾回收功能回收以后很容易重新创建的图片对象。图片下载完之后会存放在弱引用对象里面，当检查到数据被回收的时候，再进行异步加载。当然，你也可以把图片用独立存储存起来，这样也就免去了再次请求网络的操作。

下面我们来实现网络图片列表的异步加载和内存优化的示例：

代码清单 11-8：网络图片列表(源代码：第 11 章\Examples_11_8)

(1) 创建数据实体类 Data 类，在 Data 类里面封装异步加载图片和弱引用的逻辑。

Data.cs 文件主要代码

```
---------------------------------------------------------------------------
    //Data 类从 INotifyPropertyChanged 派生,要实现绑定属性改变的事件,用于图片异步请求完成
之后可以更新到 UI 上
    public class Data: INotifyPropertyChanged
    {
        //图片名字属性
        public string Name { get; set; }
        //当前的页面对象,用于触发 UI 线程
        public Page Page { get; set; }
        //图片的网络地址
        private Uri imageUri;
        public Uri ImageUri
        {
            get
            {
                return imageUri;
```

```
        }
        set
        {
            if (imageUri == value)
            {
                return;
            }
            imageUri = value;
            bitmapImage = null;
        }
    }
    //若引用对象,用于存储下载好的图片对象
    WeakReference bitmapImage;
    //ImageSource 属性用于绑定到列表的 Image 控件上
    public ImageSource ImageSource
    {
        get
        {
            if (bitmapImage != null)
            {
                //如果弱引用没有没回收,则取弱引用的值
                if (bitmapImage.IsAlive)
                    return (ImageSource)bitmapImage.Target;
                else
                    Debug.WriteLine("数据已经被回收");
            }
            //如果弱引用已经被回收,则通过图片网络地址进行异步下载
            if (imageUri != null)
            {
                Task.Factory.StartNew(() =>{ DownloadImage(imageUri);});
            }
            return null;
        }
    }
    //下载图片的方法
    void DownloadImage(object state)
    {
        HttpWebRequest request = WebRequest.CreateHttp(state as Uri);
        request.BeginGetResponse(DownloadImageComplete, request);
    }
    //完成图片下载的回调方法
    async void DownloadImageComplete(IAsyncResult result)
    {
        HttpWebRequest request = result.AsyncState as HttpWebRequest;
        HttpWebResponse response = (HttpWebResponse)request.EndGetResponse(result);
        //读取网络的数据
        Stream stream = response.GetResponseStream();
        int length = int.Parse(response.Headers["Content-Length"]);
        //注意需要把数据流重新复制一份,否则会出现跨线程错误
        //网络下载到的图片数据流,属于后台线程的对象,不能在 UI 上使用
```

```
            Stream streamForUI = new MemoryStream(length);
            byte[] buffer = new byte[length];
            int read = 0;
            do
            {
                read = stream.Read(buffer,0,length);
                streamForUI.Write(buffer,0,read);
            } while (read == length);
            streamForUI.Seek(0,SeekOrigin.Begin);
            //触发 UI 线程处理位图和 UI 更新
            await Page.Dispatcher.RunAsync(CoreDispatcherPriority.Normal,() =>
                {
                    BitmapImage bm = new BitmapImage();
                    bm.SetSource(streamForUI.AsRandomAccessStream());
                    //把图片位图对象存放到弱引用对象里面
                    if (bitmapImage == null)
                        bitmapImage = new WeakReference(bm);
                    else
                        bitmapImage.Target = bm;
                    //触发 UI 绑定属性的改变
                    OnPropertyChanged("ImageSource");
                }
            );
        }
        //属性改变事件
    async void OnPropertyChanged(string property)
        {
            var hander = PropertyChanged;
            if (hander != null)
                await Page.Dispatcher.RunAsync(CoreDispatcherPriority.Normal,() =>
                {
                    hander(this,new PropertyChangedEventArgs(property));
                });
        }
        public event PropertyChangedEventHandler PropertyChanged;
    }
```

(2) 使用 ListView 控件绑定到数据 Data 对象的数据集合。

MainPage.xaml 文件主要代码

```
<ListView x:Name="listView">
    <ListView.ItemTemplate>
        <DataTemplate>
            <StackPanel>
                <TextBlock Text="{Binding Name}" Height="80"></TextBlock>
                <Image Source="{Binding ImageSource}" Width="200" Height="200"></Image>
            </StackPanel>
        </DataTemplate>
```

```
        </ListView.ItemTemplate>
    </ListView>
```

MainPage.xaml.cs 文件主要代码

```
    public MainPage()
    {
        InitializeComponent();
        //创建一个有 1000 个 Data 对象的数据集合
        List<Data> Items = new List<Data>();
        for (int i = 0; i < 1000; i++)
        {
            //在网络地址后面加上 index = i,是为了保证每个网络地址的不一样
            //这样就不会产生网络数据缓存,更加接近真实的网络图片列表
            Items.Add(new Data { Name = "Test" + i, Page = this, ImageUri = new Uri("http://
pic002.cnblogs.com/images/2012/152755/2012120917494440.png?index = " + i) });
        }
        listView.ItemsSource = Items;
    }
```

应用程序的运行效果如图 11.9 所示。

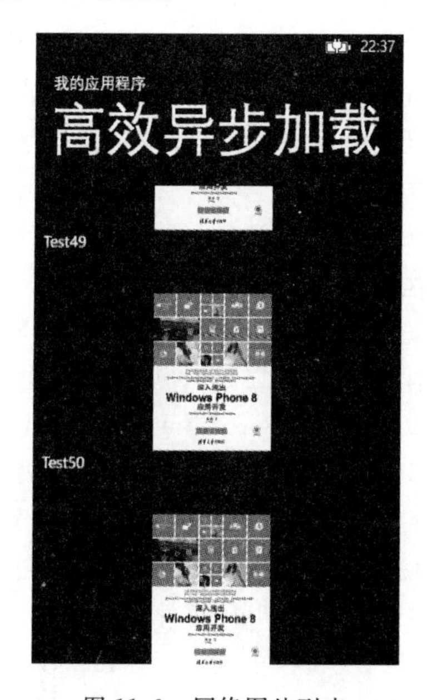

图 11.9　网络图片列表

第 12 章

Toolkit 控件库

Windows Phone Toolkit 控件库是微软官方提供的开源控件库，封装了很多常用的控件，包括时间控件、开关控件等，这些控件的外观和交互都是和 Windows Phone 手机系统里面的控件是一致的。由于 Toolkit 控件库是一个开源的控件库，所以我们可以阅读到其所有的源代码。本书是基于编写时最新的 Toolkit 控件库的代码来进行编写的，难免会与最新的 Toolkit 控件库的代码有一些出入，大家可以到网站 http://phone.codeplex.com/上下载到最新的 Toolkit 控件库代码。通过阅读优秀的源代码，是学习编程的一种非常好的方式。Toolkit 控件库是一个非常优秀的项目，其实现自定义控件的很多方法和实现的思路都很值得我们去借鉴和参考。本章是通过阅读 Toolkit 控件库的源代码，挑选 5 个具有代表型的控件来讲解 Toolkit 控件库相关控件的实现方式，重点是讲解控件的实现思路。通过理解相关的 Toolkit 控件实现的技术原理，可以举一反三地运用这些原理和思路来解决所遇到的类似问题，或者实现类似的控件。

12.1 Toolkit 控件库项目简介

当我们打开 Toolkit 控件库的项目工程后，可以看到 Toolkit 相关控件的实现源代码。Toolkit 控件库的源代码在 Microsoft.Phone.Controls.Toolkit.WP8 这个 Windows Phone 的类库项目里面，如图 12.1 所示(注意最新版本的 Toolkit 项目可能会有一些出入，请以最新的为准)。在类库里面包含了 20 多个自定义的控件，因为大部分控件的实现逻辑都是比较独立的，所以每个控件的实现逻辑代码都会放在单独的文件夹上，当然在项目中一些公共的逻辑会放在 Common 文件夹里面。Toolkit 控件库里面的控件全部是通过从控件基类派生来实现自定义控件的，所以我们在项目中找到 Themes 文件夹下的 Generic.xaml 文件，所有控件的样式都在该文件下进行定义。关于从控件的基类派生出来的自定义控件的原理可以参考第 9 章的内容讲解。我们接下来会详细地讲解 CustomMessageBox 控件、PhoneTextBox 控件、ToggleSwitch 控件、ListPicker 控件和 WrapPanel 控件的主要实现逻辑和原理，当然 Toolkit 控件库远远不止这 5 个控件，本章主要的目的是通过这 5 个例子来阐述实现自定义控件的思路，剩下的其他控件读者可以自行去阅读 Toolkit 控件库的源代码去学习研究。

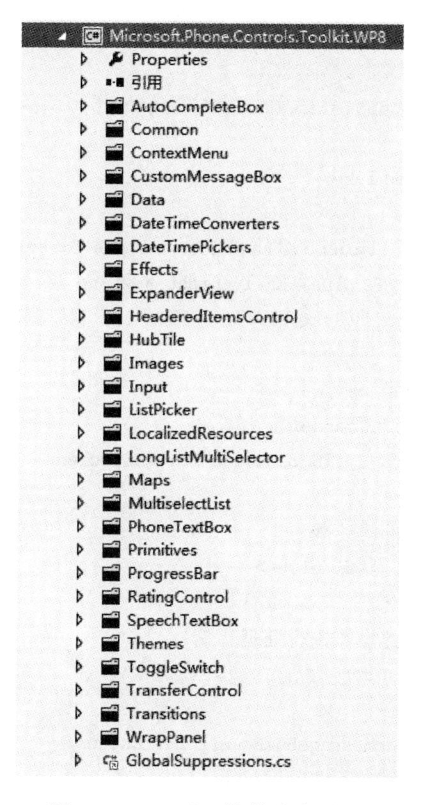

图 12.1 Toolkit 控件类库项目

12.2 CustomMessageBox 控件原理解析

CustomMessageBox 是一个个性化的弹窗控件，系统的 MessageBox 弹窗只能添加文本信息，不支持在弹窗上添加控件，CustomMessageBox 控件则把系统的 MessageBox 弹窗强大得多，它可以在弹窗上面添加控件实现更加灵活化的界面布局和相关功能的实现。

12.2.1 CustomMessageBox 的调用逻辑

CustomMessageBox 控件的实现效果如图 12.2 所示。CustomMessageBox 控件的调用逻辑和 MessageBox 控件很类似，先初始化创建 CustomMessageBox 对象，订阅 Dismissed 事件，在改事件里面处理在弹窗控件里面的操作，如单击“确认”按钮、“取消”按钮以及自定义的控件的状态等，最后通过 Show 方法把弹窗展示出来。CustomMessageBox 控件比较特别的地方是可以通过 Content 属性把 UI 对象传递进去显示在弹窗上。调用 CustomMessageBox 控件的代码如下所示：

CustomMessageBox.cs 文件部分代码

```
//初始化弹窗
CustomMessageBox messageBox = new CustomMessageBox()
{
    Caption = "Would you like…",                                //标题
    Message =
        "Thank you for trying out the Windows Phone Toolkit."
        + Environment.NewLine + Environment.NewLine
        + "We would really like to…",                           //消息
    Content = checkBox,                                         //弹窗内部的控件
    LeftButtonContent = "ok",
    RightButtonContent = "cancel",
    IsFullScreen = (bool)FullScreenCheckBox.IsChecked          //是否全屏显示
};
//在弹窗上所触发的事件的处理
messageBox.Dismissed += (s1,e1) =>
    {
        //对各种不同的操作进行处理
        switch (e1.Result)
        {
            case CustomMessageBoxResult.LeftButton:
                //…
                break;
            case CustomMessageBoxResult.RightButton:
            case CustomMessageBoxResult.None:
                if ((bool)checkBox.IsChecked)
                {
                    //…
                }
                else
                {
                    //…
                }
                break;
            default:
                break;
        }
    };
//打开弹窗
messageBox.Show();
```

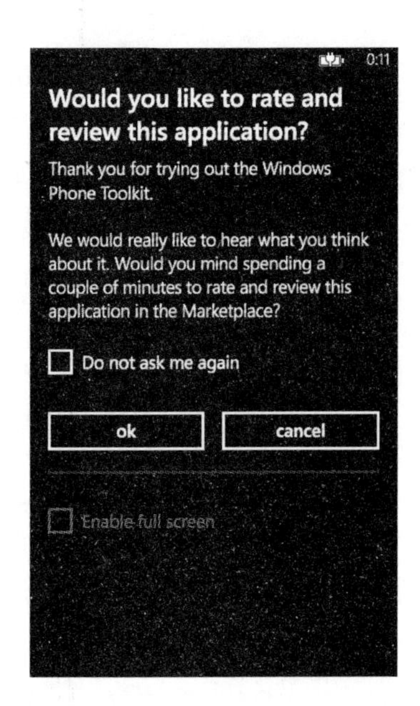

图 12.2　CustomMessageBox 控件

12.2.2　CustomMessageBox 的样式和弱引用的使用

首先我们看一下 CustomMessageBox 控件的样式，控件的样式是最直观地展示出控件的相关模块的布局。打开 Generic.xaml 文件找到 CustomMessageBox 控件关联的样式代码，部分的代码如下所示：

Generic.xaml 文件部分代码

```
------------------------------------------------------------------------
<Style TargetType = "controls:CustomMessageBox">
    …省略若干代码
    <Setter Property = "Template">
        <Setter.Value>
            <ControlTemplate TargetType = "controls:CustomMessageBox">
                <Grid>
                    <Grid>
                        <Grid.RowDefinitions>
                            <RowDefinition Height = " * "/>
                            <RowDefinition Height = "Auto"/>
                        </Grid.RowDefinitions>
                        <Grid.ColumnDefinitions>
                            <ColumnDefinition Width = " * "/>
                            <ColumnDefinition Width = " * "/>
                        </Grid.ColumnDefinitions>
                        <!-- 弹窗面板的布局 -->
                        <StackPanel Grid.ColumnSpan = "2" >
```

```
                                <TextBlock x:Name = "TitleTextBlock"
                                    Text = "{TemplateBinding Title}"/>
                                <TextBlock x:Name = "CaptionTextBlock"
                                    Text = "{TemplateBinding Caption}/>
                                <TextBlock x:Name = "MessageTextBlock"
                                    Text = "{TemplateBinding Message}"/>
                                <!-- Content 属性的 UI 元素所在的内容面板 -->
                                <ContentPresenter Margin = "12,0,0,0"/>
                            </StackPanel>
                            <!-- 弹窗底下的两个按钮 -->
                            <Button x:Name = "LeftButton"
                                Grid.Row = "1" Grid.Column = "0"
                                Content = "{TemplateBinding LeftButtonContent}"/>
                            <Button x:Name = "RightButton"
                                Grid.Row = "1" Grid.Column = "1"
                                Content = "{TemplateBinding RightButtonContent}"/>
                        </Grid>
                    </Grid>
                </ControlTemplate>
            </Setter.Value>
        </Setter>
    </Style>
```

从控件的样式中可以看到,CustomMessageBox 控件内部是通过 StackPanel 面板来垂直排列 Title(小标题)、Caption(大标题)、Message(消息详情)和 ContentPresenter(Content 属性的 UI 元素所在的内容面板),然后下面是两个固定的按钮,左按钮和右按钮。那么样式上的这些控件的相关的属性的赋值都是通过 CustomMessageBox 控件封装提供到调用方进行赋值的。

其实弹窗控件的实现除了控件的布局和相关属性的传递之外,还有一个重要的逻辑就是弹窗怎么去封装弹出的逻辑。在之前讲解自定义控件的时候使用过 Popup 控件实现多弹窗控件,那么 CustomMessageBox 控件也一样是使用 Popup 控件来作为弹窗的面板的,不过 CustomMessageBox 控件实现得比较好的地方是使用了静态的弱引用存储当前弹窗的对象。使用了静态属性存储弹窗的对象可以保证整个程序中只出现一个弹窗,当你在代码中连续调用两次弹窗,那么最后一次的弹窗就会把上一次弹窗覆盖掉。静态属性有一个很大的弊端就是当对象被销毁之后,静态属性还占用着内存不会被销毁掉,所以 CustomMessageBox 控件采用了弱引用的方式来存储当前的实例,这样 GC 就会在合适的时候回收了 CustomMessageBox 对象所占用的内存。相关的实现逻辑请查看 CustomMessageBox 类的 Show 方法。

12.3 PhoneTextBox 控件原理解析

PhoneTextBox 控件是一个水印控件,这个水印控件比第 9 章实现的水印控件功能更加强大,它可以显示输入的字数,可以添加文本框内的图标和图标单击事件,实现的思路也有较大的差异。

12.3.1 PhoneTextBox 的调用逻辑

PhoneTextBox 调用的逻辑很简单，Hint 属性表示水印的文本信息，ActionIcon 表示是文本框内的图标，ActionIconTapped 表示是图标的单击事件，PhoneTextBox 的示例代码如下所示，显示效果如图 12.3 所示。

PhoneTextBoxSample.xaml 文件主要代码

```
----------------------------------------------------------------------
    <toolkit:PhoneTextBox Hint = "Subject" MaxLength = "200" LengthIndicatorVisible = "True"
InputScope = "Text"/>
    <toolkit:PhoneTextBox Hint = "Search" ActionIcon = "/Images/Search.png" ActionIconTapped =
"Search_ActionIconTapped"/>
```

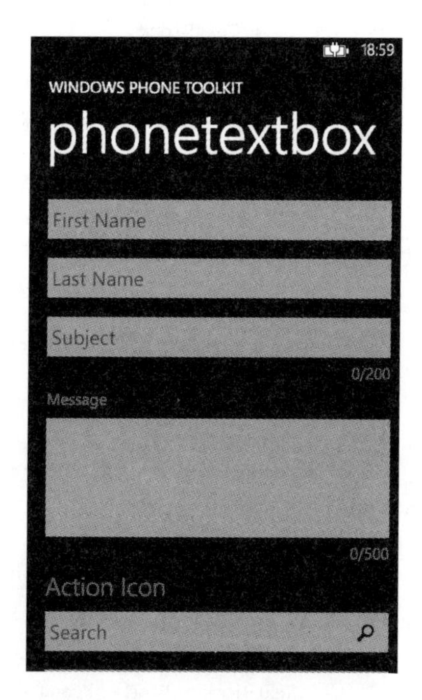

图 12.3 PhoneTextBox 控件

12.3.2 PhoneTextBox 的封装逻辑

PhoneTextBox 控件主要是由输入的字数显示框 LengthIndicator、水印 HintContent、输入框的文本 Text 和图标 ActionIcon 组成的。因为这些内部的控件都是在同一块区域上重叠起来的，所以需要通过 HorizontalAlignment 和 VerticalAlignment 这类的属性来对内部的控件进行位置的设置。PhoneTextBox 控件样式的主要代码如下所示：

Generic.xaml 文件部分代码

```
------------------------------------------------------------
    <Style TargetType = "controls:PhoneTextBox">
        <Setter Property = "Template">
            <Setter.Value>
                <ControlTemplate TargetType = "controls:PhoneTextBox">
                    <Grid Background = "Transparent" x:Name = "RootGrid">
                        …省略若干代码
                        <Border x:Name = "LengthIndicatorBorder">
                            <! - 输入的字数显示框 -->
                            <TextBlock HorizontalAlignment = "Right" TextAlignment =
"Right" VerticalAlignment = "Bottom" Opacity = "0" x:Name = "LengthIndicator">
                                <TextBlock.RenderTransform>
                                    <TranslateTransform/>
                                </TextBlock.RenderTransform>
                            </TextBlock>
                        </Border>
                        <! -- 水印 -->
                        <Border x:Name = "HintBorder" >
                            <Grid>
                                <ContentControl x:Name = "HintContent" Content =
"{TemplateBinding Hint}" Visibility = "{TemplateBinding ActualHintVisibility}"/>
                                <ContentControl x:Name = "ContentElement"/>
                            </Grid>
                        </Border>
                        <Border x:Name = "TextBorder" Visibility = "Collapsed">
                            <! - 输入框的文本 -->
                            <TextBox x:Name = "Text" Text = "{TemplateBinding Text}"/>
                        </Border>
                        <Border x:Name = "ActionIconBorder" Width = "84" Height =
"72" HorizontalAlignment = "Right" VerticalAlignment = "Bottom">
                            <! - 图标 -->
                            <Image x:Name = "ActionIcon" Width = "26" Height = "26"
Source = "{TemplateBinding ActionIcon}"/>
                        </Border>
                        <! - 用于更新控件的高度 -->
                        <TextBlock x:Name = "MeasurementTextBlock" IsHitTestVisible =
"False" Opacity = "0" Text = "{TemplateBinding Text}"/>
                    </Grid>
                </ControlTemplate>
            </Setter.Value>
        </Setter>
    </Style>
```

PhoneTextBox 控件的实现逻辑是通过订阅 TextBox 的 TextChanged 事件来处理字数显示、图标显示、水印显示和更新控件高度这些逻辑。主要会有下面的 4 个实现的额逻辑：

(1) UpdateLengthIndicatorVisibility 方法计算控件输入的字数，关键的代码如下所示：

```
LengthIndicator.Text = String.Format(
        CultureInfo.InvariantCulture,
        "{0}/{1}",Text.Length,
        ((DisplayedMaxLength > 0) ? DisplayedMaxLength : MaxLength));
```

(2) UpdateActionIconVisibility 方法控制图标按钮的显示隐藏逻辑。

(3) UpdateHintVisibility 方法控制水印的显示隐藏逻辑,当 Text 为空则显示水印的信息。

(4) ResizeTextBox 方法更新控件的高度,因为输入的文本会映射一份到 MeasurementTextBlock 文本控件上,所以通过利用 MeasurementTextBlock 的高度来校正控件当前的高度。

12.4 ToggleSwitch 控件原理解析

ToggleSwitch 控件表示一个开关控件,是 Windows Phone 里面通用的开关风格控件。虽然是 Windows Phone 里面的通用开关按钮,但是 ToggleSwitch 控件并没有作为系统控件来提供,而是通过 Toolkit 控件库提供给开发者去使用,因为这样开发者可以更加灵活地去修改其实现的代码。同时 ToggleSwitch 控件在细节方面也实现得很到位,如控件里面的滑块在拖动的时候是会滑动的,当你再往反方向滑动的时候,这时候如果是滑到了尽头则使取消了当前的操作,那么这些细节的实现原理在这个小节会进行分析和讲解。

12.4.1 ToggleSwitch 的调用逻辑

ToggleSwitch 控件在使用的时候可以通过属性或者模板来设置 Header 和 Content 两个区域的 UI 显示。Header 区域是指控件的顶部的内容 UI 显示,Content 区域是指控件左侧的内容 UI 显示,这两个区域可以直接通过 Header 属性和 Content 属性来添加文本信息。当然,如果你想要更加个性化的显示效果也可以通过 HeaderTemplate 模板和 ContentTemplate 模板来进行设置。ToggleSwitch 控件的调用代码如下所示,显示效果如图 12.4 所示。

ToggleSwitchSample.xaml 文件主要代码

```
<StackPanel x:Name = "ContentPanel" Grid.Row = "1" Margin = "12,0,12,0">
    <! -- 设置开关的 Header 属性,Content 属性会显示开关的状态信息 -- />
    <toolkit:ToggleSwitch Header = "Wi Fi networking"/>
    <toolkit:ToggleSwitch Header = "Set automatically"/>
    <! -- 下面通过 DataTemplate 和 ContentTemplate 设置控件的两个区域 -- />
    <toolkit:ToggleSwitch Header = "5:45 AM">
        <toolkit:ToggleSwitch.HeaderTemplate>
            <! -- Content = "{Binding}"实际上就是 Header 属性的值,这里的 DataTemplate
的作用是更改了 Header 区域的 FontSize 和 Foreground 的属性 -- />
            <DataTemplate>
                <ContentControl FontSize = "{StaticResource PhoneFontSizeLarge}"
```

```
Foreground = "{StaticResource PhoneForegroundBrush}" Content = "{Binding}"/>
                </DataTemplate>
            </toolkit:ToggleSwitch.HeaderTemplate>
            <toolkit:ToggleSwitch.ContentTemplate>
              <!-- ContentTemplate 对控件 Content 区域的内容进行更加丰富的自定义模板的实
现,Content = "{Binding}"代表着开关状态的内容 -- />
                <DataTemplate>
                    <StackPanel>
                        <StackPanel Orientation = "Horizontal">
                            <TextBlock Text = " Alarm: " FontSize = " {StaticResource
PhoneFontSizeSmall}"/>
                            <ContentControl HorizontalAlignment = " Left " FontSize =
"{StaticResource PhoneFontSizeSmall}" Content = "{Binding}"/>
                        </StackPanel>
                        <TextBlock Text = " every schoolday" FontSize = " {StaticResource
PhoneFontSizeSmall}" Foreground = "{StaticResource PhoneSubtleBrush}"/>
                    </StackPanel>
                </DataTemplate>
            </toolkit:ToggleSwitch.ContentTemplate>
        </toolkit:ToggleSwitch>
</StackPanel>
```

图 12.4 ToggleSwitch 控件

12.4.2 ToggleSwitch 和 ToggleSwitchButton 的样式

在 ToggleSwitch 控件里面实际上还有一个自定义的控件 ToggleSwitchButton，ToggleSwitchButton 控件代表是控件右边的滑块。ToggleSwitch 控件和 ToggleSwitchButton

控件都有自己的样式，共同组成了这个开关控件。ToggleSwitch 控件派生自 ContentControl 类，很显然只是做一个内容布局的控件，ToggleSwitchButton 控件派生于 ToggleButton 类，是在按钮的功能的基础上进行包装的。ToggleSwitch 控件的样式相对比较简单，主要就是对 Header 区域、Content 区域和 ToggleSwitchButton 控件的布局。ToggleSwitch 控件样式的主要代码如下所示：

Generic.xaml 文件部分代码

```
<Style TargetType = "controls:ToggleSwitch">
    …省略若干代码
    <Setter Property = "Template">
        <Setter.Value>
            <ControlTemplate TargetType = "controls:ToggleSwitch">
                <Border>
                    …省略若干代码
                    <Grid Margin = "12,5,12,42">
                        <Grid.RowDefinitions>
                            <RowDefinition Height = "Auto"/>
                            <RowDefinition Height = "Auto"/>
                        </Grid.RowDefinitions>
                        <Grid.ColumnDefinitions>
                            <ColumnDefinition Width = " * "/>
                            <ColumnDefinition Width = "Auto"/>
                        </Grid.ColumnDefinitions>
                        <!-- 开关的顶部标题 -->
                        <ContentControl x:Name = "Header" Content = "{TemplateBinding
Header}" ContentTemplate = "{TemplateBinding HeaderTemplate}" HorizontalAlignment = "Left"
VerticalAlignment = "Bottom"/>
                    <!-- 开关的详情内容 -->
                        <ContentControl x:Name = "Content" Grid.Row = "1" Content =
"{TemplateBinding Content}" ContentTemplate = "{TemplateBinding ContentTemplate}"/>
                        <!-- 开关按钮 -->
                        <primitives:ToggleSwitchButton x:Name = "Switch" Grid.RowSpan
= "2" Grid.Column = "1" VerticalAlignment = "Bottom"/>
                    </Grid>
                </Border>
            </ControlTemplate>
        </Setter.Value>
    </Setter>
</Style>
```

ToggleSwitchButton 控件的样式则相对来说复杂一些，它需要绘制出开关滑块各个模块的形状和大小，然后定义好相关的变换属性用于实现滑动的效果。ToggleSwitchButton 控件样式的主要代码如下所示：

Generic.xaml 文件部分代码

```
<Style TargetType = "primitives:ToggleSwitchButton">
    …省略若干代码
   <Setter Property = "Template">
       <Setter.Value>
           <ControlTemplate TargetType = "primitives:ToggleSwitchButton">
               <Border x:Name = "Root">
                   …省略若干代码
                   <Grid x:Name = "SwitchRoot" Background = "Transparent" Height = "95"
Width = "136">
                       <Grid x:Name = "SwitchTrack" Width = "89">
                           <Grid x:Name = "SwitchBottom" Height = "34">
                               <! -- 开关按钮的长方形条形背景 -->
                               <Rectangle x:Name = "SwitchBackground"
                                   Width = "77" Height = "20">
                                   <Rectangle.RenderTransform>
                                       <TranslateTransform x:Name =
"BackgroundTranslation"/>

                                   </Rectangle.RenderTransform>
                               </Rectangle>
                               <Border BorderThickness = "3">
                                   <Border BorderThickness = "4"/>
                               </Border>
                           </Grid>
                           <! - 白色的开关滑块 -->
                           <Border x:Name = "SwitchThumb"
                               HorizontalAlignment = "Left">
                               <Border.RenderTransform>
                                   <TranslateTransform x:Name = "ThumbTranslation"/>
                               </Border.RenderTransform>
                               <Border x:Name = "ThumbCenter">
                           </Border>
                       </Grid>
                   </Grid>
               </Border>
           </ControlTemplate>
       </Setter.Value>
   </Setter>
</Style>
```

12.4.3 ToggleSwitch 对拖曳手势的判断

ToggleSwitch 控件有一个做得非常好的用户体验的细节，就是滑块的拖拉，控制开关的状态。滑块在左边表示关闭，在右边表示打开。当单击 ToggleSwitch 控件的时候，会从打开状态转化成关闭状态或者从关闭状态转化成打开状态。当拖动滑块的时候，如果从左边向右边拖动，则会从关闭状态转变成打开状态，反过来操作也是一样的原理。还有一种特殊的操作场景，如开关是关闭的，滑块在左边，当把滑块先从左向右拖动，手指不放开，再从右向左拖动，这时候，如果你把滑块拖到了左边的边界上，那么这个操作是没有生效的，开关还是关闭的状态。那么这个用户体验非常到位，可以给用户一个误操作的返回操作。那么下面我们来分析一下这个操作体验是怎么实现的。

这个拖动的细节是在 ToggleSwitchButton 类里面实现的，实现的原理是利用控件的 OnManipulationStarted、ManipulationDelta 和 ManipulationCompleted 事件来捕获手指触摸的位置和操作的动作。因为滑块的滑动是通过 Translation 的 X 属性的变换效果去实现的，所以对于滑块在左边边缘和右边边缘都有其对应的边界值，利用这两个边界值来判断滑块是否到达左边缘或者右边缘。当拖动结束的时候，也就是触发 ManipulationCompleted 事件的时候，就根据拖动的结果来判断是否触发单击事件。相关的代码如下所示：

ToggleSwitchButton.cs 文件部分代码

```
    //拖动开始
    private void OnManipulationStarted(object sender,ManipulationStartedRoutedEventArgs e)
    {
        //禁止该路由事件在往上冒泡
        e.Handled = true;
        //表示当前是拖曳状态
        _isDragging = true;
        //获取滑块的 X 方向的偏移量
        _dragTranslation = Translation;
        //改变当前控件的状态
        ChangeVisualState(true);
        //保存初始的偏移量
        Translation = _dragTranslation;
    }
    //拖动的过程
    private void OnManipulationDelta(object sender,ManipulationDeltaRoutedEventArgs e)
    {
        e.Handled = true;
        //水平改变的偏移量
        double horizontalChange = e.Delta.Translation.X;
        //对比水平和垂直平移的距离,判断用户的手势是垂直还是水平
        Orientation direction = Math.Abs(horizontalChange) > = Math.Abs(e.Delta.Translation.
Y) ? Orientation.Horizontal : Orientation.Vertical;
        //如果是水平方向移动,则需计算水平的偏移量
        if (direction == Orientation.Horizontal && horizontalChange ! = 0)
        {
            //表示拖曳动作有效
            _wasDragged = true;
            _dragTranslation + = horizontalChange;
            //拖曳的平移距离不能超过最大的距离,选中状态的滑块偏移量是最大值,
_uncheckedTranslation 的值是 0
            Translation = Math.Max(_uncheckedTranslation, Math.Min(_checkedTranslation,_
```

```
dragTranslation));
            }
        }
        //拖动结束
        private void OnManipulationCompleted(object sender,ManipulationCompletedRoutedEventArgs e)
        {
            e.Handled = true;
            //表示当前的拖曳状态结束
            _isDragging = false;
            bool click = false;
            if (_wasDragged)
            {
                //如果当前的选中状态,滑动偏移量等于选中状态的滑块的偏移量则这次拖曳的效果
是无效的,非选中状态也是同样的原理.
                double edge = (IsChecked ?? false) ? _checkedTranslation : _uncheckedTranslation;
                if (Translation ! = edge)
                {
                    click = true;
                }
            }
            else
            {
                click = true;
            }
            if (click)
            {
                //触发单击事件
                OnClick();
            }
            _wasDragged = false;
        }
```

12.5 ListPicker 控件原理解析

ListPicker 控件是一个选择控件,它可以是下拉选择的形式,也可以是弹出全屏的列表选择的形式。ListPicker 控件不同于 CheckBox、RadioButton 这类型的控件,它本质上是一个列表控件,控件当前显示的是列表的选中项,单击要选择的时候就会把列表展现出来,让用户进行选择。

12.5.1 ListPicker 的调用逻辑

ListPicker 控件的使用方式和列表控件的使用方式类似,如果选项是固定的可以直接在 XAML 上编写列表选项的代码,也可以通过数据绑定的方式来实现 ListPicker 控件的选项。使用数据绑定的方式就肯定会涉及模板的设置,需要注意的是 ListPicker 控件有两个重要的模板,一个是 ItemTemplate 模板,这个模板是指 ListPicker 控件当前的选中的选项

显示的样式模板，另一个是 FullModeItemTemplate 模板，这个模板则是用于 ListPicker 控件全屏弹出选项列表的时候，列表项目的显示模板。有这两个模板就可以让 ListPicker 控件当前显示的 UI 效果和单击后进行选择的 UI 效果区分开来，可以做更多的个性化显示。ListPicker 控件的显示效果如图 12.5 和图 12.6 所示，下面我们来看一下 ListPicker 控件的 UI 代码逻辑。

图 12.5　ListPicker 控件

图 12.6　ListPicker 控件列表选项

ListPickerSample.xaml 文件主要代码

```
<! -- 固定 3 个选项的 ListPicker 控件 -- >
< toolkit:ListPicker Header = "Background">
    < sys:String > dark </sys:String >
    < sys:String > light </sys:String >
    < sys:String > dazzle </sys:String >
</toolkit:ListPicker >
<! -- 通过数据绑定实现 ListPicker 控件 -- >
< toolkit:ListPicker ItemsSource = "{Binding}" Header = "Accent color"
                FullModeHeader = "ACCENTS" CacheMode = "BitmapCache">
    <! -- 在方框中显示选中的颜色的模板样式 -- >
    < toolkit:ListPicker. ItemTemplate >
        < DataTemplate >
            < StackPanel Orientation = "Horizontal">
                < Rectangle Fill = "{Binding Converter = {StaticResource
ColorNameToBrushConverter}}" Width = "24" Height = "24"/>
                < TextBlock Text = "{Binding}" Margin = "12 0 0 0"/>
```

```
                </StackPanel>
            </DataTemplate>
        </toolkit:ListPicker.ItemTemplate>
    <!--弹出全屏的颜色列表的项目的模板样式-->
        <toolkit:ListPicker.FullModeItemTemplate>
            <DataTemplate>
                <StackPanel Orientation="Horizontal" Margin="0 21 0 20">
                    <Rectangle Fill="{Binding Converter={StaticResource
ColorNameToBrushConverter}}" Width="43" Height="43"/>
                    <TextBlock Text="{Binding}"
                            Margin="16 0 0 0" FontSize="43"
                            FontFamily="{StaticResource PhoneFontFamilyLight}"/>
                </StackPanel>
            </DataTemplate>
        </toolkit:ListPicker.FullModeItemTemplate>
    </toolkit:ListPicker>
```

12.5.2 ListPicker 控件主要逻辑的分析

接下来分析一下 ListPicker 控件内部的实现逻辑。ListPicker 是一个列表控件，从 ItemsControl 类派生，它本质上其实就是一个列表控件，只不过在展现的形式上看起来像一个文本框。因为 ListPicker 控件是一个列表控件，所以其关联的控件样式也包括了控件的主题样式和列表选项控件的样式，TargetType 分别为"controls:ListPicker"和"controls:ListPickerItem"，这是一个很简单的列表样式，详细的代码可以直接查看 Toolkit 的源代码文件。在 ListPicker 控件的样式上，我们会发现里面有一个 PickerPageUri 的属性，它的值是"/Microsoft.Phone.Controls.Toolkit;component/ListPicker/ListPickerPage.xaml"，那么这个属性其实是控件内置的属性来的。单击控件的时候，如果是要打开全屏的选项列表，那么就会跳转到 ListPickerPage.xaml 这个页面上，所以全屏的选项列表其实就是一个新的 Windows Phone 的页面，并不是在当前页面的弹窗。在了解了 ListPicker 控件的样式属性之后，下面我们来看一下 ListPicker 控件的一些主要的逻辑。

1. ListPicker 控件的 3 种模型

ListPicker 控件有 3 种模型，分别是普通模型(Normal)、扩大模型(Expanded)和全屏模型(Full)，这 3 种状态通过枚举 ListPickerMode 来进行表示。控件在 Normal 模型时只有选中的选项在当前的页面上显示；在 Expanded 模型的时候所有的选项都会在当前的页面显示出来；在 Full 模型的时候所有的选项会在另外一个独立的页面上显示出来。ListPicker 控件内部的 ListPickerMode 属性表示了控件当前所处的模型，当这个属性改变的时候，就会触发属性改变的通知事件，从而会开始另外一个模型的初始化工作，所以模型的转变会通过 ListPickerMode 属性的改变来完成。在源代码里面 ListPickerMode 属性的改变事件触发的 OnListPickerModeChanged 方法的代码如下所示：

ListPicker.cs 文件部分代码

```
///< summary>
///ListPickerMode 属性改变事件,把目前的控件模型改成一个新的
///</summary>
///< param name = " oldValue ">目前的控件模型</param>
///< param name = " newValue ">新的控件模型</param>
private void OnListPickerModeChanged(ListPickerMode oldValue,ListPickerMode newValue)
{
    //如果目前的控件模型是 Expanded 模型
    //表示是从 Expanded 模型变成 Normal 模型
    //这时候是收起下拉列表,需要清理触摸和后退键相关的事件
    if ((ListPickerMode.Expanded == oldValue))
    {
        …省略若干代码
    }
    //如果新的控件模型是 Expanded 模型
    //表示是从 Normal 模型变成 Expanded 模型
    //这时候是显示下拉列表,需要添加触摸和后退键相关的事件
    if (ListPickerMode.Expanded == newValue)
    {
        …省略若干代码
    }
    //如果目前的控件模型是 Full 模型

    //表示是从 Full 模型变成 Normal 模型
    //这时候是关闭弹出的全屏选项列表,调用 ClosePickerPage 方法
    if (ListPickerMode.Full == oldValue)
    {
        ClosePickerPage();
    }
    //如果新的控件模型是 Full 模型
    //表示是从 Normal 模型变成 Full 模型
    //这时候是打开的全屏选项列表,调用 OpenPickerPage 方法
    if (ListPickerMode.Full == newValue)
    {
        OpenPickerPage();
    }
    SizeForAppropriateView(ListPickerMode.Full ! = oldValue);
    IsHighlighted = (ListPickerMode.Expanded == newValue);
}
```

2. 控件焦点状态的判断

当我们用手指按住 ListPicker 控件的时候,这时候控件是会显示高亮的效果的,那么这个就是控件的焦点状态。这个焦点状态的判断逻辑也是运用了 OnManipulationStarted、OnManipulationDelta 和 OnManipulationCompleted 事件来处理的,检测到手指离开了控件的范围,那么就会释放掉焦点状态。

3. Expanded 模型下选项的单击事件的添加

Expanded 模型是控件的下拉列表显示的状态，这些下拉的选项不仅仅要展示其 UI 的显示效果，还要添加和处理其单击的事件，但单击的时候就把这个选项作为选中的选项，然后收起下拉的列表。ListPicker 控件的实现逻辑是，重载 PrepareContainerForItemOverride 方法和 ClearContainerForItemOverride 方法，在 PrepareContainerForItemOverride 方法里面添加 Tap 和 SizeChanged 事件，在 ClearContainerForItemOverride 方法里面移除 Tap 和 SizeChanged 事件。为什么要使用这种方式而不是不直接在初始化的时候给每个选项就添加好 Tap 事件呢？那是因为这样的效率更优。PrepareContainerForItemOverride 方法是指准备指定元素以显示指定项，它有两个参数 element 与 item，在这里 element 是 ListBoxItem，item 是你的数据项。只有当数据项需要在 UI 中渲染展现时（注意：不是在绑定数据源的时候），才会调用到 PrepareContainerForItemOverride 方法。那么所添加的 Tap 事件，是要处理在 Expanded 模型下当用户单击选项的时候，把选中的选项赋值给 SelectedItem，然后设置控件模型为 Normal。SizeChanged 事件则是重新计算下拉框 Canvas 面板 ItemsPresenterHost 的大小。

4. 什么时候触发弹出下拉选择框或者选择页面

触发弹出下拉选择框或者选择页面是重载 OnTap 事件实现的，注意这个 OnTap 事件要和 PrepareContainerForItemOverride 方法里面对每个选项的 Tap 事件区分开来，重载的 OnTap 事件是用来打开列表选项的。如果当前是 Normal 模型，那么则需调用 Open 方法打开选项列表。在 Open 方法里面是通过对 ListPickerMode 属性赋值，然后会触发 OnListPickerModeChanged 事件，在 OnListPickerModeChanged 事件里面处理打开选项列表和关闭选项列表等操作。

5. ListPickerPage.xaml 页面

ListPickerPage 页面使用了 ListBox 控件展示当前的选项信息，如果是多选的则在选项中添加了 CheckBox 控件，否则完全按照在 FullModeItemTemplate 属性传递进来的模板作为 ListBox 控件的模板。

6. 当前页面和 ListPickerPage.xaml 页面之间传值的原理

当前页面和弹出选项选择页面 ListPickerPage.xaml 之前的信息传递时通过，当前程序的 Frame 对象的 Navigated 事件来进行操作的。只要当前程序中有发生页面跳转的情况就会触发 Navigated 事件的处理程序，所以从当前页面跳转到 ListPickerPage.xaml 页面和从 ListPickerPage.xaml 页面返回到当前页面都是在 Navigated 事件处理程序里面进行判断和处理，但是需要注意的是，Navigated 事件是会对全局所有的页面跳转都会产生作用的，所以一旦不关闭了 ListPickerPage.xaml 页面，就必须移除掉这个事件。

源代码中 OnFrameNavigated 方法处理了这两个页面之间传值的过程，从当前页面跳转到 ListPickerPage.xaml 页面需要给 ListPickerPage.xaml 页面传递页面的标题 HeaderText 文本、列表集合和选中的选项的信息，从 ListPickerPage.xaml 页面退回到当前页面需要传递选中的选项信息。当从当前页面跳转到 ListPickerPage 页面的时候会把

ListPickerPage 保存到 ListPicker 类的_listPickerPage 对象里面，所以只需要对_listPickerPage 对象的相关属性进行赋值以及读取_listPickerPage 对象相关的信息就可以完成这两个页面信息传递的工作。

12.6　WrapPanel 控件原理解析

WrapPanel 控件是 Toolkit 控件库里面的一个布局控件，这个布局控件可以实现在一个面板里面对其子对象元素按照水平方向或者垂直方向进行排列，当一行或者一列排到了尽头，然后就开始这行开始排列下一行或者下一列。你可以把 WrapPanel 控件看作是一个可以这行的 StackPanel 控件。

12.6.1　WrapPanel 控件的调用逻辑

WrapPanel 控件的调用方式和 StackPanel 控件类似，需要设置其 Orientation 属性，制定是水平布局还是垂直布局，然后就往控件里面添加子对象元素就可以了。WrapPanel 控件的显示效果如图 12.7 所示，调用的代码如下：

WrapPanelSample. xaml 文件主要代码

```
<controls:PanoramaItem Header = "items" Orientation = "Horizontal">
    <toolkit:WrapPanel x:Name = "wrapPanel" Orientation = "Vertical"/>
</controls:PanoramaItem>
```

WrapPanelSample. xaml. cs 文件主要代码

```
//动态地往 WrapPanel 控件里面添加子对象
private void AddItem()
{
    Border b = new Border() {
        Width = 100,Height = 100,
        Background = new SolidColorBrush(Color.FromArgb(255,(byte)rnd.Next(256),(byte)
rnd.Next(256),(byte)rnd.Next(256))),
        BorderThickness = new Thickness(2),Margin = new Thickness(8) };
    wrapPanel.Children.Add(b);
}
```

12.6.2　WrapPanel 布局控件的测量排列逻辑

WrapPanel 控件就是一个自定义的布局控件，它所使用的知识其实就是第 3 章布局原理里面是用到的知识，如果对控件布局的知识不是很了解，可以去回顾一下第 3 章的知识内容。在 WrapPanel 控件里面两个最关键的逻辑就是重定义面板的测量过程和排列过程，测量过程的逻辑是先获取布局的方向，然后定义一行或者一列的大小对象，注意这个对象会有

图 12.7　WrapPanel 控件

两个增长的方向，一个是沿着布局的方向的增长，另一个是非布局方向的。当一行或者一列布局排列满了之后就开始下一行或者一列，直到把所有的子对象都排列好了，这时候测量的对象大小就结束了，把最后测量的大小结果返回。测量过程的代码如下所示：

WrapPanel.cs 文件部分代码

```
protected override Size MeasureOverride(Size constraint)
{
    //获取布局设置的方向
    Orientation o = Orientation;
    //lineSize 表示是一行或者一列的大小，根据排列的方向决定
    OrientedSize lineSize = new OrientedSize(o);
    //totalSize 表示整个布局的总的大小
    OrientedSize totalSize = new OrientedSize(o);
    //maximumSize 表示当前分配到可以用来布局的空间大小
    OrientedSize maximumSize = new OrientedSize(o, constraint.Width, constraint.Height);
    //获取单个子对象的宽度和高度
    double itemWidth = ItemWidth;
    double itemHeight = ItemHeight;
    //判断字对象是否有确定的宽度和高度
    bool hasFixedWidth = !itemWidth.IsNaN();
    bool hasFixedHeight = !itemHeight.IsNaN();
    //子对象可分配的空间的大小，如果不确定宽度或者高度，则把用赋予整个空间的宽度和
高度作为可分配的空间大小
    Size itemSize = new Size(
        hasFixedWidth ? itemWidth : constraint.Width,
```

```
            hasFixedHeight ? itemHeight : constraint.Height);
        //循环测量每一个子对象
        foreach (UIElement element in Children)
        {
            //用可分配的空间测量子对象的大小
            element.Measure(itemSize);
            //子对象的大小
            OrientedSize elementSize = new OrientedSize(
                o,
                hasFixedWidth ? itemWidth : element.DesiredSize.Width,
                hasFixedHeight ? itemHeight : element.DesiredSize.Height);
            //判断是否超出了布局面板的边缘
            //lineSize.Direct 表示当前的行(列)已经使用的长度,elementSize.Direct 是指当前
要排列的子对象需要的长度
            if (NumericExtensions.IsGreaterThan(lineSize.Direct + elementSize.Direct,
maximumSize.Direct))
            {
                //超出边界的情况
                //排列方向的大小取当前的行(列)的长度和总大小的行(列)的长度最大值
                //因为每一行(列)的长度可能不一样,但是总大小要去最长的行(列)的长度
                totalSize.Direct = Math.Max(lineSize.Direct, totalSize.Direct);
                //排完了一行(列)之后,非排列方向的长度需要增长
                totalSize.Indirect + = lineSize.Indirect;
                //开始新的一行(列)的排列
                lineSize = elementSize;
                //如果当前的子元素的长度比排列布局的最大长度还要大,则当前的子元素为一
行(列)
                if (NumericExtensions.IsGreaterThan(elementSize.Direct, maximumSize.Direct))
                {
                    //从新开始新的一行(列)
                    totalSize.Direct = Math.Max(elementSize.Direct, totalSize.Direct);
                    totalSize.Indirect + = elementSize.Indirect;
                    lineSize = new OrientedSize(o);
                }
            }
            else
            {
                //如果没有超出布局的边界,则继续在子元素的后面添加子元素
                //Direct 表示排列的方向增长长度,Indirect 表示非排列方向的增长长度(如果
排列方向是垂直方向,则 Indirect 是指水平方向)
                lineSize.Direct + = elementSize.Direct;
                lineSize.Indirect = Math.Max(lineSize.Indirect, elementSize.Indirect);
            }
        }
        //更新最后的一行的大小
        totalSize.Direct = Math.Max(lineSize.Direct, totalSize.Direct);
        totalSize.Indirect + = lineSize.Indirect;
        //返回计算出来的布局大小
        return new Size(totalSize.Width, totalSize.Height);
    }
```

看完测量过程的逻辑和代码之后，可以看出排列过程的逻辑和测量过程的逻辑是类似的，所以排列过程的代码就不再重复讲解。需要注意的是排列的过程中封装了一个排列一行(列)的方法，在测量的过程中是在循环中对单个子对象元素进行测量的，但是在排列的过程是凑够了一行(列)才调用 ArrangeLine 方法进行排列的。ArrangeLine 方法的代码如下所示：

WrapPanel.cs 文件部分代码

```
------------------------------------------------------------------------------------------
    ///<summary>
    ///排列一行(列)里面的元素
    ///</summary>
    ///<param name = "lineStart">最开始的元素索引</param>
    ///<param name = "lineEnd">最后的元素的索引</param>
    ///<param name = "directDelta">在排列方向上递增的长度</param>
    ///<param name = "indirectOffset">在非排列方向上的长度</param>
    ///<param name = "indirectGrowth">该行(列)在非排列方向上的增加长度</param>
    private void ArrangeLine(int lineStart, int lineEnd, double? directDelta, double indirectOffset,
double indirectGrowth)
    {
        //排列方向的 x 轴坐标的便宜量,以开始的初始化值为 0
        double directOffset = 0.0;
        Orientation o = Orientation;
        bool isHorizontal = o == Orientation.Horizontal;
        //获取布局的子对象元素的集合
        UIElementCollection children = Children;
        //循环获取子对象元素进行排列布局
        for (int index = lineStart; index < lineEnd; index++)
        {
            //获取子对象元素的大小
            UIElement element = children[index];
            OrientedSize elementSize = new OrientedSize (o, element.DesiredSize.Width,
element.DesiredSize.Height);
            //如果有固定的单个对象的布局长度 directDelta,则使用 directDelta 作为布局的长
度,否则去子对象的实际长度
            double directGrowth = directDelta ! = null ?
                directDelta.Value :
                elementSize.Direct;
            //如果是水平排列布局,那么布局区间左上角的点是(directOffset, indirectOffset),
宽度是 directGrowth,高度是 indirectGrowth
            //如果是垂直排雷布局,那么布局区间左上角的点是(indirectOffset, directOffset),
宽度是 indirectGrowth,高度是 directGrowth
            Rect bounds = isHorizontal ?
                new Rect(directOffset, indirectOffset, directGrowth, indirectGrowth) :
                new Rect(indirectOffset, directOffset, indirectGrowth, directGrowth);
            //在定义好的布局区间上排列当前的子对象元素
            element.Arrange(bounds);
            directOffset + = directGrowth;
        }
    }
```